专利审查意见答复实战教程

—— 规范、态度、实践

王宝筠　那彦琳◎著

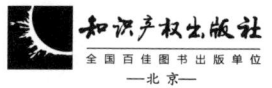

全国百佳图书出版单位
——北京——

图书在版编目（CIP）数据

专利审查意见答复实战教程：规范、态度、实践/王宝筠，那彦琳著. —北京：知识产权出版社，2022.4（2023.10重印）

ISBN 978-7-5130-8103-0

Ⅰ. ①专… Ⅱ. ①王… ②那… Ⅲ. ①专利申请—检查—中国—教材 Ⅳ. ①G306.3

中国版本图书馆 CIP 数据核字（2022）第 048715 号

内容提要

本书从实战角度对如何答复专利审查意见进行讲解。首先介绍审查意见中常见的新颖性、创造性审查意见的审查标准和审查思路，之后给出专利代理师可以采取的答复思路。重点针对创造性审查意见，从答复规范、答复突破口的选择、如何细致分析等方面进行详尽阐述。并结合具体案例对于新颖性、创造性的答复进行全流程的分析。本书还对专利保护客体方面的审查进行了相关的理论探讨，适合从事专利实务工作的人士阅读。

责任编辑：王玉茂	责任校对：谷 洋
封面设计：杨杨工作室·张冀	责任印制：刘译文

专利审查意见答复实战教程：规范、态度、实践

王宝筠　那彦琳　著

出版发行：	知识产权出版社有限责任公司	网　　址：	http://www.ipph.cn
社　　址：	北京市海淀区气象路 50 号院	邮　　编：	100081
责编电话：	010-82000860 转 8541	责编邮箱：	wangyumao@cnipr.com
发行电话：	010-82000860 转 8101/8102	发行传真：	010-82000893/82005070/82000270
印　　刷：	三河市国英印务有限公司	经　　销：	新华书店、各大网上书店及相关专业书店
开　　本：	720mm×1000mm 1/16	印　　张：	17.5
版　　次：	2022 年 4 月第 1 版	印　　次：	2023 年 10 月第 2 次印刷
字　　数：	293 千字	定　　价：	88.00 元

ISBN 978-7-5130-8103-0

出版权专有　侵权必究

如有印装质量问题，本社负责调换。

序

我和宝筠认识近 20 年。在这近 20 年的时间里，虽然我们分别在"甲方"和"乙方"就职，但这并未影响我们就专业问题、行业发展方面进行的诸多探讨和交流。这次有幸为宝筠的新书《专利审查意见答复实战教程：规范、态度、实践》作序，既倍感荣幸，又深感责任重大。

过去 20 年，中国知识产权行业快速发展。中国的专利申请数量从 2002 年的 8 万余件增长到 2020 年的 140 余万件。专利代理事务所从不足 500 家突破到 3000 余家。专利从业人员在行业发展的大潮中获得了前所未有的发展机会：我欣喜地看着很多同行友人从优秀的专利代理师升级为合伙人、所长、企业知识产权负责人甚至 CEO……宝筠作为北京集佳知识产权代理有限公司的合伙人，在每天负责复杂、细致的管理工作的同时，依然保持着对专业的执着与严谨，从未停止专利申请文件撰写、审查意见答复、无效分析等实务研究。这也是为什么继其 2021 年出版《专利申请文件撰写实战教程：逻辑、态度、实践》一书不到一年的时间，其姊妹篇《专利审查意见答复实战教程：规范、态度、实践》也将问世。"超然下笔如有神"应是如此。

过去 20 年，中国知识产权行业风起云涌、跌宕起伏。伴随着整个社会知识产权意识与基础的显著提升、技术发展的日新月异，创新主体对专利质量的要求越来越高。这一方面促进专利代理机构的数量快速增长，同时，也对专业人员的能力提出了更高的要求。宝筠作为行业头部知识产权代理机构的合伙人，将自己 20 年积累的专业经验倾囊而授，这样的共享和大度，让人钦佩。

过去 20 年，中国知识产权生态更是跨越式发展。中国正在从知识产权大国向知识产权强国迈进。正如总理在 2022 年工作报告中指出的，要"强化创新引领、稳定产业链供应链""深入实施创新驱动发展战略，巩固壮大实体经济根基"。如今，知识产权工作与产业、技术和创新的融合正在加速。本书无疑将为众多的行业从业者，提供深入浅出、形象易懂、实战实操的经验和参考。在预祝本书畅销的同时，我更期待中国知识产权行业有更多的从业人员能脚踏实地、持续学习、不断创新、勇于分享，共同为中国知识产权生态的繁荣与发展而努力。

最后，愿和所有知识产权从业者一起，为中国知识产权强国建设，奋斗下一个20年。让我们一起戮力前行、笃行不怠。

北京智睿海外知识产权研究院 执行院长

2022 年 4 月 10 日星期日

前　言

这本书，原本是不想出的。

不想出的第一个原因，是相关的观点还不够成熟，担心写出来之后贻笑大方。尤其对于创造性的审查意见答复而言，尽管我已有一些实践上的经验总结，但这些经验总结难免不够全面，一些个人的观点也完全可能并不正确。以这样的内容来成书，所担心的倒不是个人的低水平被公之于众（因为本来水平就有限），而是担心会出现一些误导，影响了读者的实务工作。还好，我相信各位读者都是有批判精神的，是能够结合自身对相关问题的学习，来辨识书中相应内容的正确与否的。我更希望读者能够结合本书中的内容，给我以相应的反馈，以便我能够改正相应的不足或错误，促使我有所进步。哈哈，都于我有好处了，干吗不出呢？

不想出的第二个原因，是我之前绝对没有想到的。本书的姊妹篇《专利申请文件撰写实战教程：逻辑、态度、实践》出版不久，就"喜获"盗版。我真是没有想到啊。一本这么小众的专业书，也会获得盗版商的垂青？我还没有想到，国内的某著名的电商平台（不是京东、当当和天猫），罔顾作者的一再投诉，依然一如既往地大量售卖该书的盗版版本，还美其名曰非常"重视知识产权"。我更没有想到，有不少知识产权从业者，应该是明知盗版（因为销售价格明显不合理）的情况下，仍然购买盗版书，业内人士如此不尊重知识产权，大大出乎我的意料，也让我这个知识产权从业者感到丢人。后来我在等公交车的时候，把这件事情想明白了。盗版恰恰意味着我们的知识产权保护意识还有所欠缺，如果能够通过这本书，对于业内一些人的实务水平有所帮助，促进知识产权行业的发展，那么，是不是也算是对促进我国知识产权事业添了块砖、加了片瓦呢？这也算是以我自己的方式，对于盗版行为的间接反击吧！当然了，还是希望本书的读者，能够尊重知识产权，购买正版图书。

说一说本书的内容吧。

本书主要阐述如何答复专利审查意见。❶ 对于较为常见的新颖性、创造性审查意见，首先应分析审查标准，然后从实战的角度给出答复思路，之后结合案例加以分析。对于涉及专利保护客体、修改超范围的审查意见，本书则会以专题探讨的形式来分析，从而为实践中答复这些类型的审查意见提供理论上的帮助。正如其姊妹篇《专利申请文件撰写实战教程：逻辑、态度、实践》一样，本书也是围绕着三个方面来展开的。所谓"规范"，是指相关的法律要求、《专利审查指南2010》中的审查标准。只有明确了这些规范，才能看懂审查意见，才能在这个规范的框架内完成审查意见的答复工作，才能得到合法合规的答复内容。所谓"态度"，涵盖三个方面的内容。一是专利代理师对待审查意见的态度。专利代理师至少不能看到审查意见就气馁、投降，如果是这样的话，其对绝大部分审查意见将无法答复，因为很多审查意见尤其是新颖性、创造性方面的审查意见，审查员会认为本发明中没有任何可以获得授权的内容，如果专利代理师没有质疑的态度，不去实事求是地分析审查意见，那么对待这样的审查意见是一定无法答复通过的。二是专利代理师对待专利申请人（客户）的态度。作为专利代理师，要本着对客户负责的态度，仔细寻找答复思路，完成审查意见的答复，不能把审查意见答复的工作转嫁给发明人，这是一个基础。更为重要的是，在答复过程中，专利代理师不能仅仅以获得授权为目标，而不加限制地限缩专利申请的保护范围，从而牺牲专利申请人本应获得的大量权益。三是专利代理师对待自己的态度。作为专利代理师，要对自己有高标准的要求，要有认真的工作态度，有积极进取、刻苦钻研的精神。在答复新颖性、创造性审查意见的过程中，如果第一遍找不到答复突破口，那就找第二遍，还不行就找第三遍，有可能最终仍然找不到十分有力的答复突破口，但这种锲而不舍的精神还是要有的。这种精神不但在个案中能够让专利代理师有可能完成一个"漂亮"的答复，更会使专利代理师在一个个审查意见答复中能够提升能力、磨炼意志，从而最终成为一位答复水平较高的专利代理师。这种锲而不舍的态度，源自专利代理师的自信，更能促进专利代理师的自信。专

---

❶ 需要说明的是，如无特殊指出，本书中的专利申请是指发明专利申请。

利代理师要对自己有足够的信心,要相信自己有足够高的水平,要不断暗示自己,别人答复不了的审查意见我能答复。这种自信,一开始可能是"假的",但是它能帮助专利代理师去钻研、去想办法,这么做得多了,"假的"就变成真的了,专利代理师的水平就真正提高了,别人答复不了的审查意见自己就能答复了。我仍然会通过案例进行相关内容的讲解,这也是本书所强调的"实践"。和撰写专利申请文件一样,读者不要仅仅拘泥于本书所介绍的案例,要通过大量审查意见答复工作,来切实提升自身的答复水平。

希望本书能够给从事专利审查意见答复工作的读者带来帮助!

目 录

第1章 绪 论 / 1

  1.1 如何看待审查意见的答复 / 1
    1.1.1 不要害怕 / 1
    1.1.2 谁来完成审查意见的答复 / 2
    1.1.3 授权就万事大吉了吗 / 3
  1.2 审查意见答复的基本要求 / 3
    1.2.1 规范答复 / 3
    1.2.2 和审查员进行有效沟通 / 4
    1.2.3 努力钻研 / 5
  1.3 专利审查流程 / 6
  1.4 常见的审查意见类型 / 7
    1.4.1 新颖性、创造性方面的审查意见 / 8
    1.4.2 保护客体方面的审查意见 / 8
    1.4.3 不清楚、不支持、缺少必要技术特征方面的审查意见 / 9
    1.4.4 修改超范围方面的审查意见 / 10
    1.4.5 说明书公开不充分方面的审查意见 / 10

第2章 新颖性和创造性的审查 / 12

  2.1 新颖性 / 12
    2.1.1 谁能用来评判新颖性 / 12
    2.1.2 新颖性判断的四要素 / 14
  2.2 创造性 / 15

2.2.1 创造性和新颖性的联系和区别 / 15
2.2.2 突出的实质性特点和显著的进步 / 17
2.2.3 经典的"三步法" / 18

第3章 如何完成答复 / 28

3.1 总的工作要求 / 28
3.1.1 以怀疑的态度分析审查意见 / 28
3.1.2 在答复中有效体现答复突破口 / 30
3.1.3 分析足够细致 / 32
3.1.4 答复中的气势 / 33

3.2 跑题的问题 / 37
3.2.1 能不能"保授权"的问题 / 37
3.2.2 授权都不保,为啥还找你 / 38
3.2.3 体面的专利代理要花多少钱 / 42

3.3 有"情绪"的答复 / 45

3.4 实务操作 / 47
3.4.1 工作顺序——粗看和细看 / 47
3.4.2 针对发明点的评价进行细致分析 / 49
3.4.3 按照"以我为主""针对性回复""依法依规"的要求完成意见陈述的撰写 / 52

3.5 答复模板 / 67
3.5.1 通用模板 / 67
3.5.2 细化模板一 / 69
3.5.3 细化模板二 / 71
3.5.4 细化模板三 / 73
3.5.5 细化模板四 / 75
3.5.6 细化模板五 / 76
3.5.7 上述模板的变形 / 78

第4章　新颖性审查意见答复案例分析 / 81

4.1　案例介绍 / 81
4.1.1　专利申请的内容 / 81
4.1.2　审查意见 / 84

4.2　案例答复的过程分析 / 87
4.2.1　整体工作顺序 / 87
4.2.2　寻找答复突破口 / 88

4.3　针对"菜单数据"答复的多版本分析 / 89
4.3.1　版本一的分析 / 89
4.3.2　版本二的分析 / 92
4.3.3　版本三的分析 / 99
4.3.4　版本四的分析 / 102

4.4　针对"编辑"这一特征的答复 / 113
4.4.1　最初的答复 / 113
4.4.2　"好绕"的答复不是一个好答复 / 115
4.4.3　修改后的答复 / 115
4.4.4　注意禁止反悔原则 / 117

4.5　有关其他非发明点的答复 / 119
4.5.1　"操作类型"的答复 / 119
4.5.2　有关"角色标识"的分析 / 120

4.6　次要地位三要素的答复 / 133
4.6.1　技术领域相同还要不要说 / 133
4.6.2　技术问题和技术效果的答复 / 134

4.7　完整的新颖性审查意见答复 / 135

4.8　该案的创造性审查意见答复 / 142
4.8.1　新颖性审查意见为什么要答复创造性 / 142
4.8.2　该案的创造性审查意见答复 / 142

第5章 创造性审查意见答复案例分析——寻找并凸显强有力的答复突破口 / 145

5.1 本发明的技术方案 / 145
5.2 审查意见和对比文件 / 148
 5.2.1 审查意见 / 148
 5.2.2 对比文件1记载的内容 / 150
5.3 练习版本一的意见陈述和分析 / 153
 5.3.1 练习版本一的意见陈述 / 153
 5.3.2 针对练习版本一的分析 / 155
5.4 推荐的答复思路 / 168
 5.4.1 利用逻辑主线寻找发明点 / 168
 5.4.2 带着发明点去分析审查意见 / 169
 5.4.3 继续寻找答复突破口 / 170
 5.4.4 答复思路可能面临的挑战 / 173
 5.4.5 解决之道 / 178
 5.4.6 针对非发明点的答复思路 / 182
5.5 推荐的意见陈述 / 183

第6章 特征比对之外的创造性审查意见答复 / 193

6.1 作用方面的答复 / 193
 6.1.1 不能忽略区别特征的作用 / 193
 6.1.2 区别特征在"本发明"中所起的作用 / 195
 6.1.3 作用应该是现有的而非结合本发明反推得到的 / 196
 6.1.4 答复作用实际上是在体现本发明的发明构思 / 198
6.2 主动寻找消极启示 / 200
 6.2.1 没有改进动机 / 200
 6.2.2 不能相结合 / 202
 6.2.3 反向教导 / 202
6.3 公知常识的答复 / 203

6.4 消极启示和公知常识的答复示例 / 206

第 7 章 专利保护客体探讨 / 210

7.1 智力活动规则和方法方案的可专利性 / 210
    7.1.1 有关保护客体的判断 / 211
    7.1.2 有关新颖性、创造性的判断 / 216
    7.1.3 智力活动和方法专利的撰写要求和建议 / 220

7.2 疾病诊疗方法的可专利性 / 224
    7.2.1 疾病诊疗方法的相关法律规定 / 224
    7.2.2 针对立法本意及其判断标准的争议 / 225
    7.2.3 诊疗方法的立法本意辨析 / 227
    7.2.4 如何确定医学规律的诊疗应用 / 229
    7.2.5 诊疗方法的可专利性 / 231
    7.2.6 小结 / 233

7.3 实用新型的保护客体 / 235
    7.3.1 实用新型保护客体的现行规定 / 235
    7.3.2 对《专利审查指南》相关规定内容的分析 / 235
    7.3.3 相关争议 / 237
    7.3.4 放宽实用新型保护客体的建议 / 240

第 8 章 专利代理实务考试要点与审查意见答复练习 / 242

8.1 专利代理实务考试要点 / 242
    8.1.1 考核范围 / 242
    8.1.2 轻松得分的得分点 / 243
    8.1.3 答案从哪里来 / 246
    8.1.4 小心陷阱 / 249
    8.1.5 注意审题 / 250

8.2 审查意见答复练习 / 250

致 谢 / 266

第 1 章

绪 论

1.1 如何看待审查意见的答复

1.1.1 不要害怕

面对审查意见，一些人未免会害怕。

害怕什么啊？主要是害怕不能获得授权。记得有人说过，文字的、书本的内容往往会给人一种敬畏的感觉，让人觉得这里面的观点、结论都是对的。对于专利审查意见而言，其以书面的形式发出，再加上是由官方发出的，更会使人感到其具有相当的权威性。这种权威性有时会使得收到审查意见的申请人或者专利代理师对审查意见心生敬畏，甚至敬畏到"害怕"，从而认为审查员说的都是对的。他们会认为，审查员说的怎么能是不对的呢？我们怎么能质疑审查员呢？

事物都是辩证统一的，并不存在绝对正确一说，即使是审查员说的，即使是盖了"大红章"的审查意见通知书，也是如此。通常情况下，我们要找出审查意见中的问题所在，以"答复"的形式来反驳审查员的观点，从而纠正审查意见中的错误，使得专利申请能够获得授权。所以，我们无须"害怕"，也不能"害怕"。在战略上，我们面对审查意见不能未曾开战就投降，或者从心态上完全放弃抵抗，而是应该保持自信的心态，做到在战略上藐视审查意见这一"敌人"，在战术上我们当然要重视"敌人"，做到对审查意见、专利申请文件、对比文件进行详细的分析，在意见陈述中规范、充分地呈现自己的观点，从而以扎实的工作来完成对审查意见中相应观点的反驳。

当然，实际工作中也是有相当比例的案件，审查意见是完全正确的。此时，我们的答复就不是反驳，而是进行适当的让步、修改来克服审查意见中所指出的问题了。需要注意的是，不要以偏概全，不能仅仅因为一些审查意见的观点是完全正确的，就认为所有审查意见的观点都是正确的，这个结论并不成立。要注意一旦形成了这样的结论，会使专利代理师的答复工作很难开展。设想一下，很多审查意见中都会指出该专利申请中没有任何可以获得授权的实质性内容，如果专利代理师认为审查意见都是对的，那么对于这样的审查意见难道就放弃不答复吗？如果这样的话，还有多少专利申请能够获得授权呢？

简言之，对于审查意见不要害怕，要分析，要找其问题所在，要结合问题进行反驳。这是绝大部分答复审查意见工作的思路所在。

1.1.2 谁来完成审查意见的答复

第二个问题是审查意见答复这项工作主要应该由谁来完成。对于委托了专利代理机构的专利申请人而言，答复审查意见的工作毫无疑问是要由专利代理师来完成的。所谓"毫无疑问"，是强调这项工作是专利代理师当然应该完成的工作，而不是发明人应完成的工作。对于新颖性、创造性的审查意见，要由专利代理师来分析本发明和现有技术是否存在区别，发明人在这个环节中可以提供技术帮助，但是，对所谓"区别"的分析，对所谓审查意见的分析，毫无疑问是应该由专利代理师来完成的。在审查意见答复的过程中，专利代理师是绝对的主力，发明人只是辅助。专利代理师如果仅仅是将审查意见转达给发明人，让发明人来找本发明和现有技术到底是不是存在区别，其行为是不负责任的。当然了，如果专利代理师在经过仔细分析后，确实无法发现"区别"所在，无法找到答复突破口，此时再去寻求发明人的帮助，则是可以理解的。我所强调的是，专利代理师不能仅仅做文件传达的工作，不能推脱其本应完成的工作。

实际上，如果让发明人来完成审查意见的答复工作，会非常困难。本书的后续部分会介绍，在进行新颖性、创造性的审查意见答复时，要结合相关的要求，进行较为专业的答复。发明人所熟知的仅仅是其所发明的技术，对于专利的专业知识往往并不了解，如果不能做到专业地分析审查意见、专业地答复审查意见，往往不能做到有针对性地、符合相关要求地回应审查员的观点，其陈述通常不能起到说服审查员的作用。

1.1.3　授权就万事大吉了吗

第三个问题是，对于审查意见的答复，是不是唯结果论，只要获得授权就好呢？对于唯结果论，也不能说不对，但是要看这个结果到底是一个什么结果。如果仅仅是为了拿到一项权利，获得一件专利证书，那么获得专利授权可以说是答复审查意见到底"好不好"的唯一指标。但是，申请专利仅仅是为了获得一件专利证书吗？

难道不是吗？

当然不是。专利申请人所要获得的是一项权利，是一项能够被行使、能够有效保护专利申请人权益的权利。如果最终授权的专利保护范围过小，小到任何人的行为都不可能构成专利侵权，那么这样的专利权也就没有什么意义了。由此可见，专利代理师在答复审查意见的过程中，要始终考虑该专利申请的保护范围，不能为了获得授权，就无原则、无条件地限缩专利申请的保护范围。专利代理师应该做到的是，在能够维护专利申请人权益的前提下，通过答复审查意见来使得该专利申请获得专利权，这才是审查意见答复工作应有的质量标准。

1.2　审查意见答复的基本要求

1.2.1　规范答复

对审查意见的答复，专利代理师首先要做的就是规范答复。

无论是审查员发出审查意见，还是专利代理师答复审查意见，都应该是按照《专利法》《专利法实施细则》《专利审查指南2010》[1]的要求来进行。为此，我会首先介绍相关的审查标准，尤其是新颖性、创造性的概念以及在《专利审查指南》中所规定的审查要求。在知己知彼的情况下，从规范性的角

---

[1] 为了表述简洁，下文《专利审查指南2010》简称《专利审查指南》。——编辑注

度给出答复是最基本的要求。满足这个要求，意味着专利代理师的答复至少在形式上满足基本的法律要求。只有满足这样的要求，才能构建起审查意见答复的法律基础；相反，如果连基本的法律要求都不能满足，那么由此所产生的用于答复审查意见的意见陈述，就很难是合格的意见陈述。审查员、专利申请人甚至会基于形式上的不规范，对专利代理师的专业性予以质疑，说得不好听一点儿，甚至会瞧不起专利代理师。由此产生的结果，就是专利代理师的审查意见答复不被认可。

1.2.2 和审查员进行有效沟通

在形式上满足法律规范的要求，仅仅是审查意见答复的基础。相比于这种形式上的要求，专利代理师应该更加注重实质。对于答复审查意见实质的内容，大多数情况下是要求专利代理师和审查员进行有效沟通。

有效沟通包括口头沟通和书面沟通。在答复审查意见的过程中，专利代理师可以和审查员以电话沟通等方式，就技术方案的理解、与现有技术的对比以及可能的答复方向进行沟通。这样的沟通对于专利申请人、专利代理师、审查员而言，往往是十分有利的。需要注意的是，在沟通之前，一定要做充分的准备，做到沟通有的放矢，能够解决关键问题。一些涉及内容较为复杂的沟通，专利代理师要和审查员提前预约时间，方便审查员熟悉案情，从而使得沟通切实有效。

当然，审查意见答复过程中的沟通，最终是通过意见陈述这一书面形式来体现的。很多情况下，要通过这种书面形式的沟通，来说服审查员改变之前的观点，从而使得专利申请从不能获得授权变为能够获得专利权。这需要专利代理师通过鲜明的观点、充足的理由来进行意见陈述。尤其是在无路可退的情况下（审查员指出该专利申请没有任何可以获得授权的内容），专利代理师要通过意见陈述，体现出对审查意见相应观点的有效反驳。这些用以反驳的实质内容，是在意见陈述中最为重要的"武器"，是我们学习、练习如何进行审查意见答复中最应重视的内容。为了实现有效的反驳，专利代理师在答复审查意见的过程中，要始终保持怀疑的态度，对审查意见中的各个观点加以质疑，从而在尽可能维护申请人权益的基础上，找到答复突破口。在撰写意见陈述的过程中，要"以我为主"、观点鲜明、理由充分。所谓"以我为主"，是要从本发明出发，有针对性地论述本发明如何符合专利授权条件；在表明观点时，要旗帜鲜明，不能模棱两可，从而降低答复的气势；对于每个观点，都要有充足的理由支撑，只有有了"掰开了""揉碎了"的理由支撑，才有可能转变审查员的既有观点，使得自己的观点最终能够得以成立。

1.2.3 努力钻研

对于被发出新颖性、创造性审查意见的专利申请来说，很多都面临可能被驳回的险境。专利代理师所要做的，就是通过自己的专业技术知识、熟练的法律技能，将专利申请从不能获得授权的险境中拉回来，重新回到能够获得专利授权的轨道上来。这需要专利代理师努力钻研，甚至是锲而不舍。

说着简单，做起来难啊！

要做到扭转授权前景不妙的局面，专利代理师要像好医生一样，有妙手回春的本领，要能敏锐地发现问题，甚至能够从蛛丝马迹中发现答复的曙光，但更多的时候，需要专利代理师有"不抛弃、不放弃"的信念，锲而不舍地去研究、去啃、去悟，发现可能的答复突破口。在答复审查意见的过程中，要有背水一战的决心、有必胜的勇气，锲而不舍、坚持到底。实务中，一些优秀的专利代理师在面对一份审查意见多次分析都感到走投无路的情况下，面临绝限、自我评价、客户评价的压力时，往往能迸发出惊人的能量，巧妙地找到答复突破口，漂亮地完成审查意见的答复（当然也有真的"不行"的时候）。这不是靠别的，靠的就是努力钻研和锲而不舍的坚持。

也可以这样说，遇到答复起来十分困难的审查意见时，专利代理师需要反复去"悟"。这个"悟"好比王阳明"格竹"。也没有什么好的办法，就是保持"这个审查意见我一定要答复通过、我一定能够答复通过"的心态，反复看申请文件、反复看审查意见，一遍不行两遍，两遍不行就三遍，三遍不行就四遍……直到自己欢快、兴奋地找到答复突破口为止（找不到也没关系，至少"悟"了，提升了）。当然了，这个反复看是需要花费时间、精力的，需要有对应的、能够体现专利代理师价值的代理费来支撑。我们后续会通过案例来讲解一下这个"悟"的过程。

上面所讲的可以说是一个审查意见答复质量逐步提高的过程，这个提高过程也直接影响了专利代理师在审查员心目中的形象。

专利代理师和审查员好比是专利授权这一"拳击场"上的两个对手。如果专利代理师答复的意见陈述连"规范"都做不到,那么很有可能会被审查员瞧不起,审查员会基于专利代理师在基本法律形式上的业余表现,认为其不足以成为一个合格的对手。

满足了"规范"要求,好比专利代理师戴上了拳击手套、穿上了拳击服,看起来像一个"对手"了,但这当然还不够。专利代理师要以鲜明的观点、充足的理由形成对审查员观点的有力"反驳",这样才能在"拳击场"上有效出拳,和审查员进行有效对话,从而成为一个真正引起审查员重视的对手。

在"拳击场"上,专利代理师可能已经被审查员发出的审查意见打了几记重拳,这个时候看似是绝境,但也是自己的机会到了。专利代理师要在看似没有还手之力、没有可能胜利的情况下,以破釜沉舟的决心、以敏锐的洞察力,更重要的是靠锲而不舍的细致分析,发现审查意见的漏洞所在,予以精准回击,实现绝地反击甚至"起死回生"。想必通过这样起死回生的过程,专利代理师在审查员心目中就不再仅仅是一个合格的、引起其重视的对手了,而是一个像叶问那样,成为令人钦佩、尊敬的对手。要实现这个目标并不容易,要想、要练,要绞尽脑汁地去想、去练。对于审理意见答复突破口的寻找,要不抛弃、不放弃!

1.3 专利审查流程

在具体讲解如何答复审查意见之前,先介绍一下答复审查意见中涉及的一些基础知识。

在专利申请过程中,答复专利局审查员发出的审查意见,几乎是获得专利授权的一个必经过程。专利代理师要以创造性审查意见为主要分析对象,分析如何寻找答复突破口,如何专业、有效地完成针对审查意见的意见陈述。对于其他类型的审查意见,我也会有所讲解,但并不作重点分析。

下面先整体介绍一下专利审查过程。

专利申请在提交国家知识产权局后,会经历专利审查过程。对于发明专利申请而言,其会先后经历初步审查和实质审查两个审查阶段,实用新型专利申请则只会经历初步审查这一审查阶段。通常来说,专利审查的结论有两个,一个是该专利申请经过审查后，获得授权；另一个自然就是被驳回。即使被驳回，也并不意味着该专利申请就被判了"死刑"。专利申请人还可以就驳回决定提出复审请求。实践中，还是有相当比例的驳回案件通过复审程序"起死回生"，最终获得专利授权。

一般而言，我们将上述提及的初步审查简称为"初审"，而将实质审查简称为"实审"。

初审阶段，对于发明专利申请而言，所进行的大多是一些文件形式上的审查。实践中，初审阶段的审查意见很少会涉及专利申请的实质内容。对于实用新型专利申请而言，情况则有所不同。在实用新型专利的初审阶段，除进行形式审查之外，还会判断专利申请是否符合实用新型专利保护客体的要求，也会判断该实用新型专利申请是否明显不具备新颖性。

审查过程中，审查员的审查意见会以审查意见通知书的形式传达给专利申请人，我们通常将"审查意见通知书"称为"审通"。在实审过程中，审查员的审查有可能会不止一轮，按照审通轮次的不同，我们将第一次审查意见书通知简称为"一通"，后续的第二次、第三次……则相应地简称为"二通""三通"……

从审查内容上来看，在实审阶段，审查员通常会首先判断专利申请是否符合专利保护客体的要求。如果不符合，则会发出相应的审查意见；如果符合，审查员会进行专利检索，当检索到影响发明专利申请新颖性、创造性的现有技术时，审查员会把这些现有技术作为对比文件，评判专利申请的新颖性、创造性。同时，审查员也会结合《专利法》《专利法实施细则》的相关要求，就专利申请中的权利要求以及说明书的撰写是否妥当发表相应的意见，例如，审查员有可能指出权利要求存在不清楚的问题，也有可能指出权利要求的概括范围因过宽无法得到说明书支持的问题，还有可能指出独立权利要求缺少必要技术特征的问题。当然，如果专利申请人对申请文件进行了修改，审查员也有可能指出修改超范围的问题。

1.4 常见的审查意见类型

尽管实审阶段涉及的法律条款很多，但实践中绝大部分专利申请所遇到的是如下类型的审查意见。

1.4.1 新颖性、创造性方面的审查意见

新颖性和创造性方面的审查意见主要是审查员依据其检索的现有技术和专利申请所要保护的技术方案进行对比后所发表的审查意见。此种类型的审查意见是对于驳回专利申请来说能够起到最具实质性作用的审查意见。

简要来说，一件专利申请存在新颖性问题，是指该专利申请和现有技术或抵触申请相比完全一样，并不存在任何区别。如果专利申请所要保护的技术方案属于现有技术或抵触申请，显然不能获得专利权，审查员为此会发出不具备新颖性的审查意见。

创造性审查意见则是承认专利申请所要保护的技术方案相对于现有技术存在区别，但对于该区别，审查员会以另一个或多个现有技术来评价该区别。在该区别以及区别所起的作用被其他现有技术所公开的情况下，审查员会以多个现有技术"相结合"的方式来评述本发明所要保护的技术方案不具备创造性。

实践中，创造性审查意见较之新颖性审查意见和其他类型审查意见出现的频次更高，是在实审阶段更常见的审查意见类型。

1.4.2 保护客体方面的审查意见

对于一些案件而言，有可能在被评述新颖性、创造性之前，首先遇到保护客体方面的审查意见。这一类型的审查意见主要关注专利申请所要保护的方案是否符合《专利法》中有关保护客体的相关规定。

当专利申请所要保护的方案中仅仅包括智力活动的规则和方法时，则会遇到不符合《专利法》第 25 条规定的审查意见；即使所要保护的方案并不属于智力活动规则和方法，也有可能因为其并未采用技术手段、没有解决技术问题、没有带来技术效果，而被认为不符合《专利法》第 2 条第 2 款的规定。

上述不符合专利保护客体的审查意见曾经"风靡一时"。但这样的审查意见对于专利申请人以及专利代理师来说却有些苦不堪言。原因在于，专利保护客体的相关规定中，重点要求的是方案中具备技术要素，而何谓"技术"显然是非常难以界定的。这导致此种类型的审查意见答复难度很大，由此导致一些实际上具备技术创新要素、能够带来相当大商业价值的专利申请被错误地驳

回。为此，从2020年开始，国家知识产权局陆续通过修改《专利审查指南》等方式，对于如何进行专利保护客体的判断予以澄清和规范，并逐步弱化专利保护客体问题在驳回专利申请上所起的作用。此种类型审查意见当前日趋减少，已经不是实审阶段常见的审查意见了。

1.4.3 不清楚、不支持、缺少必要技术特征方面的审查意见

"不清楚""不支持""缺少必要技术特征"这样的审查意见，尽管也是驳回专利申请的实质性条款，但实践中通常不会在驳回专利申请中发挥决定性的作用。也就是说，很少出现专利申请仅仅是因为这样的条款而被驳回的情况。

一般来说，专利代理师可以结合收到"不清楚""不支持""缺少必要技术特征"这样的审查意见的时机，来对专利申请的授权前景作出判断。

如果在一通中遇到这样的审查意见，大多数情况下意味着审查员认为申请文件的撰写存在保护范围不清楚或者范围过大的问题。在这种情况下，并不能说明该专利申请具有较好的授权前景。原因在于，很有可能是审查员认为该专利申请的保护范围存在问题，因此还未采用和现有技术进行对比的方式进行新颖性、创造性的评价。专利申请过不了新颖性、创造性判断这一关，也就不能说明该专利申请具有较好的授权前景。

当然，实践中也有相当数量的一通是对专利申请进行了全面评价，其中既涉及"不清楚""不支持""缺少必要技术特征"等问题，也涉及新颖性、创造性判断的问题。此时，也能够表明该专利申请还不具有较好的授权前景，专利代理师仍然需要在答复审查意见的过程中打起十二分的精神。

还有一种情况则比较乐观。如果一件专利申请在实审过程中历经几轮审通答复，在克服了例如新颖性或者创造性这种对专利授权构成实质性影响的问题后，审查员又发出有关"不清楚""不支持"这样的审查意见，此时该专利申请往往具备较好的授权前景。审查员此时发出上述审查意见，所表明的态度是该专利申请还有一些表达上的、非关键的问题需要克服。存在这样的问题会影响专利的授权，但并不会构成"伤筋动骨"的影响。这种情况下的审查意见对专利授权的影响较之上述情况明显减弱，专利代理师的答复压力也会随之降低。

1.4.4 修改超范围方面的审查意见

在实审阶段法律是允许专利申请人对申请文件进行修改的，但此种修改当然是不能随意进行的，而是应该在原始申请文件记载的范围内进行。简言之，对专利申请文件的修改不能超范围。一旦专利申请人在修改专利申请文件的过程中添加了原始申请文件中没有记载的内容，审查员则会发出修改超范围方面的审查意见。这一类型的审查意见对于专利授权的影响，较之新颖性、创造性审查意见要弱，但较之"不支持""不清楚"这样的审查意见要强，属于实务中能够实质性影响专利授权与否的审查意见类型。

需要注意的是，很多情况下，对专利申请文件中权利要求的修改是为了配合新颖性、创造性审查意见答复来进行的。此时，专利代理师一定要针对修改详细阐述修改不超范围的理由；否则，一旦审查员判定当前修改超范围，那么专利代理师基于该修改所进行的新颖性、创造性答复自然也就不能成立了。

1.4.5 说明书公开不充分方面的审查意见

说明书公开不充分这一审查意见在实务中遇到的比例不高，一旦遇到，则杀伤力就很大。说它杀伤力大主要是因为这样的审查意见不好答，另外，对于专利代理师而言，遇到这样的审查意见往往会面临无法向客户交代的窘境。

在说明书公开不充分方面的审查意见中，审查员会指出说明书中对于技术方案的公开不够充分，本领域技术人员难以结合说明书的记载来实现该技术方案。这样的审查意见难答，主要体现在：在这一类型的审查意见中，审查员并不会结合对比文件这样的证据来发表意见，由于没有客观证据的存在，当专利代理师想扭转审查员所得出的"公开不充分"这一结论时，往往只能靠自己主观的论述。在没有客观证据作为依托的情况下，依靠自己的"主观"来改变审查员已经形成的"主观"认定，难度可想而见。

有人可能会说，审查员说公开不充分，那通过修改让公开"充分"不就好了吗？这样想就太天真了。

天真之处在于，专利代理师是不可能通过修改说明书中增加新的内容来克服公开不充分的。一旦向说明书中增加新的内容，修改就是超范围的，不会被审查员接受；而如果专利代理师是基于原始说明书中所记载的内容进行修改，尽管修改不超范围，但原始说明书的记载本身就已经被审查员认定为公开不充分了，怎么还能基于该记载所进行的修改来克服公开不充分的问题呢？

有人可能还会出这样的主意：审查员所说的公开不充分的内容，我只要说明其属于现有技术就可以了，由于该内容是现有技术，本领域技术人员自然知晓其如何实现，由此也就不存在公开不充分的问题了。采用这一处理方式虽然有可能解决公开不充分的问题，但随之可能带来更大的问题。如果自认了某一技术特征属于现有技术，而一旦该技术特征又确实是本发明相对于现有技术的区别所在，则审查员有可能会基于上述自认来得出本发明不具备创造性。显然，将相应技术特征自认为属于现有技术来克服公开不充分的问题，是一种顾头不顾尾的做法，能一时解决公开不充分的问题，但是却不能解决专利无法获得授权的问题。

由此可见，解决公开不充分的问题，貌似并没有一个理想的解决方案，而更大的问题是，出现公开不充分的问题，往往是案件撰写时的失误导致的，这就出现了专利代理师怎么向客户解释的问题。即使是客户在技术交底书中的确没有公开充分，客户也会质疑，为什么在专利申请文件的撰写过程中，专利代理师没有发现这一问题，并要求发明人补充材料呢？这样的质疑是对专利代理师专业能力的质疑，而专利代理师往往也很难答复客户这样的质疑。由此，为了避免出现公开不充分方面的审查意见，专利代理师在撰写专利申请文件时，应该和发明人进行充分沟通，搞清楚本发明的发明创新点所在，如果发现技术交底书中就该创新点没有进行充分的说明，则应该要求发明人补充材料，从而力争在源头上减少专利申请文件出现公开不充分的问题。

综上所述，实审过程中较为常见的审查意见包括：《专利法》第22条第2款有关新颖性、第22条第3款有关创造性方面的审查意见；《专利法》第26条第4款有关不清楚、不支持方面的审查意见；《专利法实施细则》第20条第2款有关缺少必要技术特征的审查意见；《专利法》第33条有关修改超范围方面的审查意见；《专利法》第26条第3款有关公开不充分的审查意见。

在实践中，创造性审查意见出现的比例最高。为此，后续我也会专注于讲解如何答复创造性审查意见。

第 2 章

新颖性和创造性的审查

在实践中,创造性审查意见出现的比例最高。但说到创造性审查意见,还是要先从新颖性说起。原因在于,从某种程度来说,创造性判断是新颖性判断的衍生品。

2.1 新颖性

2.1.1 谁能用来评判新颖性

一件专利能够获得专利权,最朴素的认识当然是该专利所保护的技术方案应该是一个新方案。由此,在专利审查过程中,当然要针对专利申请中所要保护的方案判断其到底是"新方案"还是"旧方案"。如果是前者,则满足了"新旧与否"方面的专利授权条件;如果是后者,自然不应被授予专利权。新颖性判断所进行的,就是这种"新旧方案"的判断。

实践中,审查员会进行现有技术的检索,获得本专利申请所对应的现有技术,采用该现有技术和专利申请中所保护的技术方案进行对比,从而完成该技术方案是否具备新颖性的判断。

这里要注意几个问题,首先是现有技术的时间界限。现有技术是以专利申请的申请日为界限的,凡是在专利申请日之前已经处于公开状态的技术,则属于现有技术;而在专利申请日之后公开的现有技术,则不属于现有技术。

其次,对于新颖性判断还需要特别注意的是,抵触申请也可以用来评价专利申请的新颖性。根据《专利法》第 22 条第 2 款的规定,在发明或者实用新型的新颖性的判断中，由任何单位或者个人就同样的发明或者实用新型在申请日以前向专利局提出并且在申请日以后（含申请日）公布的专利申请文件或者公告的专利文件损害该申请日提出的专利申请的新颖性。为描述简便，在判断新颖性时，将这种损害新颖性的专利申请，称为"抵触申请"。

简言之，抵触申请就是申请在前、公开在后的专利文件，所谓"在前""在后"，是相对于本专利申请的申请日而言的。抵触申请仅限于专利申请文件或者专利文件，其他形式公开的文件并不属于抵触申请。从性质上来说，抵触申请并不属于现有技术，其仅是为了避免专利重复授权而在新颖性判断中被加以使用，不能在创造性判断中作为现有技术而被使用，因为它根本就不是现有技术。

现在我们回到现有技术。对于现有技术的存在形式，当然并不仅局限于专利（申请）文件。出版物公开、使用公开以及以其他方式的公开都是"现有技术"的公开方式。

其中，出版物公开中的"出版物"是指记载有技术或者设计内容的独立存在的传播载体。专利文献、期刊、书籍、学术论文、技术手册、正式公布的会议记录或者技术报告、广告宣传册等都是这样的"出版物"。"出版物"除了可以以纸件形式存在外，还可以其他形式存在，例如，互联网或者其他在线数据库中的资料也是可以构成现有技术的。

出版物公开并不受公开的地理位置、语言或者获得方式的限制。也就是说，无论是国外的还是国内的文献，无论是中文公开还是英文、日文甚至其他语种公开，无论这个文献的获得难度有多大，只要其公开日期在专利申请日之前，都可以构成该专利申请的现有技术。

现有技术的公开方式中还存在"使用公开"和"以其他方式公开"，在实审中，以这两种公开方式构成的现有技术很少被审查员使用。对这两种公开方式的具体要求有兴趣的读者可以参考《专利审查指南》的相关规定。

找到现有技术或者抵触申请之后，评判新颖性就涉及如何采用该现有技术（抵触申请）和专利申请中所要保护的技术方案进行对比的问题了。这里我们首先要明确所要对比的对象是谁。

在专利申请中，其所要保护的技术方案是以权利要求的形式出现的。由此，判断专利申请中所要保护的技术方案是否具备新颖性，其判断的目标是专利申请中的特定权利要求。审查员会结合其检索到的现有技术,对该特定权利要求是否具备新颖性进行判断,判断新颖性或创造性过程中所引用的相关文件包括专利文件和非专利文件,统称为"对比文件"。实践中,对比文件会采用相应的缩写,如对比文件1会被简称为D1,对比文件2被简称为D2,以此类推。

2.1.2　新颖性判断的四要素

新颖性的判断所采用的是单独对比的方式,即审查员会采用一篇对比文件来评价相应权利要求不具备新颖性。

具体来说,在该评价过程中审查员会关注技术领域、技术问题、技术方案、技术效果这四个要素。按照《专利审查指南》的规定,如果被审查的发明或实用新型专利申请与现有技术或者抵触申请相比,其技术领域、所解决的技术问题、技术方案和技术效果实质上相同,则该专利申请会被认为不具备新颖性。在新颖性判断中,上述四要素均需被考虑,尤其以技术方案的判断最重要。一般来说,如果在技术方案的判断上能够得出实质相同的结论,那么另外三个要素基本上也会是"实质相同"的。

我们可以这样通俗地解读新颖性的规定。出于专利所保护的方案应该是一个新方案这一朴素的认识,我们不能对一个现有的技术方案授予专利权。当一个专利申请和现有技术一模一样时,该专利申请就是现有技术,并不是"新方案",由此不应当被授予专利权。新颖性判断所考虑的就是这种"一模一样"的问题。新颖性的判断将"一模一样"的判断标准进一步明确,具体确定为以技术领域、技术问题、技术方案以及技术效果四个要素来进行判断。技术方案是专利申请中最核心的内容,其和另外三个要素之间又具有相当紧密的依存关系,因此在采用四要素进行新颖性判断时,判断的重点是技术方案是否相同,技术领域、技术问题、技术领域的判断虽不可或缺,但是处于次要地位。

对于技术方案是否实质相同的判断是以技术特征比对(以下简称"特征比对")的方式来进行的。特征比对就是要将专利申请中被评价的权利要求中所包括的技术特征,逐一和现有技术或抵触申请的技术内容进行比对,如果该权利要求中的所有技术特征都和现有技术或抵触申请的技术特征实质相同,则该权利要求中的各个技术特征被现有技术或抵触申请所公开,该权利要求所保护的技术方案和现有技术或抵触申请中所公开的技术方案实质相同。在对技术领域、技术问题、技术效果这三要素也完成了"实质相同"的判断后,可以得出该权利要求不具备新颖性。

从答复技巧来看,新颖性的判断和答复并没有太大难度。审查员和专利代理师所做的主要就是依据所找到的现有技术或抵触申请进行特征比对。特征比对的结果如果是权利要求中的所有技术特征都被公开了,那么就不具备新颖性;如果权利要求中存在技术特征没有被公开,那就说明该权利要求具备新颖性。对于审查员而言,评价新颖性的关键在于通过检索找到最具杀伤力的现有技术或抵触申请;对于专利代理师而言,答复新颖性审查意见的关键则在于找到实际上没有被公开的技术特征,基于权利要求中存在该没有公开的技术特征来完成新颖性审查意见的答复。

2.2 创造性

2.2.1 创造性和新颖性的联系和区别

由于新颖性要求"一模一样",专利代理师只要找到权利要求中存在现有技术或抵触申请没有公开的技术特征,就能够通过新颖性审查这一关。但是,如果仅仅用新颖性这一判断标准来完成专利申请的方案是否属于"新方案"的判断,未免太过单薄了。正如世界上不可能有两片完全相同的树叶那样,找到一个和专利申请所要保护的技术方案一模一样的现有技术或者抵触申请,难度也是挺大的。

为了更为彻底地满足专利保护的方案应该是"新方案"这一朴素的要求,在新颖性判断的基础上进一步引出了创造性的概念。

创造性判断中承认专利申请所保护的技术方案和现有技术相比存在区别,但进一步地会针对该区别进行评价。如果该区别也属于现有技术的内容,则会认为发明人并没有在现有技术的基础上进行创造性的劳动,其所提出的技术方案并不具有创造性。

创造性判断是从新颖性判断延伸出来的，其和新颖性判断存在一些相同之处，但也存在明显的区别，主要有以下两点。

首先，也是最根本的区别，创造性判断采用的是结合对比的方式，而新颖性判断则是采用单独对比的方式。在创造性判断中，会以多个现有技术相结合的方式，例如，多篇对比文件相结合或者一篇对比文件结合公知常识，来评判权利要求的创造性。而在新颖性判断中，则采用一篇对比文件来评价权利要求的新颖性。

其次，在新颖性判断中可以采用现有技术或者抵触申请来评价权利要求的新颖性，而在创造性判断中，其只能采用现有技术来评价权利要求的创造性，抵触申请不属于现有技术，因此并不能在创造性判断中被使用。

当然，从具体的法律规定来说，对新颖性和创造性的要求也是不同的。

《专利法》第22条第2款和第3款分别就新颖性和创造性进行了规定："新颖性，是指该发明或者实用新型不属于现有技术；也没有任何单位或者个人就同样的发明或者实用新型在申请日以前向国务院专利行政部门提出过申请，并记载在申请日以后公布的专利申请文件或者公告的专利文件中。"

"创造性，是指与现有技术相比，该发明具有突出的实质性特点和显著的进步，该实用新型具有实质性特点和进步。"

《专利法》第22条第2款所规定的新颖性，要求发明或者实用新型并不属于现有技术，也没有被抵触申请所公开，从具体操作的角度来讲，则是要看权利要求所保护的技术方案和现有技术或抵触申请在技术方案、技术领域、技术问题、技术效果这四个方面是否实质相同，其中的重点在于技术方案是否实质相同。

《专利法》第22条第3款所规定的创造性判断标准当然和新颖性判断标准不同。从法条的规定来讲，我们能够明显地看到创造性关注两个方面的问题，以发明为例，创造性关注突出的实质性特点和显著的进步两个方面。实用新型和发明相比，在创造性判断中也是关注这两方面的内容，只不过创造性判断标准相应地予以降低，从"突出的实质性特点"降低为"实质性特点"，从"显著的进步"降低为"进步"，虽然要求程度有所降低，但关注的方向和发明是相同的。

后面我们将以发明为例来进行说明。

2.2.2 突出的实质性特点和显著的进步

明确创造性关注"突出的实质性特点"和"显著的进步"对于专利代理师和专利申请人来说，有何意义呢？

专利代理师所要做的工作是答复审查员发出的审查意见，"答复"意味着回应，甚至可以说是以回应的方式反驳、对抗审查员的观点。这是一场战斗，战斗就意味着要知己知彼。明确创造性所关注的两个方面正是"知彼"的体现。

基于创造性的法律要求，审查员在对创造性进行评述时，应该针对权利要求所保护的技术方案是否具有突出的实质性特点以及显著的进步这两个方面加以评述。作为回应方，专利代理师撰写的意见陈述，自然应该针对上述两个方面进行阐述：一方面正面回应审查员的意见；另一方面使得意见陈述的论述能够紧扣创造性的法律要求。也就是说，对于创造性审查意见答复而言，意见陈述的整体架构中应该包括突出的实质性特点以及显著的进步这两个并列的方面。

尽管在创造性评价过程中，审查员对于"突出的实质性特点"和"显著的进步"都要进行评述，但对这二者的评价力度并不相同。对于电学和机械领域的专利申请，审查员在进行创造性评述时会将评价的重点放在"突出的实质性特点"的评述上，花费大量篇幅，采用和现有技术进行对比的方式来论述相应权利要求所保护的技术方案并不具有突出的实质性特点；对于"显著的进步"，审查员在审查意见中的评述并不会花费过多笔墨，很多情况下仅仅是一带而过，甚至在一些审查意见中还会出现不评述"显著的进步"的情况（当然，这样做不太对）。审查员评价的发力点正是专利代理师要着力分析、回应的地方。为此，在进行答复时，自然也应该将答复的重点放在有关"突出的实质性特点"的分析和答复上。这样才能正面回应审查员的观点，改变其原有的认识，从而做到有效答复；相反，如果将答复重点错误地放到有关"显著的进步"的论述上，则并没有对上审查员的"点"，没有解决审查员的关切，就算专利代理师能够提供再多、再好的有益效果方面的论述，如果解决不了审查员的核心关切，也就是在不具有"突出的实质性特点"这方面的判断结论的情况下，该答复很可能无法说服审查员，使该专利申请无法克服创造性问题。

任何事物都有主要方面和次要方面。对于创造性问题而言，其主要方面就是突出的实质性特点，次要方面是显著的进步。在答复创造性审查意见时，专利代理师要抓住创造性问题中的主要方面，在主要方面上进行充分的发力，而不应分散火力，甚至错误地将主要火力放到"显著的进步"次要方面上。当然，后面还有主要矛盾一说，主要指的是要抓住核心发明点。这是后话，我们慢慢分析。

当然，显著的进步并非是在所有专利申请的创造性判断中都处于次要地位。对于化学、生物类的案件来说，显著的进步往往是创造性判断的关键因素。本书只就电学、机械领域专利申请的创造性问题进行分析，对于生物、化学类的案件还请读者参考其他书籍、文献学习答复技巧。

2.2.3 经典的"三步法"

我们接下来就重点分析"突出的实质性特点"。

还是和之前的思路一样，要做到知己知彼，当然要了解审查员是用什么样的思路、方法来进行突出的实质性特点的评价的。由此，引出了创造性评价中经典的"三步法"。

在判断权利要求所保护的技术方案相对于现有技术是否具有突出的实质性特点时，审查员会通过三个步骤来完成该判断过程，这一判断方式被称为"三步法"。

2.2.3.1 何谓"三步法"

在"三步法"的第一步中，审查员要通过检索，找到和权利要求要保护的技术方案（以下简称"本发明"）相比最接近的现有技术，该最接近的现有技术以对比文件的形式出现时，一般为对比文件1，简称D1，后续的分析以最接近的现有技术D1为例进行说明。

在"三步法"的第二步中，审查员要将本发明和最接近的现有技术进行对比，从而得出本发明相对于该最接近的现有技术的区别特征，然后根据该区别特征所能达到的技术效果确定发明实际解决的技术问题。正如《专利审查指南》所指出的，发明实际解决的技术问题是指为获得更好的技术效果而需对最接近的现有技术进行改进的技术任务。

在"三步法"的第三步中，要判断要求保护的发明对于本领域技术人员来说是否是显而易见的，从而完成该发明是否具有突出的实质性特点的最终判断。具体而言，审查员要从最接近的现有技术以及第二步中确定的本发明实际解决的技术问题出发，判断现有技术中是否从整体上给出了相应的技术启示，使得本领域技术人员在面对所述本发明实际解决的技术问题时，能够很容易得到本发明所要保护的技术方案。如果结论为"是"，那么可以得出该发明不具有突出的实质性特征这一结论，进而可以结合不具有显著的进步的判断结论，得出该发明不具备创造性的结论。

在"三步法"中，第一步是由审查员通过检索来完成的，实践中专利代理师通常不会对审查员检索中以哪篇文件作为最接近的现有技术进行质疑（有些案件中，专利代理师在被逼急的情况下也可能在这方面进行反驳，但此种情况并不多）。第二步和第三步中，涉及采用现有技术和本发明进行特征比对、作用对比，而且该内容也是审查意见中的核心、主体内容所在，因此，对于第二步、第三步的分析、反驳是创造性审查意见答复工作中的重点所在。

由此，我们好好分析一下"三步法"中的后两步。

2.2.3.2 "三步法"中的第二步

（1）第二步做了几件事？

首先来看一下"三步法"的第二步。这里首先有一个问题，这个第二步中到底做了几件事？

不难发现，"三步法"的第二步中做了两个工作：一是确定本发明相对于最接近的现有技术的区别技术特征；二是确定本发明实际解决的技术问题。那么，为何将这两个工作放在"一步"中呢？

原因在于，第二个工作是以第一个工作为基础来进行的。

具体而言，本发明实际解决的技术问题，要以确定的区别技术特征所能达到的技术效果来进行确定。区别技术特征是本发明中的技术特征，而技术效果通常也就是特征所起的"作用"，因此也可以认为，本发明实际解决的技术问题是根据区别技术特征在本发明中所起的作用来确定的。这样来阐述如何确定本发明实际解决的技术问题，能够更容易和第三步中的相应判断关联起来，我们后续会进行分析。方便起见，后续在论述确定本发明实际解决的技术问题时，都采用"根据区别技术特征在本发明中所起的作用"这一表述方式来说明如何确定实际解决的技术问题。

（2）第二步中确定的"本发明实际解决的技术问题"，与申请文件中声称解决的技术问题的关系。

需要注意的是，"三步法"的第二步中所确定的技术问题，是本发明"实际"解决的技术问题，这个技术问题从属性上来说和申请文件中声称要解决的技术问题并不相同，从内容上来讲，二者可能相同，也可能不同。

说这二者不同，是因为这二者的来源完全不同。本发明实际解决的技术问题，是审查员结合检索的情况，通过和最接近的现有技术进行对比，针对本发明重新确定的技术问题。该实际解决的技术问题产生于专利实审过程中，而该问题具体内容的来源则并非是申请文件中所记载的技术问题，而是以"三步法"的第二步中所确定的区别技术特征在本发明中所起的作用来确定的。本发明声称要解决的技术问题则产生于专利申请文件的撰写过程中，其具体内容的出处源自申请文件中对于现有技术缺点或者发明目的的介绍。

那么，本发明实际解决的技术问题和本发明声称要解决的技术问题何时会不相同呢？何时又会相同呢？我们举例分析一下。

假设本发明的权利要求1包括A、B、C、D四个技术特征，在创造性审查过程中，审查员通过检索找到对比文件1（D1），在D1中公开了A、B、C三个技术特征，审查员以D1作为最接近的现有技术，确定本发明相对于D1的区别特征在于D，结合区别特征D在本发明中所能达到的效果（假设为"甲"），确定本发明实际解决的技术问题。

如果审查员所找到的最接近的现有技术确实是发明人在发明过程中所针对改进的现有技术，那么审查员的上述审查过程实际上是还原了发明人针对现有技术进行改进的发明创造过程，审查员所确定的实际解决的技术问题就会和申请文件中声称要解决的技术问题相同了。

从上面的例子来看，如果发明人提出本发明时所针对的现有技术确实是A、B、C三个技术特征，在改进手段是用来解决现有技术中存在的问题的情况下，该改进手段也就是技术特征D在本发明中所能达到的效果自然也就是发明人原本预期要解决的技术问题了，这一技术问题在专利申请中被体现出来，作为申请文件中写明的本发明声称要解决的技术问题。

上述过程其实是一个还原发明人创造性贡献的过程。在审查员检索到的最接近的现有技术和发明人在进行发明创造过程中所针对的现有技术一致的情况下，"实际解决的技术问题"和申请文件中"声称要解决的技术问题"从内容上来说自然就是一致的。

当然，也存在这二者不一致的情况。当审查员所检索出的最接近的现有技术并非是发明人进行发明创造时所针对改进的现有技术时，本发明实际解决的技术问题就和申请文件中声称要解决的技术问题不一致了。

例如，发明人提出发明创造时是针对现有技术 A、B、C 三个技术特征来进行改进，通过改进增加了技术特征 D，从而形成了 A、B、C、D 四个技术特征这样的技术方案。而审查员通过检索发现现有技术中存在 A、B、D 三个技术特征这样的现有技术，采用该现有技术作为最接近的现有技术来和本发明对比，确定得到区别特征为 C，结合技术特征 C 在本发明中所能产生的效果（假设为"乙"）确定本发明实际解决的技术问题。此时我们就会发现，对于本发明而言，其在申请文件中声称要解决的技术问题是和发明人进行发明创造时的认识相对应的，也就是基于改进的技术特征 D 所确定的技术问题，该声称要解决的技术问题对应于"甲"这一效果；而审查员结合检索所确定的实际解决的技术问题，却是和技术特征 C 在本发明中所产生的效果"乙"相对应的，二者并不相同。

实际上，"实际解决的技术问题"中的"实际"二字，所表达的就是该技术问题很有可能并非是发明人所声称的技术问题。对于技术问题加以"实际"这一定语的限定，实际上是表明在审查过程中，审查员会结合其检索出的现有技术的情况，重新去还原发明人的创造性贡献所在，该还原的结果有可能和发明人原本的贡献一致，也有可能并不相同。

说了这么多，明确"实际解决的技术问题"和申请文件中"声称要解决的技术问题"并不相同。这对于专利代理师的实际工作有什么意义呢？

可以说意义很大，这涉及针对性答复的问题。

审查员是按照《专利审查指南》所规定的"三步法"进行创造性中有关突出的实质性特点的评述的，因此，在其整个评述过程中，所涉及的"问题"只是"实际解决的技术问题"。在答复过程中，有的专利代理师会以申请文件中所记载的技术问题作为论述的依据来反驳审查员的观点，例如，阐述该技术问题和最接近的现有技术所要解决的技术问题不一致，或者，论述对比文件2中并没有给出解决该技术问题的启示。专利代理师在此过程中所采用的是"声称要解决的技术问题"而非实际解决的技术问题，由于在审查员的评述过程根本就没有利用声称要解决的技术问题，当专利代理师以声称要解决的技术问题作为反驳的依据时，就会出现枪口偏斜、打错靶子的情况，这样的论述起不到针对性反驳的作用，无法说服审查员改变其观点。有关针对性答复的问题，后续我还会继续讨论。

（3）第二步的目标在于立靶子。

在明确了"三步法"的第二步中所确定的是"实际解决的技术问题"后，还需要进一步明确，进行第二步的目的到底是什么。

第二步的目标在于立靶子，立发明人相对于现有技术作了什么样贡献的"靶子"。这个靶子分为两个方面，一个是第二步中前半句中所确定的"区别特征"，另一个是第二步中后半句中所确定的本发明"实际解决的技术问题"。这两个方面共同构成本发明相对于现有技术的贡献所在，用以作为评判的目标，在第三步中评价是否真的足以构成"贡献"，从而评价本发明相对于现有技术来说是否具备创造性的贡献。

其实，提出"三步法"的出发点在于还原发明人的发明创造过程，并针对其发明创造是否真的足以构成发明创造进行评价。我们可以结合这一思路考虑一下"三步法"的第二步中到底做了什么。

第二步中其实就是通过和现有技术的对比，来还原发明人可能的创造性贡献，只不过这一创造性贡献有可能和之前发明人自己所认为的创造性贡献并不一致。

对于发明人而言，其提出一个新的技术方案，贡献往往在两个方面，一是发现问题，二是解决问题。正是因为创造性地发现了现有技术中存在的问题，才能有针对性地加以解决，很多情况下，人们往往都发现不了现有技术中存在的问题，自然也就谈不到对该问题予以解决。由此，发现问题应该是发明人的创造性贡献之一。当然，只是发现了问题而没有提出对应的解决手段，也不能说发明人进行了创造性的劳动，只有针对其所发现的技术问题提出了相应的解决手段，才能形成有效的解决方案，才能说发明人切实付出了创造性劳动。由此，解决问题的技术手段当然也是发明人的另一创造性贡献。

"三步法"的第二步实际上就是在明确发明人针对现有技术所作出的这两个贡献到底是什么。

确定本发明相对于最接近的现有技术的区别特征，实际上就是确定发明人所提供的解决问题的技术手段，原因在于，该技术手段在最接近的现有技术中并不存在，当然，该技术手段就是用以解决现有技术中问题的技术手段。

确定本发明实际解决的技术问题，是根据区别特征在本发明中所产生的效果来完成的，由于能够实现的更好效果自然是相对于现有技术中的不足而言的，由区别特征在本发明中所产生的效果确定本发明实际解决的技术问题，所还原出的就是发明人发现的现有技术中存在的技术问题。

由此可见，在"三步法"的第二步中，实际上是还原了发明人进行发明创造过程中的两个创造性贡献所在。那么，为什么这个创造性贡献却有可能和发明人自身所认为的创造性贡献不一致呢？出现这一结果的原因在于，发明人所认为的现有技术和审查员检索得到的现有技术并不相同。

发明人在进行发明创造时，是在其所认识的现有技术基础上进行的改进，我们姑且将这一现有技术称为"第一现有技术"。而审查员在审查过程中会结合检索到本发明最接近的现有技术，这一检索得到的现有技术姑且称为"第二现有技术"。在第一现有技术和第二现有技术相同的情况下，审查员审查过程中所确定的本发明的贡献和发明人自身所认为的贡献自然是一致的。但是，当第二现有技术和第一现有技术不同，在第二现有技术中已经包括发明人所认为的贡献所在的情况下，发明人所认为的贡献已经成为审查员眼中的现有技术，已经不构成相对于现有技术的贡献所在。此时，审查员会以第二现有技术为基础，重新确定本发明相对于现有技术的贡献所在，这一贡献自然也就和发明人原本所认为的贡献不一致了。

正如之前所分析的那样，审查员在创造性审查过程中所进行的是对于发明创造的还原过程，只不过这一还原并不是基于发明人的主观认识来进行的。也就是说，并不是基于专利申请文件中发明人所声称的现有技术和现有技术缺点来进行的，而是基于审查员的检索结果，采用检索到的最接近的现有技术这一客观证据，来进行所谓客观的还原。由于这种还原是客观的、有可能区别于发明人的主观认识的，这种还原所得到的贡献是"实际"的。由此，在"三步法"的第二步中的技术问题才被冠以"实际"这一特殊的限定。

总结一下,重点强调的就是两点,一是要将"实际解决的技术问题"和申请文件中声称要解决的技术问题,在属性上加以区分;二是要明确"三步法"的第二步实际上所进行的是一个确定发明人贡献所在的过程,是一个"立靶子"的过程。

2.2.3.3 "三步法"的第三步

再来看"三步法"的第三步。第三步从表述上来看比较简单,就是要看从最接近的现有技术以及实际解决的技术问题出发,所要保护的发明对于本领域技术人员来说是否是显而易见的。这是一个概括性的说法,重点在于给出"显而易见"这一判断标准,那么具体而言,如何确定到底是不是显而易见呢?

《专利审查指南》中给出了进一步的说明,其指出:判断过程中,要确定的是现有技术整体上是否存在某种技术启示,即现有技术中是否给出将上述区别特征应用到该最接近的现有技术以解决其存在的技术问题(本发明实际解决的技术问题)的启示,这种启示会使本领域技术人员在面对所述技术问题时,有动机改进该最接近的现有技术并获得要求保护的发明。

上述判断"三步法"第三步的过程,其实是一个是否具有"启示"的判断过程,或者可以说是一个有关本发明是否"显而易见"的判断过程。下面从实践的角度解释一下该"显而易见"的判断在创造性审查意见中通常是如何出现的。

最常见的是,审查员会找出另一个现有技术,例如对比文件2(D2),然后指出该对比文件2中已经公开了第二步中所确定的区别技术特征,而且该区别技术特征在对比文件2中所起的作用和在本发明中所起的作用相同。基于此,审查员会得出针对本发明是"显而易见"的、不具有突出的实质性特征这一结论。

当然,审查员也可能仍然基于最接近的现有技术,例如对比文件1,指出该对比文件1中的其他部分已经公开了区别技术特征,且该区别技术特征在对比文件1中所起的作用和在本发明中所起的作用相同,由此得出本发明是显而易见的、不具有突出的实质性特征这一结论。

当然，也可能出现审查员认为区别技术特征属于公知常识的情况，这一情况是申请人或专利代理师不愿看到的，为什么申请人或者专利代理师不愿看到这一判断方式呢？最重要的原因在于公知常识没有客观证据，很大程度上是审查员的主观判断，在审查员用公知常识评价的技术特征为本发明发明点的情况下，没有客观证据作为对比对象，申请人、专利代理师很难进行客观、充分的对比和分析，从而难以改变审查员的观点，再加上发明中除了发明点之外可能也没有更多的技术特征可以作为和现有技术的区别特征，这样的创造性审查意见答复就非常难了。目前，随着审查标准的进一步清晰，采用公知常识来评价区别技术特征的判断方式已经被越来越严格地予以限制，出现的频率也呈现下降的趋势。

总结一下，不管审查员是从哪里找到的依据，其在进行第三步有关是否存在启示的判断时，是从两个方面进行判断的。一是要判断区别技术特征是否已经被现有技术所公开，二是要判断区别技术特征所起的作用是否也属于现有技术已经公开的内容。也就是说，针对特征和作用两个方面都进行判断，这实际上就是在对"三步法"的第二步中所确定的发明人的贡献，进行是否能够构成真正的"贡献"的判断。

我们之前提及过，"三步法"的第二步中的结果是确定发明人的两个贡献，一是发现问题，二是解决问题。相对应的就是本发明相对于最接近的现有技术的区别技术特征以及本发明实际解决的技术问题。在"三步法"的第三步中，实际上就是对第二步中所确定的这两个"贡献"是否是现有技术来进行判断。

一方面，要判断区别技术特征是否也已经被其他现有技术公开，例如在别的对比文件中，或者最接近的现有技术别的部分，或者是公知常识中，这其实是判断所谓解决问题的手段是否是现有的。

另一方面，则要判断其他现有技术中所公开的区别技术特征，是否也在该其他现有技术中起到了和在本发明中相同的作用。"作用"基本上就是用于解决"问题"，而本发明实际解决的技术问题对应于区别技术特征在本发明中所起的作用，因此，如果区别技术特征在其他现有技术中起到了和在本发明中相同的作用，这实际上说明在现有技术中已经有人发现了本发明实际解决的技术问题。由此可见，对于区别技术特征在对比文件中的作用和在本发明中的作用是否相同的判断，实际上就是对所谓问题是否是已经被发现的旧问题的判断。

如果这两个判断的结论都为"是"，说明发明人针对最接近的现有技术所作的所谓两个"贡献"都不成立。也就是说，在其他现有技术中，已经有人发现了问题（作用相同）并采用了和本发明相同的技术手段（区别技术特征相同）来进行解决。由此，发明人所提出的技术方案是一个本领域技术人员结合现有技术、在不付出创造性劳动的情况下就能显而易见得到的技术，这样的技术属于"旧"技术，不应被授予专利权。

对于"三步法"的第三步中所进行的两个判断，尤其要强调的是，这两个判断是相互联系的，缺一不可。这不难理解，发现问题和解决问题本就是成对出现的，对于它们的评价自然也应成对评价。实践中，经常出现的是忽略技术问题的情况，这种忽略一方面体现为根本忽略技术问题的判断，另一方面则是将技术问题和技术手段作等同化处理。

根本忽略技术问题的判断，在实践中表现为只要确定区别技术特征在对比文件2等这样的其他现有技术中公开了，就可以得出现有技术给出了技术启示这一结论，根本不去分析该区别技术特征在本发明中所起的作用和对比文件中所起的作用是否相同。这等于活生生断了创造性判断中的一条臂膀。忽略了对"作用"的判断，其实就是忽略了对于技术问题是否属于现有问题的判断，实际上也是忽略了"本发明实际解决的技术问题"在"三步法"中存在的意义。要知道，"三步法"的第三步进行判断时，是要从最接近的现有技术和发明实际解决的技术问题出发来进行判断的，如果没有做到进行"作用"的判断，也就谈不上从"发明实际解决的技术问题"出发来进行判断了。

将技术问题和技术手段等同化处理，也是忽略技术问题的一种处理方式。实践中，一些审查意见中会将区别技术特征本身确定为本发明实际解决的技术问题。例如，区别技术特征是D，所确定的本发明实际解决的技术问题就是如何进行D。这一过程中，所考虑的仍然是区别技术特征本身，既没有考虑区别技术特征在本发明中的作用，也没有考虑区别技术特征在本发明中和其他技术特征相互关联后所能发挥的特定作用，这实际上导致了技术特征的"作用"在第三步的判断中被忽略了。

总结一下，"三步法"的第三步的判断，其判断目标是第二步中所确定的区别技术特征以及区别技术特征在本发明中所起的作用（本发明实际解决的技术问题），判断手段是采用其他现有技术，例如其他对比文件、最接近的现有技术中的其他部分、公知常识，来评价区别技术特征以及区别技术特征在本发明中所起的作用已经被其他现有技术公开。如果结论为"是"，则说明该发明相对于现有技术的"贡献"并不成立，其属于显而易见能够得到的技术，不具有突出的实质性特点。

好吧，前面讲了这么多，基本完成了知己知彼中"知彼"的介绍，下面我们来看看"知己"的内容，也就是应该怎么做。

第 3 章

如何完成答复

专利代理师在答复审查意见的过程中主要做什么呢？顾名思义，当然是答复了。由于审查意见尤其是新颖性、创造性审查意见多是对专利授权十分不利的评述意见，专利代理师的答复自然不能是"同意审查员观点"这样的答复，大多数情况下，应该是一种反驳性质的答复。

3.1 总的工作要求

3.1.1 以怀疑的态度分析审查意见

既然是反驳，当然要找到审查员观点的错误所在。如果审查员观点都是正确的，那自然也就没有什么可以反驳的了。由此，专利代理师应当在答复审查意见的过程中，包括分析审查意见、形成答复构思甚至撰写意见陈述的各个阶段，始终保持一种怀疑的态度。只有怀疑了，才能发现审查意见中的问题；如果完全不怀疑，认为审查员的观点都是正确的，找不到审查意见中的错误所在，自然也就无法完成反驳了。

审查意见答复其实是发生在专利申请人（专利代理师）和审查员之间的一场对抗，可以说是一场没有硝烟的战争。作为专利代理师，如果看到审查意见后，未经仔细分析就觉得审查员说的都是对的，而且懒于寻找审查员的错误所在，那么这就是一种投降的态度。投降的态度在战争中是不会有好结果的，对于答复创造性审查意见这一工作来说，投降的态度只会损害专利申请人的权益，别无益处可言。当然，这里所说的投降是一种未曾开战就气馁的投降，是一种没有自信或懒惰所导致的投降，我们要将这种投降和有目的的妥协区分开。后者是在分析审查意见以及专利申请文件后，基于对实际情况所作的客观分析进行主动的、有限度的让步。后者从整个态度来说仍然是抗争的，只不过在抗争中注意适度妥协，而前者的投降则是放下武器的不抵抗。二者从抗争与否，也就是质疑与否这一属性来说，是根本不同的。

对于怀疑，专利代理师要做到的是始终的、全面的怀疑。所谓始终的怀疑，是指在答复创造性审查意见的各个阶段都要有一种怀疑的态度，这个怀疑的态度应该是贯穿始终的。要在分析审查意见之前，酝酿好情绪，准备怀疑（说真的，答复审查意见这个活儿是需要酝酿情绪的，情绪有的时候还真的很关键呢）；要在分析审查意见的过程中，全程保持怀疑的态度，要皱着眉头、带着疑惑、满怀希望地去发现任何一个可疑之处，从而找到审查员观点的错误所在。在进行意见陈述撰写的过程中，针对审查员的相应观点发表意见时，也要保持怀疑的态度，这样的态度能使自己的行文更加犀利，甚至能帮自己找到之前没有发现的答复突破口。这种怀疑的态度甚至要在完成意见陈述之后还要保持，要形成一种怀疑的惯性，利用这种惯性来处理后续的审查意见答复，甚至使这种惯性成为专利代理师的工作习惯，让怀疑成为答复创造性审查意见时的自然反应，这样，才能帮助专利代理师更好地完成这项工作。

所谓全面的怀疑，是从怀疑的对象的角度来说的。全面的怀疑要求专利代理师对审查员观点中所涉及的各个内容均要加以质疑。要怀疑审查员对于本发明的技术理解是否正确；要怀疑审查员的技术比对是否正确，也就是所谓"等同""相同"是否成立；要怀疑审查员指出对比文件中的相应位置公开了某内容，是否的确如此，即使该对比文件是英文、日文乃至葡萄牙文，也要想办法完成该质疑过程；要怀疑审查员的法律适用是否准确，是否是按照专利法的要求评述了突出的实质性特点以及显著的进步，在评价突出的实质性特点时是否严格按照"三步法"的要求来进行，在判断是否存在"启示"时是否关注了特征以及作用这两个方面而没有有所忽略；等等。通过上述所列举的种种怀疑，来完成对于审查意见尽可能无死角的分析，可以帮助专利代理师更快地找到答复突破口。

怀疑的目的在于能够找到答复突破口，实现针对审查员相应观点的反驳。怀疑是为了反驳所进行的思考，反驳则是怀疑成果的文字输出。

3.1.2 在答复中有效体现答复突破口

3.1.2.1 有针对性地反驳

既然是反驳,那必然是针对某一目标的回应。在答复创造性审查意见的过程中,所针对的是审查员在审查意见中的具体观点。由此,专利代理师一定要在意见陈述中旗帜鲜明地指出对于审查员的哪个观点、哪个意见并不同意,以此来完成有针对性的反驳。

需要注意的是,专利代理师在反驳的过程中,一定不能脱离审查员的观点这一反驳目标来进行,否则就不是"反驳",而是一种"自说自话"。这种自说自话在实践中多体现为,不回应审查员的观点,而是重新按照自己的体系评价一遍该专利申请的创造性。"自说自话"的意见陈述所带来的问题是,即使这样的评价从自身来看是能够说明该专利申请具备创造性的,但审查员可能会说(想):"你也没说我哪里是错误的啊!就算你是正确的,可我也没错啊!这样的话,该专利申请仍然没有创造性。"

由此,进行创造性审查意见答复时,最核心的工作就是要证明审查员的观点是错的,并针对错误的观点进行充分的分析、论证,实现对审查员观点的反驳,从而在论证审查员相应观点不成立的前提下,破坏审查员得出本发明不具备创造性的判断链条,得出本发明具备创造性的结论。专利代理师所做的,就是打破审查员创造性评判的旧世界,一旦这个旧世界被打破、推翻,本发明具备创造性的新世界自然就得以建立了。

那么,怎么反驳呢?我将在后面讲解。

3.1.2.2 "以我为主"开展反驳

对于反驳,首先要做到"以我为主"。毛主席说过,你打你的、我打我的。在创造性审查意见答复过程中,同样可以照此行事。

请读者不要误会,这里所说的"你打你的、我打我的",并不是说要脱离审查员的观点来进行意见陈述,因为这样的陈述并不是我们所需要的"反驳"。

这里所说的"你打你的、我打我的",指的是在分析、答复创造性审查意见的过程中,一定要重点依赖本发明的相关内容,从本发明出发来完成分析、答复，不能被审查意见牵着鼻子走，错误地从现有技术出发进行分析和答复。这里"我的"指的是本发明的内容，"你的"指的是审查员检索出的现有技术，我们应该做的，是充分发挥"我的"优势所在，针对"你的"实现克敌制胜。这也可以被称为"以我为主"。

具体而言，在进行特征比对时，一定要从本发明中所具有的技术特征出发，重点分析本发明的技术特征是什么，有什么特殊性，然后拿本发明的技术特征和现有技术中的相关内容进行对比，从而得出本发明有什么而现有技术中没有什么这样的结论。这是"以我为主"的一种操作方法。实践中可能会出现这样的情况：专利代理师在意见陈述中，先从对比文件中公开了什么进行分析、论述，得出对比文件中公开了什么而本发明中没有什么的结论。这种结论看似也能说明本发明和现有技术不同，但这种"不同"却不是我们想要的。因为这种"不同"所对应的是现有技术公开了比本发明中更多的特征，尽管这也是"不同"，但却不能说明本发明中的哪些技术特征没有被现有技术所公开。因此，即使找出此种"不同"，对于答复创造性审查意见也是无用甚至不利的。

当然，在技术特征比对上的"以我为主"，首先要明确讨论的目标。虽然审查员在审查意见中是先论述对比文件公开了什么，然后等同于本发明中的相应技术特征的，但这种论述的思路始终指向明确的论述对象，即本发明权利要求中的相应技术特征。既然要反驳审查员的观点，那么，也有必要先将所要讨论的技术特征罗列出来，告诉审查员，"我"和你要讨论的是权利要求中的这个技术特征，"我"对这个技术特征在审查意见中的评述不认同，这样才能清晰地完成对审查意见中特定观点的回应，才能瞄准"靶子"，集中火力进行反驳。相反，如果不能做到在特征比对时"以我为主"，即首先明确所要讨论的权利要求中的技术特征，则会出现以下两个问题。

一是专利代理师分析了半天的现有技术中所公开的内容，审查员可能都不知道其要讨论的是权利要求中的哪个技术特征，而审查员在看意见陈述的过程中，往往关心的就是到底说明本发明中的哪个技术特征没有被公开，前面都没说清楚，审查员想看其对于对比文件中相应内容分析的兴趣也就没有那么大了。

二是如果不能一开始就"以我为主"，指出权利要求中所要分析的技术特征,并对它进行分析、论述,而是首先从对比文件的内容进行分析,那么可能会出现对比文件的内容分析了一大堆,但是打不到本发明权利要求中具体技术特征的点上,而是出现了一种以对比文件的整体来和本发明的整体作对比的情况。不是说整体对比不对,而是要注意到,专利代理师首先还是要回应审查员的审查意见,在审查员是对一个个技术特征进行比对的情况下,自然在"反驳"的过程中,专利代理师也应该一个个地明确所要讨论的本发明权利要求中的技术特征,然后针对这些技术特征逐一去分析和现有技术的不同,从而有针对性地回应审查员的观点。

3.1.3 分析足够细致

这种对于特征比对的"以我为主",要求专利代理师在找"我"即权利要求中要分析的具体特征这一对象时,一定要细!要有这样的态度,权利要求中的每个技术特征、每个限定都是"我"中不可分割、不可丢弃的一部分,它们都有可能成为"我"在答复创造性审查意见时的答复突破口,因此,有必要对于权利要求中的每个特征、每个限定逐一拿出来进行分析、论述,从而做到充分利用权利要求这一"我"中的所有内容,充分发挥"我"中的全部储备。对于权利要求中的内容,不能眉毛胡子一把抓,忽略其中所具有的某个技术特征或限定,这对于答复创造性审查意见是十分不利的。实际上,很多创造性审查意见能否答过,一个很重要的点就在于分析得是否足够细。

对于技术特征不予遗漏地仔细分析,好比从权利要求中这一武器库中寻找武器。足够细意味着能够找到一根一根小针,不足够细则充其量找出的是一个木棒。我们的预期是在答复创造性审查意见的过程中,用一根根小针对审查员的观点形成有效的杀伤力,最好能够做到针针见血,但是如果找到的是一个木棒的话,即使花费相同力气去"刺",估计也很难形成"见血"这一有效反驳的作用。

当然,分析得足够细重点是说不能遗漏特征和限定,并不是指要将相互联系的技术特征拆分成更小的单元。也就是说,这个"细"是细致的"细",而非细小的"细"。事实上,我们对于相互联系的技术特征不应该对其再进行拆解。这种拆解会割裂技术特征间本来具有的相互关系,使得原本属于一个整体的技术特征被错误地拆分为多个。错误拆解的结果有可能使得本来未被公开的技术特征而被现有技术所公开，本来现有技术没有对本发明构成技术启示反而因错误拆解有了启示。专利代理师应该从本发明的实际情况出发，正确地完成技术特征的划分。我后续会对这一内容结合案例来进行讲解。

对于反驳，还要做到有气势，这是尤为重要的。

3.1.4 答复中的气势

要知道，专利代理师所做的工作表象上是撰写意见陈述，实际上是一个说服、转变审查员观点的工作。如果专利代理师所撰写的意见陈述没有足够的气势，没有形成充足的说服力，那么当然是无法实现预期目标的。

3.1.4.1 心理建设

尽管"气势"体现在意见陈述中，但下功夫却在意见陈述以外。

对外的气势源自内在的相信。作为专利代理师，在答复创造性审查意见之前，首先要有自信。自己都不信，怎么可能去让别人信呢？自己都底气不足，怎么能寄希望于意见陈述中有足够的气势来说服审查员呢？

要相信客户，要相信客户的技术研发能力，世界五百强企业也好，个人客户也罢，专利代理师都要对于客户的技术研发能力有充足的信任；还要相信发明人，要相信发明人一定是针对特定技术问题进行了特定的创新，他所提供的方案中必然有和现有技术相区别的地方，不可能完全被现有技术公开；更要相信自己，要给自己以强烈的暗示，我自己的专利业务水平很高、技术理解能力很强，别人答复不过去的案子我都能答复过去，这种自信甚至有可能近乎一种"自恋"，这种"自恋"能够帮助自己在遇到困境的时候不气馁、不投降，在维护专利申请人合法权益的前提下千方百计地完成审查意见的答复。

当然，这里所说的"自信"是建立在专利申请是正常专利申请的基础上，对于那些"非正常"专利申请，专利代理师无法也没有必要建立此种"自信"。

自信的核心目标是，"我"自己首先相信，然后用这种"我"的自信来影响、改变别人（审查员），从而让审查员相信。

但是，总不能在意见陈述里面反复说"我相信"吧！即使这样说，估计也没有办法让审查员来相信这个专利申请是有创造性的，估计他只会相信你是没道理、没水平的。那么，我们应该怎么把这个"相信"体现出来呢？

充分说理啊！

只有通过专业、详实的说理，才能把"我"的"相信"用文字的方式表达出来，才能通过意见陈述来说服审查员，改变审查员已经形成的观点。

3.1.4.2 充分说理体现气势

（1）形式上的专业性。

充分说理的基础是法律运用的专业性。泼妇骂街的时候气势也很足，但是如果说得完全不在理上，估计也不可能真正说服对方（有的时候也不一定哈）。在答复审查意见时，专利代理师需要做到的是"知法守法"，以此为基础，分析和论述才有可能令人信服，才有可能改变审查员的观点。就创造性审查意见答复而言，要严格按照《专利法》中有关创造性的法律规定，就突出的实质性特点和显著的进步分别进行论述，还要按照《专利审查指南》中给出的"三步法"，进行有关突出的实质性特点的分析。意见陈述紧扣法条以及《专利审查指南》的规定，一方面能够体现专利代理师的专业性，另一方面也能使得答复体现出针对审查员的审查意见所进行的针对性回应。反之，如果答复没有"依法进行"，一方面会使答复的针对性、有效性大打折扣，另一方面也会给审查员留下不专业甚至业余的印象。说句不好听的，不欺负业余的还欺负谁啊！这会对创造性答复的通过造成很不利的影响。

仅仅知道法条是什么，仅仅知道"三步法"是什么，而不会灵活地运用于具体的审查意见答复中，是教条主义的做法，是专利代理中的书呆子。我们所要做的，是依托于法律法规的要求，重点揭露专利申请和现有技术在技术上的实质区别。法律法规是皮，技术方案是魂，二者缺一不可，但"魂"应该是更为重要的。

（2）内容上的充分表达。

充分说理的核心要素当然在于观点的充分表达。这里要注意以下几个问题。

首先，观点要和理由相互对应。专利代理师当然要旗帜鲜明地亮出自己的观点，但仅仅有观点显然是不够的，为了使得自己的观点成立，当然要有相应的理由予以支撑。不要只有观点没有理由，也不要有了观点但后续理由却并非用以支持该观点。这些都会导致"观点"成为孤家寡人、独木难支，这样的观点是无法有效说服审查员的。

观点和理由相互对应仅仅是"充分表达"的一个基础要求，其重在说明对应观点要有理由表达该观点能够成立，但"充分表达"仅仅做到此还是不够的，还要在"充分"上下功夫。要做到"充分"，实践中的做法是"掰开了""揉碎了"地去说。

要尽可能多地形成于"我"有利的观点，对于某一观点，则可以从不同方面给出理由去支持该观点的正确性，即所谓的"掰开了"。"掰开了"意味着专利代理师要在对自己有利的观点、理由方面，尽可能做到全面开花，形成多个火力点，每个火力点同时配合以尽可能多的弹药支撑，从而形成尽可能多的有效火力点，完成向审查意见中相应观点的有效、有力"开火"。

同时，还要对相应理由、证据分析得尽可能细致。一些情况下，于"我"有利的理由，不妨从多个角度反复进行论述；于"我"有利的特征比对，不妨从技术表象、技术实例、技术本质等多个维度展开分析。只要论述不会对专利保护范围构成不利的影响（这里要考虑侵权判定中的"禁止反悔"原则），只要论述不是错误的，那么何妨不厌其烦地论述对我们有利的内容呢（当然，前提是该突出的地方要突出）？要知道，审查员是在已经形成了自身观点的情况下发出的审查意见，专利代理师如果仅仅是泛泛而谈，不作反复论述、强调，可能无法让审查员掌握专利代理师所要强调的观点，即所谓的"揉碎了"。"揉碎了"一个很重要的意图还在于，要通过充分的论述，把审查员从他之前的观点中带到专利代理师的观点中来，要是仅仅泛泛而谈，这个目标估计是很难实现的。

"掰开了""揉碎了"还对应一个重视程度的问题。从有无退路的角度来分析，对于创造性审查意见，专利代理师相比于审查员来说显然应该更加重视。专利代理师是代表专利申请人的，如果创造性审查意见答不过去，就意味着这个案子无法获得授权了，专利申请人前期所作的一切努力都将付之东流，因此，专利代理师在答复创造性审查意见时，应该是处于背水一战的态势。打个不太贴切的比喻，审查员发出创造性审查意见好比对游泳的专利代理师打下一记闷棍，这记闷棍告诉你，你根本就游不到胜利的彼岸，所以无法获得授权。专利代理师怎么办啊？在水里还能怎么办？使劲划啊！这个使劲划水的一个表现就是要"掰开了""揉碎了"地去答复。这和当年新东方学校的名言是一致的,那就是"在绝望中寻找希望,人生必将辉煌"。专利代理师在答复创造性审查意见中,看到的是审查员指出的"该案没有任何可以获得授权的实质内容"这一令人绝望的观点,专利代理师应该做的是质疑审查员观点、找到答复突破口,从而获得"希望",最终使得专利申请能够获得本应得到的权利,实现专利的"人生辉煌"。

前面提到的背水一战的态度,还体现在专利代理师如何对待审查员有关授权前景判断的态度。

在审查意见通知书中,有专门一项来体现审查员对于该专利申请授权前景的态度。通俗地说,这个授权前景会以三个不同的选项来表示。第一个选项表示审查员认为该案的授权前景比较乐观;第二个选项表示审查员认为该案授权前景不好,如果专利申请人没有进行修改或者进行充分的论述,该案将无法获得授权;第三个选项则体现出审查员认为该专利申请不具备授予专利权的可能,如果专利申请人没有提供充分的理由来改变审查员的观点,该专利申请将被驳回。

对于审查员的上述"授权前景"的态度,我们应该做到既看又不看。

"看"意味着要大体了解该专利申请获得授权的难度,第一个选项基本在创造性审查意见中不可能出现,如果是第二个选项的话,那么可以稍微放宽心,因为这通常意味着该专利申请在此次审查中还不太可能被驳回,如果作了相应的让步以及陈述后,该专利申请是有可能获得授权的。

"不看"意味着不用太关心审查员是什么态度。无论选择的是第二个选项还是第三个选项,专利代理师所要做的都是反驳,都是去维护专利申请人的利益,尽可能争取让该专利申请获得专利权。

不论在哪种"授权前景"下,对于专利授权这一目标而言,创造性审查意见都意味着专利代理师处于背水一战的局面,要"拼死一搏"。区分仅在于,如果是第二选项的话,那么貌似还有路可退,第三个选项的话,就无路可退了。但有路可退是不是意味着真的要沿着这条路去退呢?

实践中,审查员有可能会在创造性审查意见中仅仅评价了其中的部分权利要求不具备创造性,而对于一些权利要求则并未进行创造性的评价,这意味着审查员认为这些权利要求是具备创造性的。专利代理师是不是就按照审查员给出的这条"退路"去"退",将相应的从属权利要求变为独立权利要求从而使专利申请获得授权呢?很多情况下并非如此。

实际上,审查员往往没有评价从属权利要求,通常都是那些保护范围很小的权利要求,如果将专利申请的保护范围局限到那么小,让步就太大了,专利申请人所受到的损失就太多了,这个"退路"对于维护专利申请人的利益来说往往是一个陷阱,既然是陷阱就不要往里跳了。这种情况下,专利代理师应该仔细分析专利申请本身所要保护的核心方案到底有没有真的如审查员所说的那样被对比文件中的内容公开,围绕为专利申请人获得其本应获得的利益这一目标,去进行相应的争辩、陈述。这和审查员在授权前景方面给出第三个"选项"时的处理方式是一致的。

很多时候,"授权前景"方面审查员给出第三个选项会让优秀的专利代理师更加兴奋。因为审查员已经通过选择第三个选项告诉专利代理师这个专利申请没有授权前景了,这个时候,已经完全无路可退了。我们就应该更加打起精神,兴奋地、努力地去抗争、去反驳,实现绝地反击。

3.2 跑题的问题

3.2.1 能不能"保授权"的问题

很多专利申请人在委托专利代理机构进行专利代理时,很关心是否能够"保授权"。相应地,也有专利代理机构宣传自己能够"保授权"。外行看热闹,内行看门道。"保授权"有的时候能够实现,但如果这种授权是以不当牺牲专利申请人的利益来实现的,那就得不偿失了。

专利申请要获得授权,前提当然是通过了审查员的审查。从某种程度上来说,在专利审查中,审查员代表公众一方,其要尽可能地维护公众利益,使专利申请人不获得专利权或者仅获得较小保护范围的专利权。专利申请人则正好相反,其进行专利申请的目的就是要获得相应的利益,这个利益当然是越大越好,由此,审查员和专利申请人双方所进行的是一个保护范围方面的博弈。如果在这个博弈的过程中,专利申请人方面作了非常大的让步,使得专利申请的保护范围非常小，小到很有可能对于公众利益来说都不会产生什么影响了，那么，审查员自然会接受这样的结果，对这样的专利申请授予专利权。这样大踏步的后退其实和投降并无区别。以无原则投降的方式获得的专利权，除了意味着专利证书以及逐年增长的专利年费之外，估计对于专利权人来说，所带来的实际利益非常有限。

由此，我们要明确，专利获得授权，是要获得有用的专利权。有用的专利权就意味着这个权利的保护范围应该是合理的，而不能是无限度地限缩后所得到的一个很小的保护范围，这样的保护范围谁都能够绕开，谁也不会侵权，要它用处不大。如果"保授权"中所"保"的是这样的权利，这样的"保"，不要也罢。

在审查意见答复的过程中，专利代理师要做的是在尽可能维护专利申请人合法权益的前提下，完成审查意见的答复，为专利申请人获得行之有效的专利权。以无原则的、大踏步的后退来"保授权"，不是专利代理师应该采取的策略，甚至是应该坚决反对的。

3.2.2 授权都不保，为啥还找你

说到"保授权"的问题，我的结论是不能"保"。发明人会产生困惑了："你这个专利代理机构连'授权'都无法保证，我为什么还要找你呢？你们的专利代理师会不会是专业水平不高、工作不够认真负责，所以你才不敢作这样的承诺啊？"

有些情况下还真的并非如此。

专利申请到底能否授权，说到底并不是由专利代理师决定的，而是由专利申请本身以及相应的现有技术决定的。从客观上来说，如果一个专利申请本身所要保护的技术方案就是没有新颖性、创造性，专利代理师即使再有本事，也很难让这样的技术方案获得专利权。作为专利代理师，总不能把黑的说成白的、把假的说成真的吧？

好吧！既然技术方案本身是一个专利申请能否获得授权的决定性因素，那么，是不是就更可以说明，在专利申请的过程中，应该丢掉专利代理师，由发明人自己去完成相应的工作就好了？

我是专利代理师，当然不会同意这个结论啦！而且，从实际情况来看，这

个结论也是不对的。

专利代理师在专利申请的过程中,还是能够做很多事的,这些事虽不能确保专利申请获得授权,但是能够对于"授权"这一目标起很大作用,有些时候,这些作用甚至是决定性的。简单来说,专利申请找专利代理师还是物有所值的。

授权都保证不了,还物有所值?下面来看看专利代理师能够做哪些事就清楚了。

对于发明人所提供的方案,专利代理师会首先判断其是否属于专利保护客体,之后,一般会进行相应的检索,依据检索到的现有技术对发明人所提供的方案是否具备新颖性、创造性进行判断。如果专利代理师在这一过程中发现发明人所提供的方案存在不能获得专利授权的风险,则会提示发明人;如果不存在这样的风险,专利代理师才会进行后续的专利申请文件撰写工作。

发明人是不是会觉得:"这不是挺好的吗?提前进行了检索和判断,不就能确定这个专利申请是不是能够获得专利授权了吗?你们要是都没有发现问题,自然这个专利申请就能够获得授权了啊!还说你们不能'保授权'?"

希望是好的,但是希望和现实往往是有差距的。专利代理师认为能够获得授权,但审查员不一定这么认为,毕竟专利授权与否,不是由专利代理师决定的,而是由审查员决定的。

在专利审查的过程中,审查员也会进行检索,需要注意的是,审查员的检索范围、检索思路,有可能是和专利代理师不一样的。审查员有可能检索出更为接近的现有技术,从而以这样的现有技术来否定专利申请的新颖性、创造性。那么,作为专利代理师,难道就不能确保检索出所有可能的现有技术,从而确保不遗漏审查员以后可能检索出的现有技术吗?

术业有专攻啊!毫无疑问,审查员在检索方面是非常专业的,他们在进入专利局之后,会进行大概为期一年的培训,这个培训就包括如何进行检索。更何况,审查员所采用的检索数据库也是非常专业的,其覆盖范围更广、检索能力更强。在审查员既具备很强的检索业务能力,又拥有强大的检索工具的情况下,将专利代理师和审查员在检索方面相提并论显然是不现实的。当然了,如果使尽浑身解数检索,专利代理师也是能做到尽可能地将所有现有技术都检索到的。但这里涉及两个问题。

一是时机问题。专利代理师使劲检索，必然要花费一定的时间，理论上来说，这个检索工作是没有尽头的，总有可能没有检索的文件，检索出的现有技术又需要阅读、比对，这些都需要花费时间。如果为了理论上能够确"保授权"，让专利代理师花费一两个月的时间去检索，不是不行，但这样很有可能造成专利申请提交日期的延后，日期延后则有可能造成新颖性、创造性方面出现不必要的风险。

二是成本问题。可以设想一下，如果一件专利申请的代理费用有限，却要求专利代理师花费很多时间去做大量的检索工作，这个代理费用有可能覆盖专利代理师的工作吗？这样的话，专利代理机构还能存活下去吗？从这个角度来说，要求专利代理师预先就能确保将所有可能的现有技术检索出来，是一个不切合实际的要求。进而可以想见，当有人承诺，他通过预先的检索就能够规避掉日后在专利授权方面可能出现的所有风险，是一种多么不可信、可笑的说法了。

回到专利代理师做的事情是物有所值的这一内容上。即使专利代理师所做的检索，不能做到将所有可能构成授权风险的现有技术都找到，但这样的检索总是有一定价值的。专利代理师能够凭借相对专业的检索能力，凭借较之发明人来说对于新颖性、创造性等影响专利授权的法律规定更为专业的把握，对于专利申请的授权前景作一个预先的判断。这样的判断，能够筛除一些明显无法获得授权的技术方案，减少专利申请人的不必要花费；对一些当前不具有授权前景的方案，也能够提示发明人进行相应技术材料的补充，从而增加后期授权的可能性。从这个角度来说，专利代理师是为了"保授权"这一目标而开展工作的，只不过，从严谨、专业的角度来说，不能说这是"保授权"罢了，叫作"争授权"更好一些。

当然，专利代理师的主要工作并不是进行专利检索，而是进行专利申请文件的撰写。撰写得是否恰当对于专利申请人后续能否获得合理的权益至关重要，这一内容我在已出版的姊妹篇《专利申请文件撰写实战教程：逻辑、态度、实践》中进行过介绍，此处就不赘述了。

从能否获得授权的角度来讲，专利代理师的贡献还体现在审查意见的答复中。专利审查意见的答复，还是对法律问题的讨论，尽管这一法律问题的讨论是以技术为依托的。即使是对新颖性、创造性这样的和现有技术进行对比的审查意见，答复也是需要具备相当的专利法律法规方面的专业知识的。专利代理师恰恰能够在此处发挥其本应发挥的作用。好的专利代理师，既能够对本发明和现有技术的技术方案进行充分的理解、分析，也能针对审查员的审查意见，分析其是否存在法律、法规方面的适用错误，从而做到有针对性、有力度地反驳审查员的观点，这是一项技术和法律相结合的工作，想必是一般发明人难以胜任的。实际中，在发明人面对审查意见一筹莫展时，好的专利代理师却能够发现审查意见中的错误，为专利申请争取到授权的曙光。从这一角度来说，专利代理师的工作对于"授权"不仅是物有所值的，更是不可或缺的。

更为重要的是，好的专利代理师不仅仅以获得授权为目标而答复审查意见，更能够在不过多缩小专利保护范围的情况下来完成审查意见的答复，从而使得最终的"授权"是一个有意义、有价值的授权，这个内容之前讲过，由于它至关重要，在这里重申一遍。

总结一下。专利代理工作是一个技术和法律相结合的工作，这一工作从结果上并不能"保授权"，只能做到从过程中去实现"争授权"。在专利代理工作中，技术是实质，法律是工具。或者可以这样说，技术是内核，法律是外衣。专利代理工作的意义就在于，让技术的内核能够穿上合体甚至漂亮的外衣，最终成为一件体面的专利作品。脱离专利代理而进行专利申请不是不行，如果不掌握相关的法律知识就让技术方案走上专利申请这条专业道路，很有可能导致这个技术方案全程裸奔，风险太大。

还有要讨论的一个问题是，经常看到这样的广告表述：专利申请不通过，全额退款。

这里要注意以下几个问题。

第一，就算专利申请人能够获得退款，但是要考虑的是，在专利申请过程中，对于技术方案的公开是不是也是付出啊！这种公开是无法"退"的，是无偿地贡献给公众了，这和代理费的退款相比，付出更大。

第二，有关全额退款，至少专利申请中所涉及的官费是绝对不会退回的，这一费用至少也有上千元吧？从这个角度来说，全额退款本身就是不能实现的。更为重要的是，作为专利申请人、发明人，不要低估拿到钱的人在赚钱方面的决心、勇气和手段，更不要高估自己在抵御诱惑、持之以恒、有效谈判方面的能力。对于对方的估计不足和对于自己的高估，都会导致最终不利局面的出现。

那么，在专利申请需要找代理机构的情况下，如何确定"我"的专利能够被体面地代理呢？这虽然和专利审查意见答复这一主题有些离题过远，但是我还是乐于分析一下的。

3.2.3 体面的专利代理要花多少钱

专利申请能够被"体面"地代理，离不开专利代理师的付出以及流程人员的细致工作。我们这里姑且只详细地讨论专利代理师的工作。

发明人的技术方案，在以技术交底书的形式提供给专利代理师后，如果是"体面"代理的话，专利代理师理应对于技术交底书进行仔细阅读。这种阅读，一方面要做到理解发明人的技术方案本身；另一方面，则要做到通过对于该技术方案来龙去脉的梳理，把握该技术方案的核心贡献所在，即发明点所在。

"体面"的专利申请，通常是以"体面"的技术交底书为基础得出的。所谓"体面"的技术交底书，从形式上来说，至少应该具有一定的篇幅，无法设想，一个不足百字的技术交底材料就能够产出一个高质量的专利申请吧。技术交底书的"体面"，除了篇幅这一外在表现形式之外，更为重要地体现于其具有相当的技术含量。技术含量越高，这个方案后续能够获得专利授权的可能性往往也就越大，但技术含量越高，随之带来的是这个方案的理解难度就越大，理解难度的加大，导致专利代理师往往要花费相当多的时间进行相关术语的检索、相关技术知识的阅读。很多技术交底书已经不是一次阅读就能够弄懂的，往往要阅读两三遍甚至更多遍才能真正理解技术方案。当然，多遍阅读的前提是专利代理师真的想弄懂技术方案，他是想提供一个"体面"的专利代理服务的。

从具体数量上来分析，"体面"的技术交底书往往有三四千字，如果其所对应的技术方案有一定的技术含量，专利代理师要花费多久才能把它看懂呢？1个小时肯定是不可能的。

接下来就到检索阶段了。

专利代理师要构造检索式，在相应的检索网站进行检索，这的确用不了太多时间。但问题是，检索出来的现有技术都是要看的啊！否则检索出来干什么？假设这个检索是较为高效的，检索了10篇相关的现有技术，这些现有技术都需要看吧，看了之后还要拿这些现有技术和技术交底书中的技术方案进行比较，有的可能还需要出具检索报告。可以想一下，仅对10篇现有技术这样数量较少的检索结果，既要阅读又要进行比较，还要出具检索报告进行新颖性、创造性的分析，这需要耗费大量时间和精力。有查阅技术文献的经验的读者，可以想象一下大概要花多少时间。

另外，"体面"的专利代理服务是要和发明人进行技术沟通的，专利代理师往往要通过电话沟通的方式，将其理解的技术方案告知发明人，从而得到发明人的确认，还要就不清楚的地方请发明人解释清晰，还有可能要求发明人补充相应的技术材料。这些都是为了能够尽可能弄懂技术交底书中的技术方案，从而为专利申请人争取尽可能大的保护权益。这样的沟通往往无法做到一次就彻底沟通清楚，可能需要多次沟通。对于一个"体面"的技术方案，要做到"体面"的沟通，即较为充分的沟通，大家认为1个小时的时间够吗？

到此为止，还没有开始进行专利申请文件的撰写呢，这时已经花了不少时间。

"体面"的专利代理服务的一个核心要素是，专利申请文件是"撰写"出来的，不是编辑出来的。

这个"撰写"指的是，专利代理师要基于其对于技术方案的理解，自己打字写出来专利申请文件的内容。当然，在决定写什么内容之前，要有撰写什么内容的思考。我们不说权利要求如何构思精妙，但是，对于一个较为充实的技术方案而言，独立权利要求中写什么、从属权利要求中写什么、说明书以什么作为重点来写、表述是否严谨、行文是否顺畅，这些都是要好好考虑的。这种考虑会发生在打字这一撰写工作之前，也会在撰写的过程中不断思考，这个思考如果是严谨的、认真的、能够解决问题的，那么就不是一两个小时能够完成的。当然了，我们还要把思考的结果予以输出，即撰写出专利申请文件，一个"体面"的专利申请文件，8000～10000字是较为常见的，再加上绘制说明书附图的时间，这种将思考结果输出的工作大体需要多少时间呢？这也绝不可能仅仅用一两个小时就能完成。

好吧，至此专利代理师已经输出了一份专利申请文件，但这样的专利申请文件是不是就可以向国家知识产权局提交了呢？

作为发明人、专利申请人，如果想获得"体面"的专利申请文件，就需要认真审核。这一审核包括技术描述是否正确、保护范围是否合理等。专利代理师应该根据审核意见进行相应的修改。如果审核意见所涉及的内容较少，那还好，但如果审核意见涉及对申请文件保护范围的调整，那么就有可能出现牵一发而动全身的情况，这个时候，专利代理师修改的工作量就比较大了。这个修改也是要花费不少时间的。

前面我们分析了一个"体面"的专利申请文件所需经历的处理过程，尽管没有给出具体的处理时长，但是，相信大家已经有一个恰当的判断了，至少不会觉得一个专利申请文件是改一改、抄一抄，利用不到半天的时间就能得到的。当然了，如果专利申请所涉及的技术是一个底层、抽象的技术，内容又比较多，那么，在"撰写"上所花费的时间往往还会成倍地增加。

除了"撰写"上要花费时间之外，专利代理中的审查意见答复也是需要花费时间的。结合前面讲过的内容大家可以知道，要做到较好地完成审查意见答复，需要仔细研读本发明的技术方案，分析清楚对比文件到底公开了什么样的技术内容，还要针对审查意见中的相关观点进行分析，找到对应的答复突破口，之后，再依据《专利法》《专利审查指南》中的相关要求，完成意见陈述的撰写工作。这样的一种既要分析技术又要判断法律适用是否准确还要通过文字进行充分说理的工作，大家觉得需要花多少时间呢？这还只是一次审查意见的答复，通常来说，大部分专利申请至少有两次审查意见需要答复。

专利代理师在专利代理工作中所要进行的工作大体分析完了，不知大家对于他们的工作总时长有没有预估。没有也没关系，北京市专利代理师协会曾经连续3年发布了专利申请代理服务成本调研的研究成果。例如，在2020年发布的研究成果中就指出，一位普通专利代理师完成一件一般难度的电学领域专利申请，所需花费的时间是32.8小时。这个时间可以作为一个对上述工作内容所需时间的参考吧！

这超过32小时的工作还得由特殊的专利代理师来完成。怎么"特殊"呢？专利代理师不但要具备理工科背景，能够理解发明人所提供的技术方案，还要掌握专利的相关知识和业务技能，更要有较好的文字表达能力。这样的人来提供超过32小时的服务，完成专利代理工作，大家觉得付多少钱能够对得起这项工作呢？当然了，这还没有算上流程人员的工作付出，还没有考虑代理机构前期进行人员培训的成本，将这些综合在一起，应该能够消除专利代理费用高的困惑了吧？实际上，按照我之前分析的那样算账的话，申请人就会觉得专利代理费不高，而是太低了，除非想获得的并不是"体面"的专利申请。

总结一下，作为专利申请人、发明人，要想获得"体面"的专利代理服务，获得一个好的专利，专利代理费的高低是一个不可忽略的重要指标。不是说高代理费必然能够得到好的服务、好的结果，但是几乎可以肯定地说，过低的代理费或者说无法覆盖"体面"的专利代理所需要的工作的代理费，是不可能让申请人获得本应获得的服务，也难以让申请人获得本应享有的、具有合理保护范围的专利权。

良性的方式应该是专利申请人、发明人重视自身的技术研发成果，尊重专利代理师的劳动，支付合理的专利代理费，让专利代理师劳有所得、让专利代理机构能够得到发展。这样，专利代理师才能够稳定地开展工作，输出好的专利服务，专利代理机构才能够得到可持续的发展，为我国增加更多高质量的专利申请。这既是双赢，也是促进我国向知识产权强国迈进的有效方式。

3.3 有"情绪"的答复

前面说了一些题外话，我们再回到审查意见答复如何体现气势这一问题上来。之前提到过，要做到有气势的答复，需要做到"掰开了""揉碎了"，从而以充分说理体现气势。要做到有气势的答复，专利代理师情绪的酝酿和体现也是不可或缺的。

读者可能会疑惑："之前不是说，不能仅仅在意见陈述中反复地说'我相信'吗？你还说了，如果只说这个'我相信'并没有什么用处啊！但是，这不就是情绪的体现吗？怎么现在又说要酝酿和体现情绪呢？"

此情绪非彼情绪啊！

之前提及的"我相信"这样的表达，仅仅是一个形式的情绪体现而已，说它无用也是因为它仅仅是一个形式，并没有什么实质意义。这里所要分析的情绪则不然，这是一种发自内心、有充足证据支撑的情绪，是一种有说服力的、有实质内容支撑的气势。

这一情绪和之前的充分说理不一样，它不是看得见摸得着的特定表述，而是一股"气"。专利代理师有了这股"气"，才能在意见陈述的字里行间不经意地体现出这股"气"，从而增加答复的气势，提升答复的说服力。由此，在答复创造性审查意见的过程中，专利代理师要注意酝酿好情绪、保持好情绪、体现好情绪。

一般来说，在分析创造性审查意见的过程中，专利代理师要通过必胜的决心、全面的质疑、细致的分析来逐渐建立起能够答复通过的气势。在形成了相应的答复思路后，要初步整理好相应的观点、理由。之后，可以不急于进行意见陈述的撰写，沉淀一下，让这个想要把自己观点表达出来的情绪蓄积起来，变得更加强烈一些，也让自己之前有些纷繁复杂的思路变得更加清晰一些。在自我感觉已经准备好了，有冲动想把自己的意见表达出来时，再去放开之前阻挡自己进行意见陈述撰写的闸门，让自己的思路、情感喷薄而出，流露于意见陈述之中。

撰写意见陈述，一定要一气呵成。这样能够使得蓄积的情绪始终存在。这也和战场上一样，一鼓作气、再而衰、三而竭。撰写意见陈述的过程中能不中断就一定不要中断。撰写完成意见陈述后，在回顾自己所撰写的内容时，要有强烈的成就感，有一种"我真是太正确了"的感觉！

之前所讲的"掰开了""揉碎了"以及情绪的酝酿和体现，最终的目标是在意见陈述中以充足的气势来说服审查员。是否能够形成足够的"气势"，其实有一个很直观的判断标准。如果当完成意见陈述撰写之后的 10 分钟之内，感觉自己很对、太对了，那么这种惯性而成的气势就达到了；反之，如果撰写完意见陈述后，感觉自己都不能说服自己，都没有这种"很对""太对了"的惯性，那怎么能把审查员"带过来"，怎么能够让审查员改变他的观点而接受自己的意见呢？此时，答复审查意见所需的气势自然也就没有形成和体现出来。

以上所讲的"掰开了""揉碎了"以及情绪的酝酿和体现，也可以理解为一个对于专利代理师的"洗脑"过程。这个过程的重点是在答复审查意见过程中如何建立并体现出答复自信。别人可能会说，答复的技巧如何如何重要，我倒是觉得这个自信是非常重要的，有了自信，专利代理师就会想办法去找区别、找审查员的错误，去充分地论述自己的观点，可以说这就是充分调动了专利代理师的主观能动性。主观能动性往往是发挥核心作用的，因此，还请读者对于上述的"洗脑"过程予以重视。

好了，讲完了"知己知彼"，进行了心理建设，下面来说说具体如何操作。

3.4 实务操作

3.4.1 工作顺序——粗看和细看

先来说一下工作顺序的问题。

答复创造性审查意见，还是要做到"以我为主"，这个"我"是指专利申请、技术方案。专利代理师主要利用技术方案来完成审查意见的分析及答复工作。这个要求也就决定了专利代理师答复审查意见时的工作顺序。

拿到创造性审查意见后，不要一头扎进审查意见中进行仔细的分析，而是应该先粗略地看一下审查意见。这种"粗略"的目的在于避免掉进审查员的思路、观点中而不能自拔。

要知道，在答复创造性审查意见时，能够得以反驳审查员观点的素材是技术方案，即专利代理师所说的"以我为主"中的"我"。在对本发明的技术方案还没有进行仔细研读的情况下，相当于专利代理师手头没有任何"武器"能够和审查员进行对抗，在这样"赤手空拳"的情况下去面对审查员的审查意见，很可能得出的结论是"审查员说的都是对的"，从而在一开始就败下阵来。为此，最初阅读答复创造性审查意见一定应该是粗略的看而非详细的分析。

那么，既然是粗略的看，为什么还要读呢？原因在于从这一粗略的阅读中，还是要获得一些有用的信息。这些信息中，首先就是有关答复期限的信息。

不论哪种类型的审查意见，都涉及答复期限。对于一通来说，答复期限是4个月，二通以及后续审通来说，答复期限是2个月。这些期限中还应额外加上15天的邮程时间。也就是说，上述的"4个月""2个月"的期限应该是审查意见发文日加上15天之后,再往后加上"4个月""2个月"的时间。用上述方式计算出的日期也称为"绝限"。要在"绝限"日到达之前或者当天(节假日顺延到后一个工作日),完成意见陈述的递交,否则这个专利申请将被视为撤回。"绝限"对于很多专利代理师来说,都是噩梦的来源。很多专利代理师恐怕都做过这样的梦,梦里往往是突然发现一个之前没有发现的审通,而这个审通已经到了"绝限"或者临近"绝限"了。

有人可能会不太理解。这个"绝限"这么久,怎么还会出现临近"绝限"或者超期的问题呢?实际工作中,一位专利代理师手头往往会有几十件审通案件同时等待处理,由此,期限问题还真是一个触发专利代理师敏感神经的问题。专利代理师最初粗略阅读审查意见通知书,就是要了解答复期限,从而安排好手头工作。

粗略阅读审查意见的另一个目的在于,大体了解审查员的审查方式以及该案的授权前景。如之前分析的那样,审查员会在审查意见中以不同选项的方式就该专利申请的授权前景给出意见,尽管其给出的选择并不会影响如何答复,但是掌握审查员对于该专利申请授权前景的判断,还是对专利代理师的工作安排或多或少有帮助的。专利代理师可以结合审查员对专利申请授权前景的意见,对多个审通答复的工作进度、工作重点作出更为合理的安排。

"粗看"审查意见时,也要关注审查意见通知书正文部分的内容。大致看一下审查员是否严格按照法律法规的要求进行创造性评价,在评价过程中,是否针对权利要求中的技术特征进行了逐一的特征比对,所采用的对比文件是中文还是英文抑或是其他语种,这些都会影响此次审通答复的答复难度,决定可能要投入的答复时间。

如上所述,通过最初的"粗看"对审查意见有一个整体的把握,从而合理安排自己的答复工作。这仅仅是答复创造性审查意见的准备工作,真正的答复工作还没有开始。真正的答复工作是从仔细分析本发明技术方案开始的。

说是仔细分析本发明的技术方案,也不是漫无目的地全面细看本发明专利申请文件中的各个内容,而是有重点、有目的地分析。我们的目标是要借助对申请文件逻辑主线的分析,从中找出本发明的核心发明点,以这个核心发明点作为答复创造性审查意见的核心武器。为此,对于申请文件的阅读是有重点、有方向性的。要从申请文件中的现有技术出发,明确现有技术的缺点,进而确定本发明的发明目的。之后，就要围绕如何解决现有技术缺点、实现发明目的，分析本发明技术方案的描述，利用技术手段和解决现有技术缺点之间的逻辑关系，确定那些特别用以解决现有技术缺点的技术手段，从而找到本发明的发明点所在。之后，针对该发明点的相关描述，进行重点阅读，从而巩固好对于发明点的理解。

在找到本发明中的发明点后，专利代理师就掌握了答复创造性审查意见的核心武器。这一武器是答复创造性审查意见的救命稻草，是专利代理师进行争辩的底线，除非万不得已，否则绝对不能放弃。要知道，对于专利申请而言，发明人提出发明创造时，其相对于现有技术所作出的改进，也就是本发明的发明点往往也就那么一两个，方案中的其他技术内容很可能都是现有技术。如果专利代理师都不能证明发明点没有被现有技术公开，那么，怎么能够寄希望于发明人原本就认为是现有技术的内容来和审查员对抗呢？为此，在答复创造性审查意见时，一定要"咬"死发明点进行答复，力争保住发明点来完成审查意见的答复。

3.4.2 针对发明点的评价进行细致分析

确定发明点之后，专利代理师就可以仔细分析审查意见了。和"粗看"不同的是，此时，专利代理师手中已经有了"发明点"这一武器，有了这一武器，就可以"细看"审查意见的内容了。在"细看"的过程中，重点要围绕发明点是否真的被现有技术公开来进行分析。实践中，针对发明点的分析，可能会出现如下四种情况。

情况一：发明点在任何权利要求中都没有体现。

这一情况通常是在先撰写专利申请文件不当所导致的。有可能是撰写本案的专利代理师对于发明点的认识不到位，也有可能是撰写技巧欠缺，在专利申请的独立权利要求以及各个从属权利要求中，都没有体现出专利代理师所分析的本发明的发明点。

出现这一情况，专利代理师的态度应该是既"生气"又"高兴"。"生气"的是，之前负责撰写该申请文件专利代理师怎么能把专利申请文件写成这样？发明点怎么都没有体现在任何一个权利要求中呢？撰写水平或者是工作态度实在是太差了。"高兴"的是，这个审通答复起来很容易啊！

为什么说很容易呢？发明点没有在任何一个权利要求中予以体现，因此，审查员在审查意见中必然不会涉及对发明点的评价。也就是说，发明点的技术特征没有被采用现有技术进行特征比对。

由于发明点在权利要求中都没有体现，该专利申请的权利要求自然不能体现出和现有技术的区别，审查员自然也就没有错了。

作为专利代理师，当发现了此种情况之后，自然应当将发明点的内容从说明书中修改到权利要求中，实现在权利要求中体现本发明的发明点，这样的操作是很简单的，甚至可以在意见陈述中不作过多的论述，只要充分说明权利要求的修改是不超范围的，并指出新修改的权利要求中具有发明点对应的技术特征且这些特征没有被现有技术公开即可。这样的答复是简单的，而且不是和审查员直面对抗的。由此，专利代理师在这样的答复中无须"发力"，整个答复过程是简单而愉快的。

作为专利申请人而言，专利申请的权利要求中本应体现本发明的发明点，从而真正在权利要求中体现本发明所要保护的技术方案，之前是撰写的欠缺使得权利要求中没有具有本应具备的发明点，通过此次答复将该发明点体现在权利要求中，专利申请人的利益没有受到损失，反而消除了没有准确体现发明真实方案的风险，因此，这样的答复对于专利申请人来说也是有利而无害的。

由此可见，当出现情况一时，通过将说明书中的发明点修改到权利要求中，能够获得专利申请人、专利代理师、审查员三赢的结果。这样的审查意见答复是比较简单的。相应地，此次审通答复通过的可能性也比较大。但是，如果在申请文件的说明书中也没有体现本发明的发明点就另当别论了，此时，专利代理师想结合说明书的记载来修改权利要求已不可能，这样的情况会给审查意见的答复、该专利申请的授权带来非常不利的影响。

情况二：发明点在权利要求中体现了，但是审查员漏评了该发明点。

实际上情况二是专利代理师以"质疑"的态度来分析审查意见的一种结果。在创造性审查意见中，审查员通常会指出对比文件1公开了独立权利要求中的某个技术特征，而区别技术特征被其他对比文件所公开或者属于公知常识，由此，完成了对独立权利要求中所有技术特征的评价。但实践中发现，有的时候审查员往往会漏评独立权利要求中的某个甚至某些技术特征。

例如，权利要求1中具有技术特征A、B、C、D，审查员指出对比文件1

中公开了技术特征 A、B，然后就得出权利要求 1 相对于对比文件 1 的区别技术特征仅仅在于技术特征 D，而忽视了技术特征 C 的存在，没有对其进行评价；再如，审查员也可能指出权利要求 1 相对于对比文件 1 的区别技术特征在于 C 和 D，但是，在采用其他对比文件或者公知常识评价区别技术特征时，却只评价了区别技术特征 D，而对于技术特征 C 没有进行评价。以上都是审查员漏评技术特征的表现。

一旦出现这样的"漏评"，审查员所得出的本发明不具备创造性的逻辑链条就是不严谨的。尤其是当漏评的技术特征是本发明的发明点时，审查员对发明点的漏评是对本发明技术方案中核心要素的忽略，这种漏评后所得出的不具备创造性的结论当然是无法成立的。

读者可能会说，审查员怎么会漏评呢？这涉及一个细致和宏观的问题。有的时候审查员真的是疏忽了，漏掉了某个技术特征；而有的时候，审查员是看到了那个技术特征，但是由于审查员可能是以宏观的对比方式进行对比，这一"宏观"就使得某个技术特征被"相当于"而被漏掉了。下面举个例子来说一下这种"宏观"的对比。

假设本发明中限定的是短发男人，而对比文件中所公开的仅仅是男人，其实审查员也是看到了"短发男人"这个特征的，但是，其采用了宏观的对比方式，将现有技术中的"男人"简单地"相当于""短发男人"，实质上忽略了"短发"对于"男人"的限定，从效果上来说，忽略了这一内容的限定作用，实际上相当于漏掉了"短发"这一特征。

相对于审查员的宏观对比方式，专利代理师所要做的，是细致地分析权利要求中的每个字、每个词，将这些都作为本发明权利要求中所限定的特征，分析它们是否都被审查员进行了直接、有效的评价。尤其是这些特征是本发明的发明点时，更要进行"细致"的分析。

情况三：审查员采用对比文件中的内容对发明点进行评价。

这个时候就是"真刀真枪"的正面对抗了。

专利代理师要仔细分析审查员针对本发明发明点的认识是否正确，是否错误地理解了本发明的发明点，还要分析对比文件中是否真的如审查员所说的那样公开了相应的内容，最后，要分析对比文件中的相应内容是否真的如审查员所指出的那样，"相当于"本发明的发明点。

说起来简单，做起来就很难了。怎样才能做好上述的分析，我其实也没有办法从理论上给予更多的解读或者建议。只能告诉你，要分析得尽可能细致、细致、再细致，从细致上寻找可能的不同，从细致中寻找可能的答复通过的希望。这种细致需要借助于严谨认真的工作态度、良好的技术理解能力来实现，更需要通过大量审通答复实践来不断提升。

情况四：审查员采用公知常识来评价本发明的发明点。

这是专利代理师和专利申请人最不乐于见到的情况了。这种情况下，对于发明点属于现有技术的结论，是比较主观的。由于这一结论通常没有客观证据支撑，专利代理师也就没有办法通过对客观证据的分析来指出审查员的错误，而仅仅口头表达本发明的发明点是如何特别的，但这也存在相当的主观性。用专利代理师的"主观"来影响、改变审查员的"主观"，无疑是相当困难的。

还好，随着审查标准和操作规程的日趋清晰、严格，实践中，对于采用公知常识来评价本发明发明点的情况已经越来越少见了。如果真遇到了这种情况，专利代理师也应该本着"咬住"发明点这一思路，围绕发明点没有被公开这一目标来进行充分的分析，无论如何都要保住本发明的发明点。

上述分析的重点是围绕和发明点有关的技术特征来展开的，但这并不意味着对于本发明权利要求中发明点之外的内容就不进行分析了。如果能够发现审查员就非发明点的内容评价错误，自然也是应该进行反驳的。只不过，对于发明点和非发明点来说，专利代理师的分析、答复重点是应当放在发明点上的，尤其是当对于一个专利申请处理时间有限的情况下，更应该把有限的精力和时间放到发明点上，这样才能从最有可能打开突破口的地方打开缺口，发现审查员的错误所在，并进行充分的反驳。

正如任何事物都有主要矛盾和次要矛盾一样，专利代理师在答复创造性审查意见时，要抓住发明点这一主要矛盾，这个矛盾抓住了，就相当于抓住了答复创造性审查意见的牛鼻子，整个答复工作就能够在专利代理师的主导下进行了。

3.4.3 按照"以我为主""针对性回复""依法依规"的要求完成意见陈述的撰写

找到了答复突破口，我们如何针对创造性审查意见来完成意见陈述呢？我们倡导意见陈述在思路上遵循"以我为主",在内容上体现对于审查员的特定观点进行针对性回复,在形式上遵循法律、法规、部门规章的要求,以上述方式来有效、专业地完成意见陈述的撰写。下面我们对这三个要求逐一进行讲解。

3.4.3.1 有关"以我为主"

在之前的讲解中提及过,重点是指要从本发明权利要求出发,阐述本发明权利要求中有什么特征,而对比文件中并没有公开这个特征,阐述本发明权利要求中的技术特征起到什么特定作用,而对比文件中并没有公开这个作用。

这样的思路落实到意见陈述的撰写中,要求专利代理师在进行特征比对时,通常应该首先指出本发明权利要求中所要讨论的某个技术特征,阐述该技术特征的含义,然后去分析对比文件中仅仅公开了什么,如何没有公开本发明权利要求中的上述技术特征。对于作用的比对同样如此,也是要首先阐述本发明权利要求中某个技术特征所起的特定作用,然后分析对比文件中并没有公开该技术特征在本发明中所起的作用。

"以我为主"要求专利代理师最好不要在意见陈述中从现有技术出发进行特征以及作用的比对。

不要首先讲现有技术中公开了什么,然后去分析本发明权利要求中的技术特征及其作用是什么,这样做尽管没有实质性的问题,但是有可能带来一定的隐患。

这一隐患体现为,有可能最初针对现有技术的分析得出的结论是现有技术中"有什么",而之后对于本发明权利要求中技术特征的分析所得出的结论却是该技术特征中"没有什么",这样貌似也能得出本发明技术特征和现有技术中相关内容不相同的结论,但这种结论对于专利代理师来说却是有害的。因为这一结论所说明的是现有技术中多了什么,而非现有技术中少了什么,从而没有公开本发明权利要求中的相应技术特征。

有人可能会说,在审查意见中审查员就是先说的对比文件,再说本发明权利要求中的技术特征,专利代理师按照审查员的评价方式来答复没有问题。

这涉及一个立场的问题。

作为审查员,其立场是要说明现有技术中有什么,而这个内容是和本发明权利要求中的技术特征相同的。基于审查员的这个立场，他当然首先要说对比文件中公开了什么内容，由此才能以这个现有技术中已经公开的内容为目标来说明本发明权利要求中的相应技术特征是如何已经被现有技术公开的。审查员的立场是将本发明权利要求中的相关技术特征尽可能往现有技术里"装"，这种立场决定了审查员一般先要划定好现有技术的这个"筐"，然后才能把本发明权利要求中的相应技术特征往这个现有技术的"筐"里去放。如此，才能完成审查员在创造性审查意见中所要达到的目的，就是把权利要求所保护的技术方案划归到现有技术范畴中（当然是通过组合的方式）。

作为专利申请人或者专利代理师，其立场则是和审查员完全相反的。

专利代理师的立场是要尽可能地说明权利要求中具备什么而对比文件中并不存在该内容。由此，专利代理师要先明确权利要求中有什么，再拿对比文件中的内容进行对比，由此来说明有什么而对比文件中没有这个内容。这样的立场决定了专利代理师最好要先画好"我有什么"这个圈，然后再拿对比文件的内容进行比对，从而最终证明"我有他无"。由此，最好用"以我为主"的方式，从本发明权利要求中的特定技术特征出发进行分析，之后再有针对性地分析对比文件中的相应内容。

做到"以我为主"还要注意一点，这个"我"不是泛泛的我，而应该是具体的"我"。

在进行相关比对时，所针对讨论的权利要求中的技术特征、作用，一定要落实到特定的技术特征及作用上，而不应该针对整个权利要求所保护的技术方案泛泛而谈。所分析的技术特征、作用越特定化，专利代理师针对审查意见反驳的力度、强度可能就越大。

直观来说，对于技术特征的特定化就是要对权利要求中的技术特征拆分得足够细，形成足够小的技术特征作为特定的分析对象。答复中所讨论的技术特征越小，意味着专利代理师在"找不同"方面所做的工作越细致，细小的不同都能被找到，这会使得答复观点的"杀伤性"更强；如果这些很小的技术特征都不放过，则意味着有可能找到更多和现有技术不同的区别技术特征，从而使得答复观点的"杀伤"范围更大。实践中，专利代理师要针对一个个技术特征逐个分析其如何没有被现有技术公开，每个特征的分析都要做到尽可能充分地论述，从而使得每个针对特定技术特征的分析都是对审查员观点的有力反驳。专利代理师要通过这种方式，形成多个足够锐利的反驳"针尖"，锐利到它足以造成针对审查意见相关观点的"失血"，再通过较多数量的"针尖"来对审查意见的成立构成大规模"失血性的杀伤"，从而使得这个审查意见"失血过多而亡"。

相反，如果专利代理师发现了权利要求中具有多个反驳点，这些反驳点所针对的是多个不同的技术特征，却将多个这样的技术特征混合在一起进行论述。此时，针对每个技术特征如何同现有技术不同的分析就有可能不具有针对性，也不那么充分，从而不能在某个点上形成有效的突破，无法构成对于审查意见的"失血性的杀伤"。这些混在一起的技术特征连同混在一起的观点和理由，充其量是形成了一个反驳的"充气大棒"，这个"充气大棒"既不够坚硬又没有尖锐的"针尖"，打到审查意见上也就是听听响而已，可能达不到预期的效果。

需要说明的是，对权利要求中的各个技术特征"拆分"得足够细并不是一个很严谨的说法。

将权利要求所保护的技术方案拆成七零八碎的特征，并不是此处的"拆分"的真实含义。准确地说，应该是针对权利要求中的技术特征要"找"得足够细，不能因为疏忽大意漏掉某些技术特征。只不过，这个"找"通常是以针对独立权利要求中一个个技术特征的分辨来进行的，因此，也被形象地称为对于权利要求中的特征要"拆分"得足够细。

在采用此种"拆分"来寻找技术特征并和现有技术进行特征及其作用的比对时，拆分得足够细是有前提的，这个前提是拆分后的技术特征及作用确实是和现有技术存在区别的，这样才能结合一个个区别来反驳审查员的观点。如果拆分后的结果不能明显地和现有技术构成不同，就不应当进行这样的拆分，甚至要尽可能地将不同的技术特征组合在一起，强调应将这些技术特征作为一个整体来进行创造性的评价。

例如，在某些情况下，方法权利要求中的单个动作或者产品权利要求中的单个部件的确被现有技术公开了，如果专利代理师再从权利要求中拆分出该单个动作或者单个部件，显然对自己是不利的。如果无法在这个细致的点上得出和现有技术"不同"的结论，自然也就不能形成针对审查意见的有效杀伤了。此时，专利代理师要反其道而行之，将权利要求中的多个动作或者部件通过其相互间的联系，基于它们共同来实现一个作用，来说明这些内容构成了一个最小技术单元，属于一个技术特征。这样的技术特征相较于拆分后的多个内容而言，被现有技术公开的难度更大，更有可能找到其和现有技术"不同"的理由，从而形成答复突破口。

也就是说，对于技术特征，不论是足够细的拆分得到小的答复突破口还是不进行拆分而是以多个内容构成整体的一个技术特征来作为答复对象，出发点都是一致的。这个出发点的核心就是要能够说明本发明权利要求中具有和现有技术中不同的技术特征，拆分得细，是为了形成更多这样的"不同"点，而不作拆分，则是想将那些原本和现有技术相同的内容构成一个整体，从而以这个整体来形成和现有技术的"不同"。归根结底，专利代理师要找到并分析本发明权利要求和现有技术的不同：首先，要有"不同"；其次，这个"不同"越多越好。

前面所讲的是"以我为主"，在"以我为主"中，首先要明确本发明权利要求中的相应技术特征，也是和"针对审查员的观点进行回复"这一要求有关的。我们接下来就说一下"针对审查员的观点进行回复"的要求。

审查员在审查意见中尽管通常会首先提及现有技术公开的内容，但其评价目标始终是本发明权利要求中所包括的技术特征。在评价的对象方面，专利代理师和审查员是一致的。在按照"以我为主"首先列出所要分析的本发明权利要求中的技术特征时，实际上也是在明确要针对审查员的哪个观点来进行讨论，只有明确这个观点才能针对该观点有的放矢地进行答复。

3.4.3.2　针对审查员的观点进行回复

这是一个针对性的问题，专利代理师要搞清楚自己和审查员所讨论的对象到底是什么。

首先，在创造性审查意见答复中，这一对象是申请文件中的权利要求而非说明书。审查员发出不具备创造性的审查意见，所针对的都是申请文件中的某权利要求。在进行答复的时候，专利代理师也应该针对权利要求这一审查对象来发表意见，不应在讨论对象上出现偏差，将说明书作为讨论的对象。

出现将说明书作为讨论对象的典型情况是，以说明书中记载了某内容而对比文件中并未公开该内容作为答复理由，说明本发明具备创造性。

当所论述的某内容仅仅出现在说明书中而未记载在权利要求中时，这样的论述就出现了论述对象的偏差。因为审查员并不是针对说明书中记载的方案来发表有关创造性方面的审查意见的。专利代理师所针对答复的对象是权利要求，在说明书中具有相关技术特征而在权利要求中并不具有该技术特征的情况下，要想说明这个权利要求是和现有技术有区别的，进而是有创造性的，显然就会出现枪口偏斜、打到别人靶上的情况。

当然，也不是在答复创造性审查意见时，不能以说明书中记载的内容为依据来进行答复。某些情况下，可以借助说明书中所记载的内容对于权利要求中某一技术特征的含义进行解释，从而阐述清楚该技术特征的含义，说明其和现有技术的不同。

需要注意的是，采用说明书中的内容所进行的答复，是为了配合对权利要求中的技术特征进行解释所采用的答复方式。在这种答复方式中，专利代理师和审查员所讨论的对象并没有发生改变，仍然是权利要求中的技术特征，说明书中相关内容的引入，并不是用来限定权利要求的保护范围，而是一种对于权利要求中技术特征的解释。简单来说，在答复过程中引入说明书中记载的内容，并不是要将该内容引入权利要求中作为新的限定，而是要结合该内容，对权利要求中已经存在的技术特征进行解释，这种解释并不会使得权利要求中被解释的技术特征发生改变。

下面举两个例子来说明上述问题。

例如，权利要求中的技术特征是金属，审查员认为金属这一技术特征已经被现有技术公开，在说明书中记载了可以采用铁来作为金属，而现有技术中并没有公开铁这一技术特征。此时，如果对权利要求不作修改，仅仅说明金属这一技术特征是铁，就会出现论述对象的偏差。因为在权利要求中并不具备铁这一技术特征，该技术特征仅仅出现在说明书中，不能以说明书中具有而权利要求中不具有的技术特征来向审查员说明该技术特征没有被现有技术公开。

再如，权利要求中的技术特征是"对不同的数据进行归一化处理"，审查员认为该技术特征已被现有技术公开。但经过分析发现，审查员对于本发明中的"归一化"理解有误，从而误认为现有技术中将不同数据进行累加的处理方式相当于本发明中的"归一化处理"。在该专利申请的说明书中，对于归一化处理进行了解释，将其解释为：针对实质内容相同但描述不同的多个数据，转换为相同的描述内容。专利代理师在论述本发明中的归一化如何与现有技术中所公开的内容不同时，可以采用说明书中的上述解释来对权利要求中的"归一化处理"进行解释。这种解释没有针对权利要求引入新的技术内容，仅仅是针对权利要求中已有内容的一个等价解释。因此，专利代理师和审查员的讨论对象始终是权利要求中的技术特征，没有出现讨论对象的错误偏斜。

其次，"针对"的目标要明确，要针对权利要求中的特定技术特征来发表意见，这和之前提及的"以我为主"这一要求往往能够达到殊途同归的效果。在创造性审查意见中，审查员通常会针对权利要求中的各个技术特征逐一发表意见，从而最终得出该权利要求所保护的技术方案整体上不具备创造性的结论。既然是针对审查员的意见进行回复，自然也应该跟上审查员的"节奏"，针对审查员所给出的理由，就某技术特征到底是否真如审查员所说的那样被对比文件公开来发表意见。

我们正在分析的是有关"针对性答复"的问题。在"针对"的对象明确为权利要求中的技术特征之后，要实现"针对性答复"，剩下的就是"答复"这一要求了。

最后，"答复"的前提是首先要看懂审查员的意见，这样才能做到"答复"。如果连看懂都做不到，那就谈不上答复了。

例如，审查员在审查意见中指出，某一技术特征没有被对比文件1公开，但是该技术特征作为区别技术特征被对比文件2公开了。此时，就没有必要在意见陈述中一个劲地说该技术特征如何没有被对比文件1公开，而是应该针对该技术特征如何没有被对比文件2公开来发表意见。因为前者并不是对审查员观点的反驳，后者才是。

在就后者发表意见时，要紧扣审查员的观点来进行说明。审查员在审查意见中可能会指出，对比文件2尽管没有在文字上公开该区别技术特征，但是结合其文字记载可以得出对比文件2隐含公开的相关内容，该相关内容相当于本发明的上述区别技术特征。此时，应该首先搞清楚审查员的上述观点。要么，指出对比文件2的内容如何不能毫无疑义地得出"相关内容"，因此无法做到"隐含"公开；要么，说明即使对比文件2中隐含公开了相关内容，但该相关内容和本发明中的"区别技术特征"并不"相当于"。通过上述两个"要么"的操作，来针对审查员的观点进行针对性的反驳。

如果没有搞清楚审查员的观点，没有发现审查员的观点是以对比文件2隐含公开的内容来评价本发明的区别技术特征，则有可能导致自己花费了相当的笔墨去论述对比文件2的文字记载中是如何没有公开该区别技术特征的。这样的观点虽然正确，但没有用处。因为审查员也没说对比文件2的文字记载直接公开了区别技术特征。这样的答复没有做到针对审查员的观点进行反驳，不是一个合格的"答复"。

没有针对审查员的观点进行针对性答复的另一种情况，是完全脱离开审查员的观点进行陈述。虽然这种陈述更为严重地脱离"答复"的根本属性，但往往是事出有因的。

这种事出有因体现为，专利申请人或者专利代理师自己将本发明和相关现有技术进行了对比，却将审查意见置之脑后，从而"朴素地得出"本发明具备创造性的结论。这种"朴素地得出"，往往是对《专利审查指南》中所规定的创造性评判评价方式不熟悉所导致的。

例如，审查员在创造性审查意见中并没有将本发明所要解决的技术问题和对比文件1所要解决的技术问题进行对比。但是，专利申请人或者专利代理师看到审查意见后，分析对比文件1后，立刻"朴素"地发现这个对比文件1和他要解决的问题完全不一样，然后就开始激动地论述本发明所要解决的技术问题如何与对比文件1所要解决的技术问题不同，进一步得出本发明是具备创造性的。

但是，结合之前所讲解的"三步法"判断方式，我们会发现在"三步法"的判断体系中，并没有将本发明所要解决的技术问题和最接近的现有技术（例如，对比文件1）所要解决的问题进行对比。况且，在"三步法"中也根本不存在"本发明所要解决的技术问题"，所存在的只是本发明"实际"解决的技术问题。由此，即使专利代理师陈述了很多本发明所要解决的技术问题如何同对比文件1不同，也不会对审查员的审查意见实现针对性的反驳。这样的"答复"实际上脱离了意见陈述的"答复"本质。

当然，在答复创造性审查意见的过程中，如果说完全没有必要提及本发明所要解决的技术问题和最接近的现有技术的技术问题，那就过于教条甚至错误了。实践中，可以结合本发明所要解决的技术问题，分析本发明中的某个技术特征是何含义，从而在"三步法"的体系中就该技术特征和现有技术特征如何不同作分析比对；可以从本发明所要解决的技术问题出发，阐述本发明某个技术特征在本发明中所能达到的特定效果（作用），进而阐述其他对比文件中的相应特征所起到的作用和上述特定作用并不相同；可以从最接近的现有技术所要解决的技术问题出发，阐述其技术构思相对于本发明而言是完全相反的，从而相对于本发明提供反向技术教导。这些论述都是可以利用"本发明所要解决的技术问题和最接近的现有技术的技术问题"来完成的。需要注意的是，这些论述并不是简单地将这两个问题作比较，而是以这两个"问题"为素材，在"三步法"的评价体系中完成相应的分析。

当然，也有人会说，《专利法》里面也没有要求一定用"三步法"来判断创造性啊。没错，但这里需要注意以下两个问题。

第一，尽管《专利法》中没有规定一定要采用"三步法"进行创造性的判断，但作为专利审查的主管机关，国家知识产权局所发布的部门规章性质的《专利审查指南》中却明确规定了要用"三步法"来进行创造性的判断。由此，在专利审查实践中，基本是用"三步法"来进行创造性判断的。如果非要用一个理论上评判方式的"不唯一"来对抗主管机关的审查实践，显然是自不量力的。我们要知道，专利代理师并不是最高人民法院，没有办法在审查员面前告知他、说服他"三步法"并不是创造性评判的唯一方式，这个观点自然无法被审查员所接受。

第二，当前专利申请在专利审查过程中面对的就是采用"三步法"进行评判的创造性审查意见。所谓"兵来将挡水来土掩"，针对这个审查意见，不按照"三步法"的评价体系进行答复，怎么能够说服审查员，越过现实横亘在眼前影响专利授权的那座高山呢？所以，专利代理师要从现实出发，针对审查员以"三步法"的评判体系所形成的观点来进行针对性的反驳。

当然了，要是专利代理师足够专业和权威，也是可以采用否定"三步法"评判体系的思路尝试进行创造性审查意见答复的，但这个答复的思路一定要清晰、逻辑链条一定要严谨。可以首先明确"三步法"不是创造性的唯一评判方法，这一说明既要配合《专利法》的相关规定，也要结合何谓"突出的实质性特点"进行说明。当然，如果可能的话，也可以找一些其他国家的评判方式作为例子来辅助说明。说完了这个之后，可以说"我"认为是可以怎么来评的。如果说前一个"不唯一"的论断还有法律依据，还好说一些的话，自认为应该怎么评这个事就更难说了。因为这相当于自己在创建法规，而依据仅仅是《专利法》规定的创造性定义，这个评判方式如何得出就是一个很大的问题，而采用这样的评判方式是否符合《专利法》的规定、是否合理、是否较之"三步法"更为合理，就是一个更大的问题了。如果前两关都过了，那可以进入第三步，按照自己的评价方式来评价创造性，说明本发明是如何具备创造性的，这个貌似比第一步和第二步要简单一些。尽管理论上貌似这样的答复思路也可以，但是，从专利申请人和专利代理师的角度来看，这样的答复思路仍然是不可取的，采用这样的答复思路进行答复，估计在实践中基本上无法做到说服审查员改变其观点。当然，在实践中，也是存在其他主体用这样的方式来评判相关发明具备创造性的，这个主体就是最高人民法院，有兴趣的读者可以检索一下相关的案例参考一下。

3.4.3.3 意见陈述撰写形式上"依法依规"

前面讲了很多要针对审查员的观点进行针对性的答复，其中已经涉及了按照"三步法"的评价体系来进行陈述这一要求，这恰恰是专利代理师在撰写意见陈述中所要注意的第三个问题，即在形式上遵循法律、法规、部门规章的要求。我把这个问题再单独说明一下。

既然专利代理师做的主要工作是答复审查员的观点，而这种答复通常又是以"驳"的形式出现的，那么，是不是把反驳的观点罗列出来就好了呢？

答案是否定的。这样进行答复，直观的问题是意见陈述不够专业，实质上也会由于陈述没有"依法依规"，最终得出的本发明具备创造性的结论在其成立的合理性、稳定性上大打折扣。

应该认识到，审查员在审查意见中所做的是一个立论工作，专利代理师在意见陈述中同样是在立论，只不过二者的立论结论完全相反而已。既然是立论，那就要通过摆事实、讲道理、得结论的方式来完成这个立论过程。如果只是单纯地反驳，只会起到对审查员相关观点的反驳作用，并不能完整地完成上述立论过程。

在立论过程中所讲的道理自然是应该基于所摆的事实来进行的。更为重要的是，基于所讲的道理，能够让专利代理师得出的结论令人信服。这就需要在讲道理和得出结论之间，通过依法分析的方式建立二者之间的联系，从而确保所讲的道理是法所要求的道理,所得的结论是基于法的要求,从所讲的道理出发而规范得出的结论,这样才能确保专利代理师的结论是依法得出的,是稳定可信的。

在创造性审查意见答复过程中,所说的"依法依规"中的"法"具体有两个。一个是《专利法》第22条第3款中对于创造性的规定,另一个则是《专利审查指南》中对于创造性判断的相关规定。在后者中,尤为重要的是如何采用"三步法"来评判突出的实质性特点的规定。

(1) 紧扣《专利法》的规定

创造性审查意见的答复,自然应该首先紧扣的就是《专利法》对创造性的规定。《专利法》第22条第3款规定:创造性,是指与现有技术相比,该发明具有突出的实质性特点和显著的进步,该实用新型具有实质性特点和进步。

以发明为例,在创造性的评判中,《专利法》中规定了"突出的实质性特点"和"显著的进步"两个方面的评判要素,且这两个评判要素缺一不可。按照《专利法》的上述规定,在答复创造性审查意见的过程中,专利代理师自然应该就"突出的实质性特点"和"显著的进步"分别进行陈述,且这两个方面的陈述缺一不可。

实践中可能会出现审查员在审查意见中关注于"突出的实质性特点"的评价而没有评判"显著的进步"的情况。即使审查员遗漏了"显著的进步"的评判,专利代理师也不能仅仅按照针对性答复的要求,对"显著的进步"置之不理,而是应该按照《专利法》的规定,就"突出的实质性特点"和"显著的进步"均予以分析、阐述。

以针对独立权利要求的创造性答复为例,该答复的意见陈述从整体架构的角度来讲,应该具有两个并列的部分,一是有关"突出的实质性特点"的分析,二是有关"显著的进步"的分析。在陈述了这两部分之后,最后依据《专利法》第22条第3款的规定,得出该权利要求所保护的技术方案具备创造性的结论。

(2) 满足《专利审查指南》中"三步法"的要求

"突出的实质性特点"的论述,是创造性审查意见答复中的重点,对这一部分内容的"依法依规"尤为重要。这里的"法"指的是《专利审查指南》中对于创造性的规定。

既然是"依法依规",那就要严谨地"依法"。对于"三步法"的使用而言,其严谨性在于要完整地使用"三步法"。

完整地使用"三步法",首先要求对于"三步法"中的各个步骤、各个判断动作都要在意见陈述中使用到,不能出现遗漏的情况。

同时,还要注意,"三步法"中的各个步骤以及步骤的不同动作之间,是相互联系的。这种相互联系也是完整的"三步法"中不可缺失的组成部分。为此,在使用"三步法"进行意见陈述时,也应该基于"三步法"中的这种相互联系来进行,不能只就单独的点来进行分析,而忽视了某个动作、某个步骤的判断结果不同所导致的后续步骤、动作的改变。简言之,"三步法"的分析应该像"三步法"所规定的那样,连贯起来。

从架构的角度来讲,在进行"突出的实质性特点"的分析时,可以分成两大部分进行。其中,第一部分对应于"三步法"的第一步和第二步,第二部分对应于"三步法"的第三步。

在第一部分中同时包括"三步法"的第一步和第二步,原因在于意见陈述中对于"第一步"实际上没什么可说的。

"三步法"的第一步,是审查员结合检索的情况确定本发明最接近的现有技术。审查员如何检索、如何从众多检索结果中确定"最接近"的现有技术,这是审查员的"自由",专利代理师不会也不能进行干涉,由此也就没有什么可以反驳的。基于此,对于第一步专利代理师所能做的也就只是简单陈述一下最接近的现有技术是哪篇对比文件这一客观事实,做到在形式上不遗漏"三步法"中的任何一步。

当然,实践中虽然很少对第一步进行反驳,但并不能绝对排除这种可能性。如果审查员所找出的最接近的现有技术的公开日期在本发明的申请日之后,或者该最接近的现有技术是抵触申请而非现有技术,或者该最接近的现有技术没有满足"最接近"的现有技术在公开特征数量方面的要求,那么审查员所找出的该技术并非是最接近的现有技术,专利代理师可以进行相应的反驳。只不过在实践中,出现这样的情况少之又少,审查员基本上是不会出现上述低级错误的。

第一部分中的重点内容自然在于"三步法"中的第二步。对于第二步的分析,可以分成以下两种情况。

一种情况是，审查员在第二步中的观点是正确的，专利代理师没有相应的反驳观点。此时，只需要按照审查意见中的表述，以"第二步"的要求重复第二步的判断过程就好了。也就是说，可以按照审查员在审查意见所说的那样，指出本发明相对于最接近的现有技术的区别特征，并结合该区别特征在本发明中所能产生的效果确定本发明实际解决的技术问题。此时，在"第一部分"中没有进行反驳的工作，反驳的事要留待第三步中，也就是所说的第二部分中来完成。

另一种情况是，专利代理师发现审查员在第二步中的观点是错误的。此时，就要好好发表自己的反驳意见、表达自己的观点了。

如果审查员采用最接近的现有技术和本发明所进行的特征比对存在错误，或者在确定本发明实际解决的技术问题时存在错误，那么专利代理师要指出其错误所在，完成反驳工作。在反驳的基础上，进一步表达出自己的观点，即本发明相对于最接近的现有技术的区别技术特征到底是什么，以及本发明实际解决的技术问题实际上是什么，从而完成专利代理师就"三步法"中第二步的立论。

这里需要注意的是对于第二步中两个判断动作的完整使用。

例如，当审查员进行特征比对存在错误时，专利代理师不仅要反驳审查员在特征比对上的错误，还要进一步结合自己所确定的新的区别技术特征，重新确定本发明实际解决的技术问题。不能仅仅分析出新的区别技术特征，但忽视区别技术特征与实际解决的技术问题之间的关联关系，从而遗漏了重新确定本发明实际解决的技术问题的分析过程。这样的"遗漏"实际上忽略了第二步中前半句和后半句之间的关联关系，是一种没有完整使用"三步法"中第二步的体现。

再如，审查员进行特征比对无误，但在确定本发明实际解决的技术问题时存在错误，那么，专利代理师也不能在第二步的分析中仅仅针对本发明实际解决的技术问题来发表自己的反驳意见，而是应该按照完整使用第二步的要求，首先确定本发明相对于最接近的现有技术的区别技术特征，然后针对如何确定本发明实际解决的技术问题，发表自己的反驳意见，并在此基础上表达就这一问题的判断结论。在没有确定区别技术特征的情况下确定本发明实际解决的技术问题，是不符合"三步法"中第二步的要求的。这种做法既遗漏了第二步中前半句判断动作的体现,也忽略了第二步中前半句和后半句之间的关联关系。

突出的实质性特点中的第二部分是对"三步法"的第三步的分析。

在"三步法"中的第三步中,主要针对区别特征是否被别的现有技术公开、该别的现有技术所公开的内容在该现有技术中所起的作用是否和区别特征在本发明中所起的作用相同来进行分析。和第二步的分析一致,专利代理师也要注意审查员在第三步的判断中是否存在问题,并相应地发表意见。

需要注意的是,对于第三步而言,不论审查员对于第三步的原有判断是否正确,专利代理师都是要进行"反驳"的,因为第三步是得出是否具有突出的实质性特点这一结论的最终步骤,如果在这个步骤不反驳,不提出反对意见,自然也就不能改变审查员原有的不具有突出的实质性特点的结论了。

这种"反驳"可能是两种,一种是真反驳,一种是假反驳。

所谓"真反驳",前提是确实发现了审查员在第三步的判断出现了错误。例如,在审查意见中,当采用另一篇现有技术来比对区别技术特征时,出现了比对错误,从而错误地得出区别技术特征被另一篇对比文件公开的结论;对于对比文件中相关内容所起的作用,错误地认为和区别技术特征在本发明中所起的作用相同。这些判断错误,是专利代理师在第三步中要针对性予以反驳的对象,由此形成的反驳内容就构成了所说的"真反驳"。

所谓"假反驳",是指审查员在审查意见中针对第三步的判断本身并没有错误,专利代理师在意见陈述的第三步中所进行的"反驳",仅是基于第二步进行反驳后所得出的结果,相应地就第三步的判断所进行的分析。这种"反驳"并非是针对审查员在第三步中原有观点而进行的,因此并不是真反驳,但是这种反驳也是对于审查员原有第三步结论的一个推翻,因此也是一种反驳,由此称其为"假反驳"。

上面讲的内容挺多的,是不是都有些糊涂了?好吧,我们简化一下,看一看在意见陈述中,就突出的实质性特点的分析到底需要做什么。

简单来说,作为专利申请人或者专利代理师,就突出的实质性特点的分析是一个"立"的过程,即是一个建立"本发明具有突出的实质性特点"这一结论的过程。这一"立"的过程要按照"三步法"的要求通过依次分析来实现。

既然要用到"三步法",就要完整地用,把"三步法"中的各个判断要素逐一"立"起来,从而最终得出本发明具有突出的实质性特点的结论。在意见陈述中,这个"立"有两种形式,一种是认可审查员观点的"立"。也就是说,就"三步法"中的某个判断要素来说,没有发现可以反驳审查员之处,那么,重复审查员的观点就好了(注意,从文字表达上来说,重复并不一定意味着认可,在意见陈述中,最好不要轻易写出"认可"二字,以避免不必要的风险)。另一种则是反驳审查员观点的"立"。也就是说,发现审查员在"三步法"的判断中,在某个判断要素上的判断结论是错误的,那么,就要对审查员的观点进行反驳,通过反驳形成自己的观点,从而在这个判断要素上形成自己观点的"立"。

由此,通过对"三步法"中各个判断要素的"立",在完整使用"三步法"中各个判断要素的前提下,最终得出本发明具有突出的实质性特点的结论。

再说得简单点,专利代理师在意见陈述中所做的,就是按照"三步法"的要求一步步地进行分析。在分析的过程中,不能反驳的,就按照审查员的观点来"立";能够反驳的,就通过反驳形成自己的"立"。最终通过这一系列"立",实现对本发明具有突出的实质性特点这一最终结论的"立"。

从形式上来看,这一过程是在"立",是一个按照"三步法"要求的"立",从实质内容上看,则是在做"驳"。通过针对审查员观点的"驳"来形成专利代理师的"立",也只有通过"驳"才能形成对自己有利的"立"。正所谓"破字当头、立在其中"。

这个"驳"和"立"的关系有点像发明中的发明点和现有技术的技术特征,而"三步法"则类似于发明的技术主题。在撰写专利申请文件中的独立权利要求时,自然应该重点体现发明点,但出于技术方案完整性的考虑,也应该按照技术主题所圈定的技术框架,将那些对于实现技术主题而言必不可少的现有技术的技术特征也体现在独立权利要求中。这和专利代理师在撰写突出的实质性特点的意见陈述时的道理是一样的。

3.5 答复模板

前面文字分析已经挺多了,现在我给出几个模板来直观说明一下。

3.5.1 通用模板

从整体上来说,创造性审查意见答复可以大体按照如下模板进行。

开头套话,对审查员表示感谢,例如:

<u>尊敬的审查员:</u>

<u>您好!感谢您对【 】专利申请的认真审查,申请人在仔细研究该专利申请及审查意见后,对您发出的审查意见答复如下:</u>

一、修改及修改说明(如果需要的话)

申请人首先对权利要求1进行了修改,将【 】这一技术特征添加到权利要求1中。在原始申请文件中说明书第【 】页第【 】行中文字记载有"【 】"这一内容,因此,申请人认为,上述修改并未超出原始申请文件记载的范围,符合《专利法》第33条的规定。

二、权利要求1具备创造性

(一)权利要求1具有突出的实质性特点

在审查意见中,审查员所确定的本发明最接近的现有技术为【对比文件1(D1)】。

1. 权利要求1与最接近的现有技术的区别特征及本发明实际解决的技术问题。

(1)权利要求1中具有【 】这一技术特征,该技术特征并未被【D1】所公开。

具体理由……

(2)权利要求1中具有【 】这一技术特征,该技术特征并未被【D1】所公开(如果有的话)。

具体理由……

由此可见,本发明权利要求1相对于【D1】的区别特征包括:【区别特征1】+【区别特征2】(如果有) +……

上述区别特征所能达到的技术效果是【　】,由此可见,本发明实际解决的技术问题为【　】。

2. 权利要求1所要保护的技术方案对于本领域技术人员来说是非显而易见的。

(1) 申请人认为,对于【区别特征1】,【对比文件2(D2)】并未公开该技术特征,【D2】中相应内容所起的作用也和上述【区别特征1】在本发明中为解决本发明实际解决的技术问题时所起的作用并不相同。

具体理由……

(2) 申请人认为,对于【区别特征2】,【D2】并未公开该技术特征,【D2】中相应内容所起的作用也和上述【区别特征2】在本发明中为解决本发明实际解决的技术问题时所起的作用并不相同(如果有)。

具体理由……

综上所述,申请人认为,现有技术中并不存在将上述区别特征应用到该最接近的现有技术以解决本发明实际解决的技术问题的启示,由此,本领域技术人员在面对本发明实际解决的技术问题时,没有动机将【D1】和【D2】相结合而得到本发明权利要求1所要保护的技术方案,该技术方案相对于现有技术是非显而易见的,具有突出的实质性特点。

(二) 权利要求1所保护的方案具有显著的进步

具体理由……

综上所述,申请人认为,(修改后的) 权利要求1具有突出的实质性特点和显著的进步,符合《专利法》第22条第3款的规定,具备创造性。

三、有关其他权利要求的创造性

由于权利要求1的从属权利要求直接或间接引用了权利要求1,因此,在权利要求1具备创造性的情况下,其他从属权利要求也分别具备创造性。

由于权利要求【　】是与权利要求1相对应的【产品】权利要求(假设权利要求1是方法独立权利要求,其他独立权利要求是产品独立权利要求),该权利要求中具有与权利要求1中相应的技术特征,因此,申请人认为,基于和权利要求1具备创造性相同的理由,该权利要求【　】同样具备创造性,其从属权利要求也分别具备创造性。

结尾套话,例如:

通过上述意见陈述,申请人认为已经解决了审查员在审查意见中所指出的问题,希望审查员结合上述意见陈述继续进行审查。如审查员认为该专利申请还存在不能获得授权的问题,恳请审查员再给一次意见陈述的机会。再次感谢审查员的辛勤工作!

代理师【 】

电话【 】

之前讲过,发明点是在创造性答复时的救命稻草,因此,我结合审查意见中对于发明点采用哪篇对比文件来评价,给出如下进一步细化的答复模板。

这些细化模板所针对的权利要求和审查意见假设如下:

假设本发明中权利要求1的方案为A、B、C、D。审查员在审查意见中以D1作为最接近的现有技术,认为D1公开了a、b、c,分别相当于本发明中的A、B、C。由此认为本发明相对于D1的区别特征为D,基于D所能达到的技术效果,得出本发明实际解决的技术问题为"甲"。进一步地,审查员指出,D2中公开了d,d相当于本发明中的D,且d在D2中所起的作用和D在本发明中所起的作用相同,由此得出本领域技术人员在面对本发明实际解决的技术问题时,有动机将D1和D2相结合,从而显而易见地得到本发明权利要求1所保护的方案,该方案不具备创造性。

3.5.2 细化模板一

该细化模板一对应的情况是,发明点未在任何一个权利要求中体现。也就是说,假设上述案例中,发明点为E,而该发明点并未体现在权利要求1中,此时,进一步细化的答复模板如下。

开头套话……

一、修改及修改说明

申请人首先对权利要求1进行了修改,将【E】这一技术特征添加到权利要求1中。在原始申请文件中说明书第【 】页第【 】行中文字记载有"【E】"这一内容,因此,申请人认为,上述修改并未超出原始申请文件记载的范围,符合《专利法》第33条的规定。

二、权利要求1具备创造性

（一）权利要求1具有突出的实质性特点

在审查意见中，审查员所确定的本发明最接近的现有技术为【对比文件1（D1）】。

1. 权利要求1与最接近的现有技术的区别特征及本发明实际解决的技术问题。

权利要求1中具有【E】这一技术特征，该技术特征并未被【D1】所公开。

具体理由……

该具体理由中，要对【E】这一技术特征进行介绍，并简单阐述D1中仅仅公开何种内容，并未公开【E】这一技术特征。

由此可见，本发明权利要求1相对于【D1】的区别特征为【E】以及【D】。上述区别特征所能达到的技术效果是【　】，由此可见，本发明实际解决的技术问题为【　】。

2. 权利要求1所要保护的技术方案对于本领域技术人员来说是非显而易见的。

申请人认为，对于【E】，【对比文件2】并未公开该技术特征，【对比文件2】中相应内容所起的作用和上述【E】在本发明中为解决本发明实际解决的技术问题时所起的作用并不相同。

具体理由……

由于审查员并未针对【E】这一技术特征采用D2进行过评价，因此，此处只需简单说明D2公开了什么技术特征，没有公开【E】这一技术特征，更不会公开【E】在本发明中所起的作用。

综上所述，申请人认为，现有技术中并不存在将上述区别特征应用到该最接近的现有技术以解决本发明实际解决的技术问题的启示，由此，本领域技术人员在面对本发明实际解决的技术问题时，没有动机将【D1】和【D2】相结合而得到本发明权利要求1所要保护的技术方案，该技术方案相对于现有技术是非显而易见的，具有突出的实质性特点。

（二）权利要求1所保护的技术方案具有显著的进步

具体理由……

综上所述，申请人认为，（修改后的）权利要求1具有突出的实质性特点和显著的进步，符合《专利法》第22条第3款的规定，具备创造性。

三、有关其他权利要求的创造性

由于权利要求1的从属权利要求直接或间接引用了权利要求1，因此，在权利要求1具备创造性的情况下，其他从属权利要求也分别具备创造性。

由于权利要求【　　】是与权利要求1相对应的【产品】权利要求（假设权利要求1是方法独立权利要求，其他独立权利要求是产品独立权利要求），该权利要求中具有与权利要求1中相应的技术特征，因此，申请人认为，基于和权利要求1具备创造性相同的理由，该权利要求【　　】同样具备创造性，其从属权利要求也分别具备创造性。

结尾套话……

当然，上述模板也可以应用于审查员漏评了发明点的情况，此时，本发明权利要求1的技术特征实际上是A、B、C、D、E，审查员漏评了发明点E。在采用上述模板一进行答复时，只需省略掉修改及修改说明部分即可，其他部分的答复不变。

3.5.3　细化模板二

该模板所适用的情况是，审查员采用最接近的现有技术，也就是D1评价了本发明的发明点。在上述案例中，对于权利要求1所保护的由A、B、C、D所构成的技术方案中，C是发明点。此时，可以使用如下模板进行答复。

开头套话……

一、权利要求1具备创造性

（一）权利要求1具有突出的实质性特点

在审查意见中，审查员所确定的本发明最接近的现有技术为【对比文件1(D1)】。

1. 权利要求1与最接近的现有技术的区别特征及本发明实际解决的技术问题。

权利要求1中具有【C】这一技术特征，该技术特征并未被【D1】所公开。

具体理由……

由于C是本发明的发明点，因此，在此处的理由论述中，要充分展开进行说明，做到有针对性地反驳审查员针对 C 的判断结论。具体而言，要按照之前讲的"以我为主"的答复方式，从 C 出发，对 C 是什么样的技术特征进行阐述，之后，围绕 C 和 D1 中的 c 如何不同，对本发明的 C 进行针对性的总结。之后，再有目的（围绕"不同"）地分析 D1 中所公开的 c 是什么，之后，同样围绕如何"不同"，有针对性地总结 D1 中所公开的 c。最终得出本发明的 C 没有被 D1 公开的结论。总体而言，要对 C 和 c 如何不同，做到"掰开了""揉碎了"的详细阐述，力争扭转审查员针对该特征所得出的结论。

由此可见，本发明权利要求 1 相对于【D1】的区别特征为【C】和【D】。上述区别特征所能达到的技术效果是【　】，由此可见，本发明实际解决的技术问题为【　】。

2. 权利要求 1 所要保护的技术方案对于本领域技术人员来说是非显而易见的。

申请人认为，对于【C】，【D2】并未公开该技术特征，【D2】中相应内容所起的作用也和上述【C】在本发明中为解决本发明实际解决的技术问题时所起的作用并不相同。

具体理由……

审查员并未针对【C】这一技术特征采用 D2 进行过评价，因此，此处只需简单说明 D2 公开了什么技术特征，其没有公开【C】这一技术特征，更不会公开【C】在本发明中所起的作用。

综上所述，申请人认为，现有技术中并不存在将上述区别特征应用到该最接近的现有技术以解决本发明实际解决的技术问题的启示，由此，本领域技术人员在面对本发明实际解决的技术问题时，没有动机将【D1】和【D2】相结合而得到本发明权利要求 1 所要保护的技术方案，该技术方案相对于现有技术是非显而易见的，具有突出的实质性特点。

（二）权利要求 1 所保护的技术方案具有显著的进步

具体理由……

综上所述，申请人认为，权利要求 1 具有突出的实质性特点和显著的进步，符合《专利法》第 22 条第 3 款的规定，具备创造性。

二、有关其他权利要求的创造性

由于权利要求 1 的从属权利要求直接或间接引用了权利要求 1，因此，在权利要求 1 具有创造性的情况下，其他从属权利要求也分别具备创造性。

由于权利要求【　】是与权利要求 1 相对应的【产品】权利要求（假设权利要求 1 是方法独立权利要求，其他独立权利要求是产品独立权利要求），该权利要求中具有与权利要求 1 中相应的技术特征，因此，申请人认为，基于和权利要求 1 具备创造性相同的理由，该权利要求【　】同样具备创造性，其从属权利要求也分别具备创造性。

结尾套话……

3.5.4　细化模板三

该模板适用的情况是，审查员在"三步法"的第三步中，以其他现有技术例如 D2，评价了本发明的发明点。在上述案例中，假设权利要求 1 所保护的由 A、B、C、D 构成的技术方案中，D 是发明点。此时，可以采用如下模板进行答复。

开头套话……

一、权利要求 1 具备创造性

（一）权利要求 1 具有突出的实质性特点

在审查意见中，审查员所确定的本发明最接近的现有技术为【对比文件 1（D1）】。

1. 权利要求 1 与最接近的现有技术的区别特征及本发明实际解决的技术问题。

权利要求 1 中具有【D】这一技术特征，该技术特征并未被【D1】所公开（我们并不是要反驳审查员有关 D1 公开了本发明 A、B、C 这一结论，因此，此处无须给出什么理由，只需要说明区别特征为【D】就可以了）。

由此可见，本发明权利要求 1 相对于【D1】的区别特征为【D】。上述区别特征所能达到的技术效果是【　】，由此可见，本发明实际解决的技术问题为【　】。（在不反对审查员所确定的"本发明实际解决的技术问题"的情况下，此处也只需要重复审查员的观点就可以了）。

2. 权利要求 1 所要保护的技术方案对于本领域技术人员来说是非显而易见的。

申请人认为，对于技术特征【D】，【D2】并未公开该技术特征，【D2】中相应内容所起的作用也和上述技术特征【D】在本发明中为解决本发明实际解决的技术问题时所起的作用并不相同。

具体理由……

技术特征 D 是本发明的发明点，因此，在此处的理由论述中，要进行充分的展开，从而有针对性地反驳审查员的观点。具体而言，要按照之前讲的"以我为主"的答复方式，从 D 出发，对 D 是什么样的技术特征进行阐述，围绕其和 d 如何不同进行针对性的总结。之后，再有目的性地分析 D2 中所公开的 d，阐述其如何与本发明中的 D 不同。总体而言，要对 D 和 d 如何不同，做到"掰开了""揉碎了"的详细阐述，力争扭转审查员针对该特征所得出的结论。此外，还要分析 D 在本发明中所起的作用，并有针对性地分析 d 在 D2 中所起的作用，得出二者如何不同。

综上所述，申请人认为，现有技术中并不存在将上述区别特征应用到该最接近的现有技术以解决本发明实际解决的技术问题的启示，由此，本领域技术人员在面对本发明实际解决的技术问题时，没有动机将【D1】和【D2】相结合而得到本发明权利要求 1 所要保护的技术方案，该技术方案相对于现有技术是非显而易见的，具有突出的实质性特点。

（二）权利要求 1 所保护的技术方案具有显著的进步

具体理由……

综上所述，申请人认为，权利要求 1 具有突出的实质性特点和显著的进步，符合《专利法》第 22 条第 3 款的规定，具备创造性。

二、有关其他权利要求的创造性

由于权利要求 1 的从属权利要求直接或间接引用了权利要求 1，因此，在权利要求 1 具备创造性的情况下，其他从属权利要求也分别具备创造性。

由于权利要求【 】是与权利要求 1 相对应的【产品】权利要求（假设权利要求 1 是方法独立权利要求，其他独立权利要求是产品独立权利要求），该权利要求中具有与权利要求 1 中相应的技术特征，因此，申请人认为，基于和权利要求 1 具备创造性相同的理由，该权利要求【 】同样具备创造性，其从属权利要求也分别具备创造性。

结尾套话……

3.5.5 细化模板四

在一些审查意见中,有可能出现审查员错误地确定本发明实际解决的技术问题的情况,这种错误可能体现为:审查员将区别特征本身定为本发明实际解决的技术问题,即没有考虑该区别特征所能达到的技术效果,将技术效果和技术特征本身相混淆;审查员没有将区别特征本身放到本发明的环境中来考虑其所能达到的技术效果,而是孤立地以该区别特征本身固有的技术效果来确定本发明实际解决的技术问题。

针对上述错误观点,可以采用如下模板进行答复。

开头套话……

一、权利要求 1 具备创造性

(一)权利要求 1 具有突出的实质性特点

在审查意见中,审查员所确定的本发明最接近的现有技术为【对比文件 1(D1)】。

1. 权利要求 1 与最接近的现有技术的区别特征及本发明实际解决的技术问题。

权利要求 1 中具有【D】这一技术特征,该技术特征并未被【D1】所公开(我们并不是要反驳审查员有关 D1 公开了本发明 A、B、C 这一结论,因此,此处无须给出什么理由,只需要说明区别特征为【D】就可以了)。

由此可见,本发明权利要求 1 相对于【D1】的区别技术特征为【D】。

申请人要指出的是,本发明实际解决的技术问题并非是审查员所认为的【　　】,而是【　　】这一技术问题。

具体而言,上述区别技术特征在本发明中所能达到的技术效果是【　　】,而非审查员所认为的【　　】。由此可见,本发明实际解决的技术问题为【　　】。

具体理由……

此处,我们可以结合审查员在确定"本发明实际解决的技术问题"时的错误,阐述本发明实际解决的技术问题到底是什么,从而有针对性地反驳审查员的观点。这一内容需要在使用该模板时阐述充分。

2. 权利要求 1 所要保护的技术方案对于本领域技术人员来说是非显而易

见的。

申请人认为，d 在【D2】中所起的作用，和 D 在本发明中为解决本发明实际解决的技术问题时所起的作用并不相同。

具体理由……

此处，重点论述 D2 中所公开的 d 所起的作用，和 D 在本发明中所起的作用并不相同，从而和之前的论述相互联系起来。要针对 d 所起的作用有较为详细的分析，结合之前所分析的 D 在本发明中所起的作用，将二者进行有针对性的对比。

综上所述，申请人认为，现有技术中并不存在将上述区别特征应用到该最接近的现有技术以解决本发明实际解决的技术问题的启示，由此，本领域技术人员在面对本发明实际解决的技术问题时，没有动机将【D1】和【D2】相结合而得到本发明权利要求 1 所要保护的技术方案，该技术方案相对于现有技术是非显而易见的，具有突出的实质性特点。

（二）权利要求 1 所保护的技术方案具有显著的进步

具体理由……

综上所述，申请人认为，权利要求 1 具有突出的实质性特点和显著的进步，符合《专利法》第 22 条第 3 款的规定，具备创造性。

二、有关其他权利要求的创造性

由于权利要求 1 的从属权利要求直接或间接引用了权利要求 1，因此，在权利要求 1 具备创造性的情况下，其他从属权利要求也分别具备创造性。

由于权利要求【　】是与权利要求 1 相对应的【产品】权利要求（假设权利要求 1 是方法独立权利要求，其他独立权利要求是产品独立权利要求），该权利要求中具有与权利要求 1 中相应的技术特征，因此，申请人认为，基于和权利要求 1 具备创造性相同的理由，该权利要求【　】同样具备创造性，其从属权利要求也分别具备创造性。

结尾套话……

3.5.6 细化模板五

在创造性审查中，避免"事后诸葛亮"是《专利审查指南》中特别提出的一个注意事项。"事后诸葛亮"表现为，审查员并没有完全按照现有技术所公开的内容来评价本发明的创造性，而是一定程度上从本发明反向推理现有技术，并基于这样的反向推理得出现有技术存在技术启示的结论。

结合本书所举的例子来说，"事后诸葛亮"的一种表现为，在审查意见中，审查员并没有指明对比文件2中哪处公开了区别特征在本发明中所起的作用，而是结合区别特征在本发明中所起的作用，反向推理对比文件2中的相关内容也可以起到这样的作用。

为了反驳审查员的上述错误观点，可以采用如下模板进行答复。

开头套话……

一、权利要求1具备创造性

（一）权利要求1具有突出的实质性特点

在审查意见中，审查员所确定的本发明最接近的现有技术为【对比文件1（D1）】。

1. 权利要求1与最接近的现有技术的区别特征及本发明实际解决的技术问题。

权利要求1中具有【D】这一技术特征，该技术特征并未被【D1】所公开。

并不是要反驳审查员有关D1公开了本发明A、B、C这一结论，因此，此处无须给出什么理由，只需要说明区别特征为【D】就可以了。

由此可见，本发明权利要求1相对于【D1】的区别特征为【D】。上述区别特征所能达到的技术效果是【　】，由此可见，本发明实际解决的技术问题为【　】。

在不反对审查员所确定的"本发明实际解决的技术问题"的情况下，此处也只需要重复审查员的观点就可以了。

2. 权利要求1所要保护的技术方案对于本领域技术人员来说是非显而易见的。

申请人认为，在【D2】中，并没有任何内容记载公开了【d】在【D2】中起到了【　】作用，审查员所认为的【d】在D2中所起的【　】作用，属于结合本发明推导得出的【d】所起的作用，这是一种"事后诸葛亮"的评价方式，由此，并不能认为【D2】给出了相应的技术启示。

具体理由……

此处，重点分析 D2 中仅仅公开了 d 的什么作用，强调 D2 中如何没有公开 D 在本发明中所起的作用。再结合《专利审查指南》中有关"事后诸葛亮"判断方式的描述，分析得出审查员的上述判断方式是一种"事后诸葛亮"的判断方式。

综上所述，申请人认为，现有技术中并不存在将上述区别特征应用到该最接近的现有技术以解决本发明实际解决的技术问题的技术启示，由此，本领域技术人员在面对本发明实际解决的技术问题时，没有动机将【D1】和【D2】相结合而得到本发明权利要求 1 所要保护的技术方案，该技术方案相对于现有技术是非显而易见的，具有突出的实质性特点。

（二）权利要求 1 所保护的技术方案具有显著的进步

具体理由……

综上所述，申请人认为，权利要求 1 具有突出的实质性特点和显著的进步，符合《专利法》第 22 条第 3 款的规定，具备创造性。

二、有关其他权利要求的创造性

由于权利要求 1 的从属权利要求直接或间接引用了权利要求 1，因此，在权利要求 1 具有创造性的情况下，其他从属权利要求也分别具备创造性。

由于权利要求【　】是与权利要求 1 相对应的【产品】权利要求（假设权利要求 1 是方法独立权利要求，其他独立权利要求是产品独立权利要求），该权利要求中具有与权利要求 1 中相应的技术特征，因此，申请人认为，基于和权利要求 1 具备创造性相同的理由，该权利要求【　】同样具备创造性，其从属权利要求也分别具备创造性。

结尾套话……

3.5.7　上述模板的变形

上述模板重点讨论的都是针对发明点所进行的答复。实践中，也存在针对非发明点的技术特征，审查员也出现了评价错误的情况。此时，要将针对非发明点的技术特征比对、作用比对的反驳意见也体现到意见陈述中。

例如，上述例子中，权利要求 1 中的方案是 A、B、C、D，审查员认为 D1 公开了 a、b、c，分别相当于本发明的 A、B、C，区别特征是 D，审查员认为 D2 公开了 d，d 相当于本发明的 D。

假设本发明技术方案中的 C 是非发明点，但审查员对于本发明 C 的评价是错误的。此时，在上述答复模板中，需要在"权利要求 1 与最接近的现有技术的区别特征及本发明实际解决的技术问题"这部分中论述 C 如何未被 D1 公开。审查员在审查意见中采用了 D1 来评价 C，因此，此处的论述需要提供实质性的理由，从而阐述清楚本发明的 C 和 D1 中的 c 到底如何不同。在确定本发明实际解决的技术问题时，也要将 C 在本发明中所能达到的技术效果考虑进去。

进一步地，在"权利要求 1 所要保护的技术方案对于本领域技术人员来说是非显而易见的"这部分中，也要进一步去论述 D2 如何没有公开 C 这一技术特征。当然，审查员并未采用 D2 来评价过 C，因此，此处的论述仅是形式上的，内容可以比较简单。

另一种情况，假设 D 是非发明点，审查员对于 D 的评价是错误的。此时，在答复模板中需要在"权利要求 1 所要保护的技术方案对于本领域技术人员来说是非显而易见的"这部分中进一步论述 D2 如何没有公开 D 这一技术特征。审查员在审查意见中采用了 D2 来评价 D，因此，此处的论述需要提供实质性的理由，从而阐述清楚本发明的 D 和 D2 中的 d 到底如何不同。

前面给出了 5 种模板及其简单变形。应该注意的是，这些模板并非仅能单独使用，实际工作中，完全可以结合案件的实际情况，也就是所要找的答复突破口，将上述模板组合加以使用。只要这种使用能够满足"三步法"的要求就可以了。

说了这么多模板，其实模板对于答复来说并非是核心要素。对于刚入职的专利代理师来说，模板能提高效率、避免不必要的出错，但从根本来说，我是不倡导受限于答复模板的。模板所体现的仅仅是一种形式，其是一个结合答复的基本要求所形成的框架性内容。在答复创造性审查意见过程中，专利代理师应该更为注重的是实质，也就是自己的答复观点、答复理由。

正所谓"实质高于形式"。

甚至有些时候，为了突出核心答复观点、理由，适度地突破上述模板也是可行的、必要的。

例如，某些时候，为了突出本发明的发明点和现有技术中的相关内容如何不同，可以在答复中首先从本发明所要解决的技术问题出发，以厘清逻辑主线的方式，将发明点所对应的技术特征解释清楚，之后，再按照"三步法"的要求进行论述。

再如，如果针对发明点的评价，审查员是在"三步法"的第三步中以其他对比文件来评价的，而在以最接近的现有技术来评价本发明的非发明点时，审查员也存在评价错误。那么，为了在意见陈述的一开始就能体现专利代理师的核心观点，做到首战必胜，也可以先进行"第三步"的分析，然后，再回归"三步法"的体系中，阐述非发明点如何没有被最接近的现有技术公开，在"第三步"的论述中，再引用之前观点的方式，阐述其他对比文件也没有给出相应的技术启示。

在答复水平逐步提高后，专利代理师应该认识到，答复的形式是服务于答复实质的，要以能够将核心观点清楚、有力地传递给审查员为目标，安排自己的答复内容，不应拘泥于答复形式而使得答复的实质内容被弱化甚至被忽略。

结合上述模板可以发现，其中有一些反复出现的术语。这些术语属于《专利法》《专利审查指南》中就创造性评判时的特定表述，专利代理师在进行意见陈述中，要用对、用准这些术语，通过在法律用语方面的严谨性，体现自己意见陈述的专业性，增加意见陈述的可信度。这些术语也被称为创造性答复中的"法言法语"。

这些"法言法语"包括突出的实质性特点、显著的进步、最接近的现有技术、公开、区别特征、区别特征所能达到的技术效果、本发明实际解决的技术问题、技术启示、区别特征在要求保护的发明中为解决该重新确定的技术问题所起的作用、本领域技术人员、动机、非显而易见、相结合、《专利法》第22条第3款等。在工作初期，专利代理师要注意避免用错这些用语，用错它们虽然不会导致根本性的错误，但是却会使得意见陈述的专业性大打折扣，客户或者审查员对于意见陈述的质量自然也就不那么认可了。随着经验的积累，这种"法言法语"应该成为意见陈述中被自觉使用的内容，这并不是什么难以做到的事情。

第4章

新颖性审查意见答复案例分析

在之前的章节中,对于新颖性、创造性的审查和答复进行了一般性的分析。下面我结合具体的案例来进行实战层面的说明。

4.1 案例介绍

4.1.1 专利申请的内容

该案例是一件涉及菜单数据编辑方法的专利申请。在说明书的背景技术中提及:

在现有的网络游戏系统中,为了使玩家明确知道游戏中的某个游戏对象可以完成哪些操作,游戏开发商通常会将游戏对象的操作类型以菜单的形式给玩家,因此,菜单中所显示的游戏对象的操作类型,也可以称为所述菜单的菜单数据。

玩家可以用外部输入设备,比如,鼠标,选定某个游戏对象,此时,游戏系统界面上就会出现该游戏对象的操作菜单,操作菜单显示了每类游戏对象的操作类型,不同的游戏对象对应的操作也不同,比如,游戏对象为玩家时,可进行的游戏操作为申请好友,进行交易等,游戏对象为怪兽时,游戏操作为进行攻击,查看怪兽信息等,这些操作为游戏开发商针对不同的游戏对象预先设置的操作类型,玩家根据操作菜单中所提供操作类型进行游戏。

比如,游戏对象为怪兽,怪兽所对应的操作菜单中显示了两种操作类型:攻击,查看信息;如果玩家此刻希望去攻击怪兽,那么玩家只需要在游戏对象选定为怪兽的情况下,通过外部输入设备选定操作菜单中的攻击操作,进行相应的游戏动作。

发明人认为,现有游戏系统中,玩家在菜单中可以选择的游戏对象的操作类型是固定不变的,也就是玩家无法对游戏对象的菜单数据进行编辑,这给玩家的使用带来了不便。

比如,一个玩家在游戏过程中,会练就多种攻击技能,而对于怪兽的菜单中往往只有游戏开发商预先设置的攻击技能,玩家无法通过菜单直接调用其新练就的攻击技能,使得游戏系统缺乏灵活性以及可变性,从而导致玩家在游戏中的自主性受限。

基于此,本发明提出了一种菜单编辑方法及装置。其中,方法独立权利要求为:

1. 一种菜单数据编辑方法,其特征在于,所述方法包括:
获取角色标识,及游戏对象类型;
根据所述角色标识,所述游戏对象类型,获取游戏对象的菜单数据;
获取玩家选择的所述游戏对象的操作类型,及所述操作类型的编辑方式;
根据所述操作类型,及所述编辑方式,对所述游戏对象的菜单数据进行编辑。

本发明所提供的方法通过获取输入设备所提供的玩家信息,玩家所选择的游戏对象的操作类型,以及所述操作类型的编辑方式,实现了对游戏对象的菜单数据的编辑,增加游戏系统的灵活性,可变性,简化了玩家操纵游戏的复杂操作,使得游戏操作更为直观,方便,从而使得玩家在游戏中的自主性提高。

落实到本发明所提及的现有技术的场景中,当玩家练就了新的攻击技能时,如果采用本发明的方法,可以获得玩家的信息,之后,获得预添加的新的攻击技能的菜单数据,并确定"添加"这一编辑方式,然后就可以将新练就的攻击技能添加到该玩家所对应的菜单数据中。之后,该玩家就可以直接从菜单中选择新练就的攻击技能实现对怪兽的攻击了。

在该专利申请的说明书中,对独立权利要求的方案进行了如下说明。

本发明所提供的菜单数据编辑方法,包括如下步骤:

步骤101：获取角色标识，及游戏对象类型；

其中，在网络游戏中，同一时间会有大量玩家进行游戏，而每个玩家在同一个游戏系统中也会有多个游戏角色，为了区分同一玩家不同的游戏角色，游戏系统会给每个游戏角色分配一个用于表明身份的角色标识，并且不同的游戏角色可以控制不同的游戏对象；

其中，游戏对象类型包括：玩家、各种类型的非玩家控制角色（NPC）、物品、装备等游戏元素；所述 NPC（Non Player Character）指由游戏系统控制的角色，例如各种类型的怪物，商人，技能导师等。

步骤102：根据所述角色标识，所述游戏对象类型，获取游戏对象的菜单数据；

在网络游戏中，一般会存在多种类型的游戏对象，游戏系统通常为每种游戏对象都提供一个操作菜单，所述操作菜单针对不同种类的游戏对象提供不同的游戏操作，因此，游戏系统中存储了大量的菜单数据，所以在对菜单数据进行编辑前必须根据角色标识，以及游戏对象类型获取相应的菜单数据，在本发明实施例中，每类游戏对象菜单数据中包括系统预先设置的操作类型，以及自定义的操作类型；

步骤103：获取玩家选择的所述游戏对象的操作类型，及所述操作类型的编辑方式；

在本发明实施例中，游戏系统为每类游戏对象设置了多种操作类型，某些操作类型已由游戏开发商设置在该游戏对象的菜单数据中，菜单数据以快捷轮的菜单显示方式，显示在游戏界面上，所述快捷轮通常以一个游戏对象为中心，每个操作类型对应的操作按钮围绕在该游戏对象的周围；

步骤104：根据所述操作类型，及所述编辑方式，对所述游戏对象的菜单数据进行编辑；

其中，当所述编辑方式为添加时，所述对所述游戏对象的菜单数据进行编辑具体包括：

将所述操作类型写入菜单数据中。

其中，当所述编辑方式为删除时，所述对所述游戏对象的菜单数据进行编辑具体包括：

将所述操作类型从所述菜单数据中删除。

在说明书中，还用举例的方式，对于本发明技术方案的具体实现进行了如下说明。

如果游戏角色标识为 M 的玩家想对某一种游戏对象的菜单数据进行编辑，比如，在游戏对象为玩家的菜单数据中添加申请组队的操作类型，则通过监控玩家输入设备的操作，记录输入设备的操作信息，所述操作信息包括：游戏对象类型为玩家，角色标识为 M，操作类型为申请组队，编辑方式为添加；之后，在游戏服务器上下载角色标识为 M，游戏对象类型为玩家所对应的菜单数据，将所述申请组队的操作类型写入菜单数据中。此时，角色标识为 M，游戏对象为玩家所对应的操作菜单中会相应的出现申请组队的操作按钮。

4.1.2 审查意见

针对该专利申请，审查员结合检索出的现有技术，认为该专利申请不具备新颖性。

大家可能会困惑了，前面不是主要讲创造性的答复吗？为什么找了一个新颖性的案例来分析呢？

原因在于以下两点。

第一，如之前所分析的那样，新颖性和创造性是一脉相承的，这种一脉相承在审查和答复过程中的体现，都要以技术特征为分析对象，来判断到底本发明的技术特征是否被对比文件中的内容公开，也就是俗称的特征比对。采用这一新颖性的案例，我们要分析、练习的就是这一特征比对过程，而这一过程对于新颖性和创造性答复都是适用且至关重要的。

第二，尽管审查员针对该案提出的是不具备新颖性的问题，但是在实践答复过程中，在论述了具备新颖性之后，通常还要论述本发明具备创造性。由此，这一案例也是可以用来练习创造性答复。

当然，作为审查意见中的一个重要类型，新颖性审查意见是不可忽略的，这也是要首先分析上述新颖性案例的原因。

下面来看一下审查员在审查意见中是怎么说的。

审查员在审查意见通知书的正文中指出：

对比文件1（《三国志5》加强版攻略）公开了一种档案数据编辑方法，并具体公开如下内容（参见对比文件1第2页第2段）：在游戏中能够根据不同角色，不同游戏对象类型对其档案数据（相当于权利要求1的菜单数据）进行编辑，例如增加、减少性能值，或修改脸谱等（相当于权利要求1的编辑方式），由此可知，从对比文件1公开的上述内容可以直接地、毫无疑义地确定，对比文件1隐含公开了如下档案数据编辑方法：获取角色标识如刘琦、曹操等，及游戏对象类型如君主、武将等；根据角色标识、对象类型，获取游戏对象的档案数据；获取玩家选择的游戏对象的操作类型如智力、武力和脸谱等，及编辑方式如增加、减少、修改（相当于添加和删除）等；根据操作类型、编辑方式，对该游戏对象的档案数据进行编辑。由上述可知，对比文件1公开了权利要求的全部技术内容，二者属于相同的技术领域，用于解决相同的技术问题，并具有相同的预期效果，因此，权利要求1不具备《专利法》第22条第2款规定的新颖性。

审查意见中所指出的对比文件1的内容如下：

《三国志5》（威力加强版）是光荣公司最新推出的传统类三国战略游戏。不敢独享，我特将其新颖之处和新增几回的攻略提供给各位玩家。

游戏开始菜单增加了"武将单挑"和"登录宝物资料"选单。"武将单挑"选单，弥补了游戏中不易见精彩单挑场面的缺陷，单挑分练习赛、淘汰赛和擂台赛三种，最有挑战性的是擂台赛，一名武将可单挑多名，所以像吕奉先❶这样的勇将也最终血洒疆场。不过我在擂台赛曾见吕奉先连挑41名三国大将的骇世之战，老吕一副谁与争锋，傲视天下的姿态，叫老夫也无可奈何。

"登录宝物资料"选单不但满足了"三国"迷们的"寻宝"和"造宝"欲望，也使剧情更加丰富多彩，选单中宝物分书籍、武器、名马、医书和玉玺五项，每项分别有15幅、22幅、7幅、15幅和3幅美丽的插图任你选择。宝物分S、A、B、C和D五级可分别提高武力、智力和政治能力若干点，并且每种宝物可具有至多6种特殊能力。特殊效果方面名马

---

❶ 该对比文件原文文字差错和知识差错较多，为便于读者理解，已作更正。——编辑注

可使撤退成功率100%；医书可使待有人一个月恢复健康；玉玺可提高名声100点，魅力100点。

在"威力加强版"中胜利的条件不再是唯一的统一全国，这给玩家提供了体验不同成功经历的机会，游戏中胜利的条件增添了五项：将特定的武将网罗帐下、攻克特定三个城市、收集特定的宝物、学会全部阵法（君主）和勇名达到1000（君主）。而且限定了完成期限1～50年，当然时间由玩家根据自己的能力决定。游戏中过一段时间，就会公布各位君主任务的完成程度，使玩家对其他对手做到心里有数。

但最让我吃惊的是游戏开始在"功能"菜单中多了"编辑"一项，其内容竟是可随意修改君主档案、城市档案和武将档案。"菜鸟"级玩家定高兴地将FPE、PcTooLs机扔到一边大呼叫好，游戏中各项数值任君修改，如用修改武将档案，将著名的无能之辈"刘琦"作一番加工：武力100、智力100、政治100、魅力100、义气15、野心15、冷静7、勇猛7、勇名10000、经验60000……最后再修改脸谱，将"白面小生"换作"黑脸大汉"，刘琦必大呼："我是谁？"，而关羽等大将必叫屈自刎！不过"编辑"也有其可爱的一面，通过它，我们可以了解原游戏中人物和城市的一些隐含参数，如人物的善恶、相性、义气、野心、冷静、勇猛等性质，城市的最大开发值、最大商业值等。

游戏的剧情在原来的基础上增加了四期：184年5月，流浪的贤人；187年8月，黄巾和南汉；200年1月，官渡之战；213年5月，刘备入蜀，我苦战一周，逐一爆关，现将四期中玩家最感兴趣和难度最大的新君主完成大统的攻略要点奉献给各位玩家。

设计新君主时，应选智谋型，将政治和魅力两项参数尽力提高。然后在设计9名要带的武将时可选择智谋型和豪杰型各半。智谋型大将最好将政治和智力值调到90以上，在游戏中一上场就是军师，可带兵2万，并在运用外交策略时胜率较大，豪杰型大将当然是武力和智力值最重要，作战时不易中计，军事工作效率也高，最后给每个大将（包括你）"制造"5名儿女，年龄14岁。一年后，他们会纷纷加入你的麾下，哈哈！别高兴得太早，准备好银两赏赐才可不使人才流失。因为新登录的武将没有特殊技能，所以战争中合理使用各种阵法和战术就成了以弱胜强的法宝。

4.2 案例答复的过程分析

4.2.1 整体工作顺序

按照之前提及的工作顺序,专利代理师应当首先粗看审查意见,明确答复期限。当然,在这一粗看的过程中,还要大体看一下审查员的评价方式是否符合基本的审查要求。如果不符合,那么这个审查意见就有很大的问题,专利代理师答复起来相对就简单一些。

在该案例中,专利代理师要看一下审查员是否针对本发明独立权利要求中的各个技术特征,采用现有技术的内容进行了逐一的特征比对,即在审查意见中是否有对比文件中的"谁""相当于"本发明中的"谁"这样的论述。这是特征比对的一个基本要求。实践中,有可能会遇到,审查员引出对比文件,但仅仅笼统地说对比文件中的方案公开了本发明的方案,这样的评述方式,没有落实到权利要求中一个个的技术特征进行分析,实际上没有完成特征比对,从审查质量上来说是有问题的。

再如,我们还要看一下审查意见是否符合基本的法律要求。在评价新颖性时,审查意见是否对技术方案、技术问题、技术效果、技术领域这四方面的要素都进行了评价,而在评价创造性时,审查意见是否对突出的实质性特点和显著的进步都进行了评价。明确这一点的意义在于,可以整体清楚对手的实力情况。如果审查意见中都没有按照基本的法律要求来进行分析,那么,这个对手的专业性往往存在问题,专利代理师可以随之建立更强的答复通过的自信。当然,这样的自信并不是导致案件答复通过与否的决定性要素。那么,为什么还要有这样的自信呢?

前面说过,答复要有气势,而这个气势源自专利代理师要有足够的自信。自信并不是一下就建立起来的,要通过点点滴滴的积累,将从本发明不能获得授权的沮丧心境中逐步改变、加强为本发明肯定符合专利授权条件这一心理状态。上述粗看审查意见是否专业的过程,其实就是在寻找上述提及的点滴自信的过程,这样的自信虽不是决定性的,但如果它能为自己最终强大的自信添砖加瓦，获得这样的自信当然就是有必要了。

4.2.2 寻找答复突破口

处理这个审查意见的第二步，是仔细研读本发明的专利申请文件，研读的目的在于通过分析逻辑主线，找到本发明的核心发明点。

不难发现，本发明的核心发明点在于针对菜单这一特定的对象进行编辑。落实到权利要求中，对应的技术特征为菜单数据和编辑动作。

找到上述发明点后，就可以仔细分析审查意见中对发明点相关特征的评价是否正确了。

对于菜单数据这一特征，审查员认为相当于对比文件1中的档案数据，而对于编辑动作，审查员认为对比文件1中的增加、减少性能值相当于该编辑动作。这样的"相当于"显然是牵强、有问题的。当然，即使专利代理师初步看了审查意见后，没有发现针对发明点的评述存在错误，也不能轻易放弃。要以发明点作为答复的救命稻草，一遍遍地分析到底是否能找出本发明的发明点和现有技术中相应技术特征的不同所在，看一遍不行就两遍，一天找不到就找两天，直到找到为止，这种"坚持"很重要。

回到该案例中。对于菜单数据，结合本发明说明书的记载，菜单数据是菜单中所显示的游戏对象的操作类型，属性上来说是一种体现操作的数据，而对比文件1中的档案数据，则是游戏角色中例如智力值、武力值这样的静态属性值，并不是操作的数据。对于编辑动作，本发明中是在菜单数据中添加或者删除玩家所选择的操作类型，是对于一个操作类型整体的添加或者删除，这一编辑动作是在游戏对象的菜单数据中实现项目的增删；而对比文件1中，所谓"编辑"，则是一种对于编辑对象的数值调整，并不是对游戏角色增加出新的智力值、武力值项目，或者将游戏角色本身所具有的智力值、武力值项目删除掉。

结合上述分析可见，对比文件1中并没有公开本发明的发明点。由此，找到了核心的答复突破口。

当然，对于非发明点所对应的技术特征，也应当质疑审查意见中的特征比对是否正确，只不过这种质疑并不是主要的，针对特征比对的质疑、答复，是以发明点为核心来进行的。

对于上述案例来说，角色标识、游戏对象类型并非是本发明的发明点，但针对这两个特征的特征比对，审查意见中的结论也是有错误的。这个问题我会在对该案例的意见陈述的分析中逐一进行讲解。

4.3 针对"菜单数据"答复的多版本分析

结合上述找到的针对发明点的答复突破口，我们来分析以下几个版本的意见陈述。

4.3.1 版本一的分析

版本一的答复如下。

> 权利要求1请求保护一种菜单数据编辑方法。对比文件1中确实隐含公开了获取角色标识如刘琦、曹操等，及游戏对象类型如主君、武将等，根据角色标识、对象类型，获取游戏对象的档案数据智力、武力等，而对比文件1中修改档案数据等均是进行数值参数的修改，是对一种特定的操作类型进行编辑，而本发明获取游戏对象的菜单数据，是对玩家所选的游戏对象的操作类型进行编辑，与对比文件1的编辑内容并不相同；对比文件1中编辑方式为增加、减小等是以写入为基础，而本发明中添加、删除代表了写入和删除两种状态，对比文件1中的编辑性质与本发明并不一致，因此本发明具备专利法中规定的新颖性。

我们可以姑且不看这个版本的答复内容，只看形式，这个版本就存在很多问题。

（1）形式问题。

首先，在进行意见陈述时，还是需要"客气"一下的。这种"客气"体现为，在意见陈述的开始，要客气地称呼审查员，之后大体说明申请人已经仔细阅读了审查意见通知书。

例如，我们可以采用如下内容来作为意见陈述的开始。

> 尊敬的审查员您好：

感谢您对本专利申请的认真审查，申请人在仔细阅读了您的审查意见后，对您提出的意见答复如下。

这样的内容虽然并非什么实质性的内容，但出于规范性以及商务礼仪的考虑，这样的"客气"还是必要的。作为专利代理师，即使发现审查员发出的审查意见再怎么不对、再怎么不合理，在意见陈述的开始，该客气还是要客气的。

其次，上述版本一的意见陈述内容中，并没有严格遵循之前提到的"依法依规"来进行陈述。这体现为，在讨论新颖性问题时，在意见陈述中要分别针对本发明和对比文件在技术方案如何不同、技术问题如何不同、技术效果如何不同进行分析。但是，在上述版本一中，并没有单独针对技术问题、技术效果所进行的分析，而对于技术方案的分析，也仅仅是讨论了本发明的技术特征如何没有被对比文件公开，并没有从技术特征没有被公开最终落实到技术方案不同这一所需的结论上去。在意见陈述最终得出本发明具备新颖性这一结论时，也没有以技术问题不同、技术方案不同、技术效果不同作为"因"，来得出本发明权利要求1具备新颖性这一"果"，从而没有做到按照《专利审查指南》的要求，规范地论述本发明具备新颖性。

当然，版本一的意见陈述还存在最终没有紧扣法条的问题。按照《专利法》和《专利审查指南》的要求进行规范化的分析、论述，其目的在于最终能够以这些规划的内容来对应《专利法》中的具体法条要求。由此，在意见陈述中得出某个结论性意见时，要紧扣法条。这种紧扣法条并不是泛泛地说明符合《专利法》的规定，而是要紧扣《专利法》中某条某款的具体规定。

例如，在得出具备新颖性这一结论时，专利代理师在意见陈述中就应该指出"该权利要求1符合《专利法》第22条第2款的规定，具备新颖性"。版本一中仅仅说明了"具备专利法中规定的新颖性"，没有给出具体的法条，这样表述是不严谨的。

除了形式上存在如上分析的问题之外，版本一的实质内容也存在不妥之处。这个不妥体现为版本一中说了不该说的话。

（2）实质内容的分析。

意见陈述中哪些话该说、哪些话不该说，决定因素是专利代理师所处的立场。作为专利代理师，其立场是站在专利申请人一方，尽可能为专利申请人谋求合理的利益。这就决定了，对于专利申请人有利的话，在意见陈述中要说，而且要充分地说；而对于专利申请人不利的话，在意见陈述中就不要说，即使这个话确实是事实，也可以选择不说。

例如，在上述版本一中，估计专利代理师是认可审查员有关隐含公开的结论的，由此陈述了"对比文件1中确实隐含公开了获取角色标识如刘琦、曹操等，及游戏对象类型如主君、武将等，根据角色标识、对象类型，获取游戏对象的档案数据智力、武力等"这一内容。尽管这一内容后续还有"而"这一转折性的内容，但仅就这一内容本身来说，却是没有必要甚至不应该说的。

这个内容没有必要说，是因为这一内容完全是对审查员观点的重复。要知道，专利代理师所做的工作的主要目标是反驳，是站在申请人立场上来反驳审查员的观点。单纯地重复审查员的观点，起不到反驳审查员观点的作用，这和专利代理师所处的立场是相反的，也实现不了自己的主要目标。

这个内容不应该说，是因为对于审查员观点的认可，相当于无形中放弃了某个可能存在的答复突破口。这种"放弃"在此次答复中不一定是正确的，更为重要的是，这种错误的主动"放弃"会对后续审通答复、复审乃至专利无效宣告请求的答复，产生不利的影响。

例如，在该案中，对比文件1中到底是不是真如审查员所指出的那样，"隐含公开"了其指出的内容，就是存在问题的。即使在此次答复中没有发现这一问题，但如果不主动承认审查员所指出的"隐含公开"，即并不陈述版本一中的"确实隐含公开了……"这一内容，那么，在后续审通答复过程中，还是可以针对这一内容来反驳审查员的观点的。相反，如果进行了自认，后续要反悔就不那么容易了。套用一句电视剧里面常说的台词，在意见陈述中"你有权保持沉默，但你所说的每一句话都可以在法庭上作为指控你的不利证据"。

至于对比文件1中到底如何没有"隐含公开"，我后续会进行分析。

说到立场问题，假设一种情况供大家思考。如果分析发现，审查意见中审查员所指出的对比文件相应位置的内容并没有如审查员所说的那样公开了本发明的相应技术特征，但对比文件中未被审查员所引用的相应内容却和本发明的相应技术特征更为类似，那么，是否要指出对比文件中包括这个未被引用的内容，并且采用这一内容和本发明的技术特征进行对比呢？

版本一由于基本的形式要求都未能满足，对其实质的意见就先不进行分析了。当然，还存在另一种形式上不满足要求的意见陈述，这种意见陈述表现为没有针对新颖性所要求的不同要素进行单独分析，而是将这些要素混合在一起进行分析，从而使得整个论述看起来十分混乱。下面的版本二就是此种情况。

4.3.2 版本二的分析

版本二的答复如下。

尊敬的审查员：

您好！感谢您对本专利申请的审查，申请人在认真研究审查意见以及本专利申请后，对您的意见答复如下。

申请人认为，本发明权利要求1具备新颖性，具体理由如下：

本发明的权利要求1请求保护一种菜单编辑的方法。对比文件1（《三国志5》加强版攻略）虽然公开了一种档案数据编辑方法，但对比文件1中的编辑档案数据，是根据游戏玩家的选择，对游戏开发商对游戏角色预设的角色档案进行编辑。简单来说，在对比文件1中，游戏玩家可以对游戏角色例如武力、智力这样的档案值进行调整。这种对于游戏预设的角色档案数据所进行的修改，破坏了游戏的公平性。

而本发明权利要求1中所保护的方案，是根据玩家的需要，来增加或减少相应的操作类型，例如，增加用户新练就的攻击技能或者将玩家不再需要的攻击技能从菜单中删除。本发明所保护的方案，并不对游戏预设的角色档案进行调整，没有改变游戏开发商预设的游戏数据，没有破坏游戏的公平性。

由此可见，本发明所采用的技术手段与对比文件1中所采用的不是同一个技术手段，二者技术方案不同；其次，本发明解决的技术问题预期效果与对比文件1中解决的技术问题预期效果相比也更胜一筹，更好地提高了游戏系统的灵活性和可变性。因此，本申请权利要求1中的技术方案并没有被对比文件1公开或隐含公开，同时，本申请实际要解决的技术问题与技术效果，均与对比文件1有着本质的区别。申请人认为，本申请的权利要求1具备新颖性，符合《专利法》第22条第2款的规定。

在上述版本二中，尽管相对于版本一有所改进，增加了意见陈述开始的套话、最终紧扣了《专利法》第 22 条第 2 款这一法条，但是，在实质内容上的陈述，却没有做到按照《专利审查指南》的审查要求，条理清晰地进行论述，从而从实质内容的组织形式上来说，仍然是不符合要求的。

4.3.2.1 技术方案、技术问题、技术效果应分开论述

具体而言，版本二中将《专利审查指南》中所要求对比的技术方案、技术问题、技术效果这三个要素混合在一起来论述了。

在版本二论述新颖性的部分中，专利代理师首先分析了对比文件 1，介绍了对比文件 1 的技术方案，并给出了对比文件 1 的方案"破坏游戏公平性"这一结论。"破坏游戏公平性"貌似是一个效果性的内容，但又貌似不是，因为这是一个负面的评价，我们总不能说一个方案所能解决的问题、所能达到的效果是一个负面的结果吧。专利代理师之后分析了本发明，相应地讲解了本发明的技术方案，并给出了本发明不会破坏游戏公平性这一结论。结合对于对比文件和本发明的分析，专利代理师给出最终具备新颖性的结论性意见了。

看到这样的意见陈述，我的疑惑是，到底在哪里比较了本发明和对比文件的技术方案不同，哪里比较了技术问题和技术效果不同呢？如果说在介绍对比文件和本发明时，就是在进行技术方案不同的比较，那么，技术问题不同，技术效果不同的比较到底在哪里呢？貌似无法从该意见陈述中很容易找到针对这两个内容所进行的比较。换句话来说，我们从该意见陈述中找不到单独分析本发明所要解决的技术问题是什么、对比文件所要解决的技术问题是什么以及二者如何不同这样的分析内容。类似地，也找不到针对本发明和对比文件在技术效果上的单独分析、对比的内容。看了以上分析后，完成这个意见陈述的专利代理师可能感到比较冤枉，"我"写了对比文件和本发明的效果了啊，怎么能说"我"没说呢？

殊不知，这位专利代理师所分析的"有益效果"，其实并非是真正的有益效果。

结合之前的介绍可以发现，在该意见陈述中具有效果性质的描述就是之前提及的"公平性"这一内容。对于对比文件来说，专利代理师给出了其破坏

游戏公平性这一分析结果,但由于效果通常都应该是更优、更好的结果,显然,"破坏游戏公平性"显然不能作为对比文件1所能达到的技术效果。而在对本发明的分析中,专利代理师仅仅是提及了本发明没有破坏游戏公平性,这仅能说明本发明并不存在对比文件1所具有的缺点,没有给出本发明到底存在何种进步或优点。由此也可以看出,专利代理师对于本发明的分析中,也没有给出有益效果方面的分析结论。在专利代理师没有对本发明和对比文件进行有益效果层面分析的情况下,自然也就不会存在将二者进行对比的内容了。由此可以得出,这位专利代理师其实是没有进行有益效果层面的对比的。我们所需分析的有益效果,应该是本发明和对比文件各自所能达到的更优效果,所需分析的技术问题也应该是本发明和对比文件各自所能解决的技术问题。我们不能以对比文件存在缺点,而本发明不具有这样的缺点来替代技术问题、技术效果的对比。

进一步地,就算是这位专利代理师在介绍本发明和对比文件方案的过程中分析了二者的有益效果,我也不建议这样进行意见陈述,因为这样有可能会导致意见陈述的结构不清晰、条理混乱。从意见陈述的表达方式来看,专利代理师应将技术问题、技术效果方面如何不同的分析独立于技术方案的对比来单独进行介绍,从而使得该意见陈述能够结构清晰地表达出专利代理师分别进行了技术方案、技术问题、技术效果等多个方面的分析对比,这样意见陈述从表达上来看"区别"更多,这样的意见陈述能够更好地对应《专利审查指南》中关于新颖性判断的四要素的判断要求。当然,实际工作中,审查员所找出的对比文件的技术领域和本发明通常是相同的,由于我们针对技术领域几乎并无反驳审查员的可能,在实践中通常也就不会在技术领域方面进行意见陈述。

为了克服版本二中的上述问题,应该做到的是,针对技术方案、技术问题、技术效果分别进行本发明和对比文件的对比分析。由于技术方案的对比在新颖性判断中处于决定性的地位,一般来说,应当将本发明的技术方案如何同现有技术不同放在意见陈述的一开始进行分析。由此,针对上述案例,可以形成以下答复架构。

表达感谢的套话……

一、申请人认为,本发明权利要求1具备新颖性,具体理由如下:

1. 本发明权利要求1的技术方案和对比文件1所公开的技术方案并不

相同。

（1）本发明权利要求1中所具有的"菜单数据"这一技术特征并不相当于对比文件1中的"档案数据"；

具体理由……

（2）本发明权利要求1中的"编辑"并未被对比文件1中的相应内容所公开；

具体理由……

（3）权利要求1中其他技术特征未被对比文件1所公开；

具体理由……

综上所述，本发明权利要求1中包括了对比文件1未公开的技术特征，权利要求1所保护的技术方案和对比文件1所公开的技术方案不同。

2. 本发明权利要求1所要解决的技术问题，和对比文件1技术方案所要解决的技术问题并不相同。

本发明权利要求1的技术方案，所要解决的技术问题是【　】，针对该技术问题的实质含义进行解释。

对比文件1所公开的技术方案，所解决的技术问题是【　】，出于对比得出"不同"的目的，有针对性地解读对比文件1所解决的技术问题。

由此可见，本发明所要解决的技术问题和对比文件1的技术方案所要解决的技术问题不同。

3. 本发明权利要求1所能达到的技术效果，和对比文件1所公开的技术方案所能达到的技术效果并不相同。

具体理由……（技术效果一般是和技术问题相对应的，因此，在之前已经论述了技术问题不同的情况下，对于技术效果如何不同的分析可以简略进行）。

综上所述，申请人认为，本发明权利要求1和对比文件1相比，在所采用的技术方案、所要解决的技术问题、所能带来的技术效果上均不相同，因此，本发明权利要求1具备新颖性，符合《专利法》第22条第2款的规定。

4.3.2.2　按照"以我为主"来论述

对于版本二，我们还需要注意，在进行特征比对时，这个版本没有做到"以我为主"。

（1）"我"是本发明权利要求中某个明确的技术特征。

谈到"以我为主"，首先要明确这个"我"是谁。

在进行特征比对时，这里的"我"是本发明权利要求中所具有的一个个技术特征。在版本二中，虽然也介绍了本发明的技术方案，但是，没有明确以权利要求中的哪个技术特征作为讨论对象来分析其如何没有被对比文件公开。这样做的结果，只能实现技术方案的整体对比。技术方案的整体对比难道不对吗？还真可能不对。

如果没有一个讨论对象是本发明权利要求中技术特征的概念，而是仅以本发明的整体技术方案作为对象进行分析，那么，在实务操作过程中，有可能将那些并没有记载于权利要求中的技术特征也作为本发明技术方案"整体"的一部分而介绍出来，并拿这样的内容和对比文件进行对比。这样的对比即使能够得出"不同"这样的结论，审查员也是不会认可的。因为这种不同，根本在权利要求中没有出现啊。为此，为了避免出现上述过度"整体"解读本发明技术方案的情况，专利代理师有必要在进行技术方案对比时，首先明确权利要求中所要讨论的特定的技术特征，以其作为讨论对象，将其和现有技术进行对比分析。

从意见陈述的规范性和针对性来说，技术方案的"整体对比"也是不妥当的。说到规范性，我们可以看一下规范的审查意见是如何进行技术方案的比对的。例如，在上述案例中，审查员针对权利要求中一个个的技术特征，分别采用对比文件中的相应内容来说明其如何被现有技术所公开，这是规范的特征比对方式。在答复的过程中，也应该按照这样的方式进行特征比对。这样的特征比对不但符合规范性的要求，也会由于恰恰针对权利要求中的特定技术特征来回应审查员的相应观点，意见陈述才能够实现针对性的反驳这一目标。

实际上，我所反对的并不是技术方案的整体对比，新颖性本来就是拿本发明权利要求的技术方案和现有技术的技术方案进行整体对比。我所反对的是那种脱离权利要求、没有特定目标的笼统的"整体对比"。

为了实现"以我为主"来进行特征比对，在实务操作中，可以有一个"立靶子"的习惯。

在意见陈述中讨论本发明的方案如何与现有技术不同时，要首先明确所要讨论的是权利要求中的哪个技术特征，针对这个技术特征表明自己的观点，即该技术特征没有被对比文件公开。之后给出理由对该观点予以支撑，从而反驳审查意见中对该技术特征的比对结果。明确所要讨论的某个技术特征，即这里所说的"立靶子"。在这个靶子的问题解决之后，再去立下一个靶子，即权利要求中其他没有被对比文件所公开的技术特征，以这样的方式，立好、打好一个个靶子，最终用多个靶子都打中的结果，也就是本发明权利要求中具有一个一个没有被现有技术所公开的技术特征，得出本发明技术方案和现有技术的技术方案不同这一结论。

回过头来，再继续说"以我为主"。对于"以我为主"中的这个"我"跑偏更严重的一个情况，体现为所讨论的不是技术方案而是技术方案的效果。

很多时候，发明人会强调本发明能够带来某个更优的技术效果，专利代理师沿着发明人的思路，在进行特征比对时，也仅是强调了本发明所解决的问题、所能达到的效果如何与现有技术不同，并没有在技术特征如何没有被公开上进行分析，这样的"特征比对"就更跑偏了。

这种"跑偏"在新颖性比对上危害性还不大，毕竟新颖性也是要求进行问题和效果比对的，充其量审查员只会认为在技术方案比对中错误地放进了问题和效果的比对而已。但是在创造性答复时，这样的"跑偏"的特征比对问题就比较大了，尤其是在和最接近的现有技术进行特征比对时，如果仅仅进行了问题、效果的比对，那么，实际上是没有完成确定区别技术特征的评判过程的。这个问题后续还会讲。

结合上面的分析，"以我为主"的第一个要求就是要"落实"，一定要将我们所讨论的对象落实到权利要求中的特定技术特征上，立好靶子，有针对性地"开枪"。

(2) "以我为主"意味着从本发明出发进行分析。

"以我为主"的第二点要求，实际上是提出"以我为主"的本质目标。这个要求是，要从本发明出发而不是从对比文件出发去论述本发明权利要求中有什么而对比文件中没有"它"。相反地，不要从对比文件出发去说明对比文件中有什么而本发明没有"它"，原因在于，尽管这样做貌似也能得出本发明和现有技术不同的结论，但是这个不同却是一种假"不同"，不是我们需要的"不同"。

例如，在版本二中，其首先讲解了对比文件公开的内容是什么，进而得出对比文件中公开了对角色档案进行编辑的技术特征。之后，该意见陈述分析了本发明的技术方案，为了体现本发明方案和对比文件方案的"不同"，强调了本发明中并没有对角色档案进行调整。这样的分析结果貌似说明了本发明和现有技术不同，但严格意义上来说，这种"不同"是本发明没有公开对比文件中相关内容的"不同"，而非对比文件没有公开本发明中相应技术特征的"不同"。前者的"不同"只能说明对比文件相对于本发明来说具备新颖性，后者的"不同"才是论述本发明相对于对比文件具备新颖性所需要的。我所说的"以我为主"，当然是指新颖性所要讨论的目标是本发明而非对比文件，由此，版本二中这种从对比文件出发去论述对比文件中有什么而本发明中没有"它"的方式，是新颖性答复过程中的错误分析方式。

  我建议的"以我为主"答复方式，是从本发明权利要求中的技术特征出发，首先讲解该技术特征是什么，然后有针对性地分析对比文件中所公开的内容如何与该技术特征不同，从而得出本发明中具有某一技术特征而对比文件中并不具有该技术特征的结论，由此进一步得出新颖性所要求的技术方案不同的结论。

  有人可能会提出，这个"以我为主"不对，审查员在审查意见中就是从对比文件出发来和本发明进行对比的，这不是那个"以我为主"啊。没错，审查员在审查意见中是这样分析的，他这样分析的主要原因在于，他和专利代理师的立场正好相反。对于审查员而言，他的目标是要证明本发明权利要求的技术方案属于现有技术，证明对比文件中有什么而这些内容恰恰就是本发明的内容。实质上来说，他要分析的就是对比文件所对应的现有技术，然后去说明这个现有技术就是本发明。如果能够得出这样的结论，那么审查员就能够通过从对比文件出发的"以我为主"，来说明对比文件"有"而本发明也"有"了。专利代理师的立场和审查员正好相反，我们的目标是要证明本发明中"有"而对比文件中"无"，从"有"的对象是本发明而非现有技术出发，我们的"以我为主"自然也就应该是本发明而非现有技术了。

  当然，从本发明出发的"以我为主"，并非是结合法律法规要求的一个硬性规定，只是实务中的一个操作技巧而已。如果能够避免出现论述对比文件"有"而本发明"无"的情况，貌似从对比文件出发开始去论述也没有什么根本性的问题。当然，即使是从对比文件出发开始进行论述，也最好在这一论述的开始首先亮明观点,指出自己认为本发明权利要求中的哪个技术特征没有被对比文件所公开,好让审查员知道针对对比文件的分析到底是对应本发明哪个技术特征的对比来进行的;否则,有可能进行了很多对比文件中的内容分析,审查员也不清楚专利代理师到底要拿这些内容来比对权利要求中的哪个技术特征,这会使得专利代理师的意见陈述的论述针对性不强、可读性偏差。

4.3.3 版本三的分析

继续来看版本三,版本三中主要讨论"掰开了""揉碎了"中的"揉碎了"。

"揉碎了"是指要有充足的理由来支撑自己的观点。直观上说,就是针对特征比对要有一定篇幅的内容来进行分析,别几句话就完事了,更不能仅罗列证据。

好吧,不是说不能几句话就完事了吗?有的专利代理师就撰写了如下的特征比对内容。出于简略的需要,我仅将意见陈述中特征比对的内容列出。

版本三的答复如下。

> 申请人认为,本申请中的"菜单数据"和对比文件1中的"档案数据"明显不同。
>
> 本申请中的菜单数据所包括的是游戏对象的操作类型,比如,游戏对象为玩家时,操作类型为密语、跟随、申请组队等,游戏对象为怪兽时,操作类型为攻击等。而对比文件1第2页第2段具体公开了:但最让我吃惊的是游戏开始在"功能"菜单中多了"编辑"一项,其内容竟是可随意修改君主档案、城市档案和武将档案。……游戏中各项数值任君修改,将著名的无能之辈"刘琦"做一番加工:武力100、智力100、政治100、魅力100、义气15、野心15、冷静7、勇猛7、勇名10000、经验60000……最后再修改脸谱,将"白面小生"换作"黑脸大汉",可见,对比文件1中的档案数据和本发明中菜单数据具有很大的不同。
>
> 本申请和对比文件1编辑也不相同。本申请是在游戏对象的菜单数据中增加或删除游戏对象的操作类型,使得在游戏对象的菜单数据中有或没有某一操作类型,例如,当游戏对象为玩家时,可以增加或删除攻击这一

操作类型。而对比文件1是在游戏角色的属性如武力、智力、经验等都存在的情况，只是对这些属性值的大小进行修改，或者是对脸谱这一已经存在的对象进行修改。由此可见，本发明中的"编辑"和对比文件1中的编辑明显不同。

版本三中，虽然从字面上来说增加了一些本发明和对比文件不同的说明，但这些说明仅仅是一些现有证据的罗列而已，并非是我们在阐述如何"不同"时所需要的分析。

具体而言，版本三在解读菜单数据时，仅是明确了菜单数据所包括的是操作类型，并结合说明书中所给出的具体实施例，讲解了操作类型可以是密语、攻击等操作类型。这样的内容，可以说仅仅是对本发明中客观存在的技术特征的罗列而已，缺少针对如何"不同"方面有针对性的分析。对于档案数据的介绍，版本三中则更加缺少分析过程了。这位专利代理师仅仅是将审查员所指出的对比文件1中的相应内容进行了罗列，根本就没有进行任何分析解读。

如果只是罗列证据而不进行相应的"不同"方面的分析，那么是无法起到说服审查员的作用的。

要知道，作为专利代理师，所罗列的那些证据，审查员也看到了，但是，结合这些证据，审查员所得出的是本发明中的技术特征和对比文件中的相应内容"相同"，凭什么只是罗列同样的证据，审查员就能从之前的"相同"转变为专利代理师所需要的"不同"呢？有人可能会说，"审查员结合'我'列出的内容，很容易就能看出、就能理解二者的差别啊"。这就太一厢情愿了。

凭什么让审查员主动去理解啊，还是得按照专利代理师需要的"不同"的方向去理解啊。文字上没写如何"不同"，审查员仅结合所罗列出的内容，自然不会、更不可能去理解专利代理师所需要的"不同"。专利代理师要做的，是结合客观的证据、利用自己有针对性的分析，不但把如何"不同"说出来，更要充分地强调出来。

对于"揉碎了"去说，要注意方向性的问题。别"揉碎了"半天，最后却朝着本发明和现有技术"相同"这一方向去了，这就跑偏了。

例如，如下分析内容虽然一定程度上"揉碎了"，但是却犯了方向性的错误，不经意间，把本发明和对比文件1的内容往"相同"方向去说了。

第4章 新颖性审查意见答复案例分析

申请人认为，本发明的菜单数据编辑方法和对比文件1中的档案数据编辑方法并不相同。

对比文件1公开的档案数据编辑方法是对不同角色、不同类型的档案数据的修改。不管是改变脸谱还是改变智力、武力等数据，改变的皆是<u>游戏开发商设计</u>在<u>操作菜单</u>上的<u>操作类型</u>的数据，即，默认的<u>菜单的数据</u>。而本申请提供的菜单数据编辑方法所要改变的<u>正是</u>游戏<u>菜单</u>，也就是改变游戏对象的菜单，增添游戏开发商<u>并未设计</u>在游戏菜单上的操作类型，删除游戏<u>开发商设计</u>于游戏菜单上的<u>操作类型</u>，所以对比文件1的编辑方式与本申请的编辑方式是有很大的区别的。

在上述内容中，专利代理师分析对比文件1时进行了几处强调（下划线是我添加的，并非上述内容原本所具有的）。

第一处，其指出对比文件1中所改变的是菜单的数据。这个方向性问题就很明显了。专利代理师的目标是要说明本发明中的"菜单数据"和对比文件1中的"档案数据"不一样，如果专利代理师自己将对比文件1中的档案数据都解读为菜单的数据（姑且认为这里面的"的"是想和"菜单数据"作区分的），那还怎么能说明"菜单数据"和"档案数据"不同呢？更加"过分"的是，这位专利代理师在解读本发明时，还特别说明了本发明的方案所要改变的正是游戏菜单。用"正是"这一表述，不就是有意将本发明和对比文件的内容往"相同"方向上靠吗？我真的怀疑这个专利代理师是不是审查员派来的"内线"了。

第二处也体现了这位专利代理师的"叛变投降"。这位专利代理师指出了对比文件所改变的是"操作类型"的数据，而在解读本发明时，其所解读的"添加、删除"的对象则恰恰也是"操作类型"。这就更加往本发明和对比文件1"相同"的方向靠了。

当然，上述内容中有一处能够体现出本发明和对比文件1的区别，但是，这个区别很隐蔽、很细节，甚至有可能被忽略。在对对比文件1进行解读时，专利代理师指出其改变的数据是游戏开发商设计的数据，而相对应地解读本发明时，专利代理师指出改变游戏对象的菜单，是添加游戏开发商并未设计在游戏菜单上的操作类型，或者删除游戏开发商设计于游戏菜单上的操作类型。我们姑且不论对于本发明的解读是否正确,仅就这位专利代理师所指出的"不同"进行分析。专利代理师所指出的不同估计也就是在于本发明中的数据是"未设计"的数据,而对比文件的数据是已经"设计"的数据吧。但是,其论述中并没有特别去强调这个"设计"和"未设计",从而使得即使这样的区别确实存在,也不太容易被人发现。更何况,专利代理师在解读本发明的"删除"时,又说明了删除的数据是开发商"设计于"游戏菜单的操作类型,这和对比文件中的"设计在"又相同了。因此,这位专利代理师的论述,一方面,所要指出的区别过于隐蔽,也没有通过特别强调将这一本就隐蔽的内容突出强调出来;另一方面,又通过另外一处描述,抵消了之前所提及的区别,从而使得该区别到底能不能成立都不够稳定。

更为重要的是,即使专利代理师真的要论述"设计"和"未设计"上的区别,也没有必要先进行"菜单数据""操作类型"上相当于这样的自认——这种自投罗网式的"相同"的自认,不会使"设计"和"未设计"的"不同"更为明显,对于指出本发明和对比文件的不同并无积极作用,更何况这种相同根本就不成立。

由此可见,在"揉碎了"进行分析时,所要做的是针对本发明和对比文件如何"不同",进行有针对性的展开分析。

4.3.4 版本四的分析

4.3.4.1 版本四的答复内容

相对来说,我认为版本四在陈述如何"不同"的方面,分析得较为充分,版本四进行特征比对的陈述如下。

审查员认为对比文件1(《三国志5》加强版攻略,以下简称"D1")中的"档案数据"相当于权利要求1中的"菜单数据",申请人认为该"相当于"并不成立,具体理由如下:

第一,从数据的动、静属性来分析,本发明的"菜单数据"并"不相当于"对比文件1中的"档案数据"。

在权利要求1中,菜单数据中所包括的是游戏对象的操作类型,而游戏对象的操作类型,顾名思义指的是游戏对象在玩家的控制下能够完成的动作类型,例如,游戏对象为怪兽时,操作类型可以为攻击;游戏对象为玩家时,操作类型可以为密语、跟随、申请组队。由此可见,菜单数据的数据内容是游戏对象的动作,该数据内容是具有运动属性的。

而从对比文件1所公开的"档案数据"的数据内容来看,其是以武力值、智力值这样的静态数值,以及脸谱这样的静态图案,以静态属性实现对于游戏对象进行静态人物画像。此种虚拟游戏世界中对于游戏对象的静态画像,类似于现实世界中的个人档案,例如,武力值、智力值类似于个人的学历程度,脸谱则类似于个人档案中所附的个人照片。对比文件1中所公开的这些静态属性的数据,并非是动作,其数据内容均是"静止"的而非"运动"的。

由此,申请人认为,本发明的"菜单数据"的数据内容具有"运动属性",而对比文件1的"档案数据"为"静止属性",本发明中的"菜单数据"并不相当于对比文件1中的"档案数据"。

第二,从数据构成是否可以调整来看,本发明中的"菜单数据"也和对比文件1中的"档案数据"完全不同。

从数据构成来看,本发明中的"菜单数据"由操作类型构成,即,多个不同的操作类型形成菜单数据。结合本发明所提供的方案,本发明中是能够对"菜单数据"的数据构成进行编辑更改的。例如,可以针对菜单数据,增加新的操作类型或者删除不用的旧的操作类型,从而使得菜单数据的数据构成发生相应的改变,实现数据构成的调整。

而对比文件1中的档案数据,从数据构成的角度来讲,是由"智力值""武力值""脸谱"这样的属性项目作为其数据构成。显然,即使对比文件1中能够进行所谓的"编辑",但此种"编辑"也不可能对档案数据的数据构成进行改变,其所能改变的仅仅是某个数据构成的取值或设定而已。例如,对比文件1中,不可能删掉作为档案数据的数据构成之一的武力值或智力值,只能对武力值或智力值的数值大小进行调整。由此可见,对比文件1中的档案数据,其数据构成是不可被调整的。这类似于现实世界中的个人档案,在个人档案包括学历信息和个人照片的情况下,即使我们可以修改档案中的学历信息、个人照片,也不可能将档案表中的"学历""照片"这些项目删除掉或者新增原本没有的项目。这些构成档案的"项目"是固定的，不可变的。由此，申请人认为，本发明中的"菜单数据"，其数据构成是可以调整的，即，可以对菜单数据进行操作类型的增加、减少，实现菜单数据的数据构成的改变，而对比文件1中的"档案数据"，只能对其作为数据构成的智力值、武力值的具体数值进行调整，不能实现对档案数据的数据构成进行改变，即，作为档案数据的数据构成的武力值、智力值这些项目是不能被删除的，也不能新增项目。

菜单数据和档案数据在数据构成可否被调整上具有根本的不同，由此，二者并不"相当于"。

第三，从"菜单数据"和"档案数据"对于玩家的直观外在表现形式来看，二者也并不"相当于"。

本发明中的菜单数据，由于其所包括的是操作类型，因此，从用户感知的角度来讲，菜单数据的外在表现形式是"操作"，且这种"操作"是可被触发执行的。即，用户所看到的菜单数据是例如"攻击""密语""跟随"这样的操作名称，用户可以通过例如点击"攻击"这一操作类型来实现相应的攻击操作。

而同样从用户感知的角度来讲，对比文件1中的档案数据，其外在表现形式则是"数值""图片"，而这些内容是不能被触发执行的。例如对于智力值、武力值这样的档案数据，用户在游戏界面中所看到的自然是例如51、89这样的数值；对于脸谱这样的档案数据，用户所看到的自然是脸谱图案。对比文件1所公开的档案数据中，没有任何外在表现为"操作"的数据内容，而且，"武力值""智力值""脸谱"这样的档案数据当然也不能被触发执行。

由此，申请人认为，从数据外在表现形式的角度来分析，本发明中的菜单数据也和对比文件1中的档案数据并不"相当于"。

综上所述，申请人认为，不论是从数据的"动、静"属性、数据构成是否可调整、数据对玩家的外在直观表现来看，本发明中的"菜单数据"和对比文件1中的"档案数据"都有着根本性的不同，二者不能"相当于"。

从上述版本四可以看出，专利代理师在比较"不同"方面作了较多的努力，围绕如何"不同"进行了较为细致的分析。我们大体总结一下版本四中比较"不同"的思路吧。

（1）针对特征进行语义解释。

结合之前的讲解，在进行特征比对时，要"以我为主"，因此，版本四在进行特征比对时，首先以本发明权利要求原文记载的技术特征作为分析对象，指出该分析对象后，后续的"分析"就是要对该分析对象来进行解释。一般而言此种解释要先从文字解释开始，即对技术特征的文字记载进行语义上的解释。

例如，版本四的"第一"中，首先明确了菜单数据包括游戏对象的操作类型，这一内容是修改后的权利要求中所具有的原文记载的内容。然后，针对"操作类型"这一文字记载，进行了字面上的解释，将其解释为"游戏对象在玩家的控制下能够完成的动作类型"。"操作"源自玩家，"动作"属于游戏对象，二者是相互对应的，这种解释并没有超出文字记载的范畴。这种字面解释也可以理解为一种技术定义层面的解释。那么，这种技术定义解释的目的是什么呢？是要引出"不同"，以便后续强化。

版本四中针对操作类型的技术解释中，引出了"动作"的概念，而这一概念恰恰是和档案数据作"不同"的比较时所需用到的。也就是说，要通过技术定义上的解释，引出我们所要比较的"不同"。

（2）通过举例说明来进一步解释。

在进行了技术定义的解释之后，为了进一步将我们所要阐述的某一方面的"不同"解释清楚、加以强化，还可以采用列举实例的方式进行进一步的解释。

例如，在版本四中，专利代理师给出了操作类型是攻击、密语、跟随这样的实例。这样的实例一方面能够便于审查员理解之前给出的技术定义，另一方面也是为了进一步强调专利代理师所要阐述的某方面的"不同"。版本四中所列举的"攻击""密语"等例子，其目的在于更为形象、直观地体现出操作类型是"动作"。

当然，仅仅举例子可能还是不够的，因为例子只是素材，这个素材需要为我所用，还需要对其进行加工，这个加工就是最后的总结。要结合所举的例子，给出我们的结论，这个结论是围绕比较"不同"的某个方面而有目的性地得出的。例如，在版本四中，结合之前的技术定义和举例，给出的结论是"菜单数据的数据内容是游戏对象的动作，该数据内容是具有运动属性的"。

对于之前所讨论的内容，可以再精简地总结一下。

在进行本发明技术特征的分析时，首先要指明权利要求中文字记载的技术特征；然后针对该技术特征进行语义层面的解释，此种解释要引出我们所要比较的某个方面的"不同"；之后，为了配合说明这某个方面的"不同"，以举例说明的方式进行进一步形象、直观的解释；最后，对之前的解释进行总结，再次强化我们所要比较的某个方面的"不同"。

（3）通过对比来强化不同。

当然，在特征比对时，仅分析本发明的技术特征是不够的，当然还要分析对比文件所公开的内容，这个分析方式和针对本发明技术特征的分析方式是类似的。尤其要注意的是，在分析对比文件的内容时，要有目的地围绕如何"不同"进行针对性的分析，从而形成本发明和对比文件在"不同"上强烈的、有针对性的对比结果。

例如，在版本四的"第一"中，其在分析对比文件1时，首先，对武力值、智力值、脸谱进行了有目的的语义解释，在解释中特别引出了"静态"的概念；然后，通过将档案数据类比于现实世界中的个人档案，将武力值、智力值类比于学历程度等，实现更为形象、直观的举例说明；最后，对之前的语义解释以及举例说明进行概括总结，得出对比文件1中档案数据的数据内容是"静止"而非"运动"的这一结论。对于对比文件1档案数据的分析，紧扣"静"这一"不同"的方面，实现和本发明的菜单数据所具有的"动"这一属性的鲜明对比。

可以这样说，在进行特征比对的分析时，分析内容是需要有中小学语文学习里经常提到的"中心思想"的。这个"中心思想"就是如何"不同"。更为准确地说，是哪个方面的不同。例如，在版本四中，就从三个方面分别阐述了"不同"。那么，这么做有什么好处呢？

（4）"掰开了"去分析。

先不说这样做的好处，我们可以先回顾一下之前对特征比对分析的要求，那就是"掰开了""揉碎了"。总体而言，就是要充分、细致地分析"不同"，但二者的侧重点有所不同。

所谓"揉碎了"，是指专利代理师在给出某个不同的理由时，例如版本四中所给出的动与静的不同时，要针对该观点有充足的理由予以支撑，这个理由的来源是对本发明的技术特征予以语义解释、举例说明、有方向性的总结，以及针对性地对对比文件的内容也进行这样的解释。这样，就能够把本发明的技术特征以及对比文件的内容说清楚、讲透彻，从而实现在进行某个方面"不同"的分析时，"过细"地去做工作。这个问题在针对版本三的分析中也进行过讨论。

所谓"掰开了"，则是指要尽可能从多方面来论述特征的"不同"。如果说"揉碎了"是在某个方面"不同"这一攻击方向上形成足够强度的火力的话，那么，"掰开了"就是要形成尽可能多的攻击方向，实现多点强攻，最终攻下特征"不同"这一堡垒。

例如，版本四中所给出的"第一""第二""第三"就是在进行此种"掰开了"的分析。其从不同的方面进行"不同"的分析，分别论述"菜单数据"和"档案数据"如何不同。这种"掰开了"的分析方式有何好处呢？

首先，我们的目标是要尽可能地证明得到"不同"，而审查员的结论却是"相同"。由此，专利代理师需要用自己的分析作为矛，来攻击审查员观点的盾。如果矛是由多个未作明确区分的理由形成的，那么，这样的"矛"则是模糊、含混不清的，充其量也就是一个充气大棒而已，大而不实，可能打过去力量很大，但是很有可能打不破审查员的盾。专利代理师所要做的是，要形成鲜明的观点，形成有杀伤力的锐利且坚固的刀尖来攻破审查员的盾。对于特征如何不同分析得越是细致，这个刀尖才有可能越锐利。由此需要专利代理师在特征比对时，在如何不同的分析上以"掰开了"的方式来确定分析方向。

其次，正如之前所说的那样，"掰开了"进行分析的作用是形成多个"不同"的火力点，实现针对单个"相同"进行多个方向的攻击。这样的多方向攻击，除了能够增强攻击（反驳）火力之外，实践中的意义还在于提高确保答复通过的可能性。尽管我们会认为自己陈述的理由能够成立，但是我们认为成立的理由，审查员不一定认为成立。如果仅有一个方面的理由来论述某个特征比对如何"不同"，那么一旦这个理由不被审查员接受，则答复就会面临不能通过的局面。为此，如果可能的话，针对单个特征比对的"不同"，有必要提供多个方面"不同"的理由，来提高"不同"结论最终成立的可能性。说得直白一些，就是专利代理师要给出多个理由，一个理由不行，还有别的理由顶上，别只有一个理由冲锋陷阵，那样就太危险了。

可能大家还有进一步的困惑,那就是"我"也知道要"掰开了""揉碎了",但是"我"就想不出那么多不同方面而且都充分的理由啊,这可怎么办呢?

其实,我也没有什么好办法。这个关键还在于自己,在于你是不是如之前所说的那样,有足够的"相信"。如果你足够相信自己客户的技术实力,足够相信本发明必然和现有技术存在区别,足够相信自己的答复水平,那么,你就能够静下心来,有决心、有耐心、有饥渴感地去寻找"不同"。在某种程度上来说,这也是一种对客户的负责、对自己的高标准要求,是一种工作态度的体现。

当然,以这种工作态度所进行的工作,是需要与之对价的代理费来支撑的。

(5) 实事求是、立场问题。

在答复这个审查意见的过程中,有的专利代理师可能会想到,对比文件1的《三国志5》中,游戏角色除了包括智力值、武力值、脸谱这样的档案数据之外,还会包括"武将计"这样的武将攻击技能。那么,既然这个"加强版攻略"能够实现对智力值、武力值的调整,是不是也可以对"武将计"(武将所能使用的特定攻击技能)进行编辑调整呢?如果是这样,在"武将计"也对应于游戏角色的动作的情况下,是不是这样的"档案数据"就和本发明的"菜单数据"能够"相当于"了呢?对于这样的档案数据的编辑是不是也就和本发明对菜单数据的编辑相同了呢?

没错,实践中是可能出现专利代理师所设想的上述情况的,但在答复审查意见的过程中要明确立场并实事求是。

所谓明确立场,就是要站在专利申请人的立场上进行审查意见答复。这就决定了对于专利申请人利益有利的内容要说,而且要使劲说,而对于专利申请人不利的内容,就不要说,更不能主动引入答复中来。上述专利代理师所设想的内容,属于专利代理师自己新引入的现有技术中可能存在的内容,这一内容审查员都没有指出,我们没有必要主动引进来了。尤其是,这一内容还有可能对本发明的授权前景产生不利影响的情况下,就更没有必要作这样的主动引入了。要知道,专利代理师是站在专利申请人一方的,我们的工作是反驳审查员,我们不能"叛变",转而结合现有技术的内容去攻击这个专利申请不具备新颖性或创造性。

当然,专利代理师的答复要实事求是,但不可否认的是,这个实事求是也是在维护专利申请人权益基础上的实事求是。实践中的实事求是表现为，在答复过程中，要紧扣审查意见中所指出的对比文件所公开的内容来进行审查意见的答复。在上述案例中，对比文件1中文字上没有公开"武将计"的任何内容，更没有公开编辑"武将计"，在此情况下，我们就应该基于对比文件1的文字记载的内容这一客观的"实事"，来进行答复。在对比文件1中没有记载"武将计"相关内容的情况下，上述的"设想"并不符合公开内容的客观事实，不但专利代理师自己不要将其引入作为现有技术的内容，就算是审查员作了这样的"引入"，专利代理师当然也要结合对比文件1中没有文字公开这一实际情况，来进行相应的反驳。

说得直白一些，专利代理师和审查员的讨论，是要针对本发明和对比文件所公开的内容进行的，对比文件中写了的内容我们认，没写的内容我们当然就不认。这种"认"与"不认"就是所说的实事求是。

4.3.4.2 版本四的根本性缺陷

虽然版本四是一个较好的答复，但是还是有根本性缺陷的。

说这个缺陷之前，大家不妨先思考一下，审查员为什么会将本发明的"菜单数据"相当于对比文件1中的"档案数据"。结合之前的分析，我发现这两个内容完全不同，审查员怎么会把这两个完全不同的内容给"相当于"了呢？

其实审查员也是有道理的。

我们会发现，原来的权利要求1中只写了"菜单数据"，如果仅从这一表述出发来对比，不以说明书来进行解释，貌似将"菜单数据"相当于"档案数据"也是合理的。

怎么有道理呢？大家别从本发明说明书的内容来想，仅仅看"菜单数据"这四个字啊。

开个玩笑，仅看"菜单数据"这四个字，我先想到的是饭馆里面点菜的菜单，这个数据不就是这个饭馆菜品的档案数据吗？当然了，此"菜单"非彼"菜单"，但权利要求中也没写是什么"菜单"，凭什么就让审查员去理解为是申请人所想表达的那个"菜单"呢？这么理解当然是有些较真、钻牛角尖了，无疑是错误的。但我据此要说明一个问题，审查员所做的和现有技术的比对，是以权利要求中文字记载的内容为比对对象来进行的，不要寄希望于审查员对申请人的权利要求的文字表达再作延伸进行特征比对。审查员仅按照权利要求的文字表达来理解相应的技术特征，并进行和现有技术的比对，是合理的、正确的。

当然了，大家可能会说，本发明所涉及的是游戏，而且在权利要求中也写明了是游戏对象的菜单数据，当然本发明的菜单数据肯定就不是那个饭馆的菜单数据了。没错，这么说是能解决我上面提到的拿饭馆菜单数据作比较的问题。但上面的比对就是举例，实际上，审查员也不是这么对比的。

回到该案的审查意见中。在审查意见中，审查员认为本发明的"菜单数据"相当于对比文件1中的档案数据。审查员当然发现了本发明是涉及游戏的方案，他当然没有将"菜单数据"理解为饭馆里的菜单数据，而是游戏的菜单数据。但仅从"菜单数据"这四个字出发，也只能理解为以菜单形式出现的数据而已。如果照此理解，在对比文件1所提及的《三国志》游戏中，刘琦、曹操这样的游戏人物的档案数据也可以是用菜单的形式来体现的数据啊。这样的话，审查员所认为的"相当于"貌似也是有道理的。

说到此，大家就能发现版本四的根本性问题所在了吧。

版本四是在对权利要求没有作修改的情况下所进行的分析。原权利要求中的菜单数据就那么孤零零地放着，而版本四中，在分析"菜单数据"如何和"档案数据"不同时，论述的理由都是从菜单数据是游戏对象的操作类型出发来进行的。在原权利要求中的"菜单数据"体现不出来是"操作类型"的情况下，自然专利代理师所作的这些论述也就成了无源之水、无本之木了。

这就是此处要讲的问题。概括来说，作为和现有技术存在区别的技术特征，在本发明的权利要求中要有文字的体现。

由此，在该案例中，要结合我们的论述理由，首先对独立权利要求进行修改。而要修改，首先要找到修改依据，这个修改依据很好找。在说明书第1页第2段中就有对菜单数据的如下解释：

在现有网络游戏系统中，为了使玩家明确知道游戏中的某个游戏对象可以完成哪些操作，游戏开发商通常会将游戏对象的操作类型以菜单的形式给玩家，因此，菜单中所显示的游戏对象的操作类型，也可以称为所述菜单的菜单数据。

从上述内容可以得出，菜单数据是以菜单显示的游戏对象的操作类型。由此，可以将权利要求1修改如下：

1. 一种菜单数据编辑方法，其特征在于，所述方法包括：

获取角色标识，及游戏对象类型；

根据所述角色标识，所述游戏对象类型，获取游戏对象的菜单数据；

<u>其中，所述菜单数据是以菜单显示的游戏对象的操作类型；</u>

获取玩家选择的所述游戏对象的操作类型，及所述操作类型的编辑方式；

根据所述操作类型，及所述编辑方式，对所述游戏对象的菜单数据进行编辑。

修改后的权利要求1中，画下划线部分的内容是新增加的内容，由于该内容的存在，我们就可以使用上述版本四，基于菜单数据是包括操作类型的数据来阐述和对比文件1的"档案数据"如何不同了。

4.3.4.3 版本四中有关"下位"和"解释"的区分

细心的你，重温上述版本四后，是不是会产生困惑啊。既然为了能够支撑专利代理师的论述理由，要在权利要求中体现出菜单数据是操作类型，那么，在其他理由中所进行的解释，是不是也要体现到独立权利要求中呢？不然的话，是不是也会出现论述理由在权利要求中找不到对应的特征作为依据的情况，但是这样是不是会使得权利要求的修改幅度过大了呢？

这里要区分下"下位"和"解释"。

下位概念是相对于上位概念某一个特定的技术实现。上位概念和下位概念之间并不是相等的关系，而是包含和被包含的关系。如果权利要求中仅是上位概念，我们却想用下位概念来说明"不同"，那么，由于二者并非相等关系，自然会被审查员质疑专利代理师所论述的内容在所讨论的权利要求中并不存在。此时，在论述理由之前，首先要做的是修改权利要求，在修改后的权利要求中体现出那个能够表明和现有技术"不同"的下位技术特征，然后才能结合该下位技术特征来论述如何"不同"。或者也可以这样理解，专利代理师要说明的不同是"下位"的不同，而权利要求却是"上位"的权利要求，基于下位的不同而使得上位的范围获得授权，显然是不公平的。

"解释"意味着解释对象和解释的内容之间是一个相等的关系。由此，不会出现解释的内容在所讨论的权利要求中找不到出处的问题。此时，在论述"不同"之前，专利代理师并不需要通过修改，在该权利要求中体现出自己对技术特征的解释，而是可以直接针对该技术特征，利用和该技术特征之间属于相等关系的"解释"，来说明如何同现有技术不同。在上述版本四中，"操作类型，顾名思义指的是游戏对象在玩家的控制下能够完成的动作类型"就是这种相等性质的解释。

除了这种相等性质的解释之外，还会出现采用下位举例方式所进行的解释。这种解释的内容也无须通过修改体现在独立权利要求中。

例如，在上述版本四中，在对"操作类型"进行解释时，就采用下位的举例的方式来进行说明。其以"例如"的方式指出，操作类型可以为攻击、密语、跟随、申请组队等。应该注意的是，在上述论述理由中虽然出现了下位的举例，但是，这些下位的举例仅仅是为了更为形象、直观地对上位特征是什么样的上位来进行说明，这些下位举例的存在，并不是用来以下位本身的具体内容来和现有技术作比较的。例如，我们采用"攻击"这一下位来对"操作类型"进行举例，并不是要说明攻击这个动作到底和现有技术的其他动作在动作层面到底如何不同，而仅仅为了以"攻击"为例，来说明操作类型是一个动作。这种举例说明性质的下位特征，就无须将其修改到独立权利要求中。

相反，假设现有技术中公开了某一操作动作，而专利代理师所阐述的"不同"是基于操作类型是"攻击"的情况下，这个攻击本身如何同现有技术的该操作动作不同，那么，这个时候就不再采用"攻击"来解释操作类型这一上位概念，而是用"攻击"这一下位概念本身去说明与现有技术的不同了。此时，为了能够使得在分析"不同"方面的理由在权利要求中有相应的出处，首先应该将权利要求中的操作类型这一上位概念限定为"攻击"才可以。

概括来说，如果在进行特征比对时，论述理由中所比较的是某一下位特征如何同现有技术不同，但是这个下位特征又没有出现在所讨论的权利要求中，那么，专利代理师要首先修改该权利要求，将该下位特征体现在该权利要求中。如果所比较的是某一上位技术特征如何同现有技术不同，就可以采用列举下位例子的方式来对该上位特征进行解释，但这一解释只是要对上位特征的含义进行解释，方便别人理解，并非是将该上位特征限定为下位特征本身。此时，所要比较的"不同"，仍然是上位特征如何同现有技术的不同，而不是下位特征如何同现有技术的不同，专利代理师也就没有必要修改权利要求，将下位特征体现在该权利要求中了。

4.4 针对"编辑"这一特征的答复

当然，上述版本一至版本四，也仅仅是对"菜单数据"和"档案数据"并不相当于进行了分析，对于该案来说，本发明权利要求1和对比文件1的区别当然并不止于此。在所存在的其他区别中，和发明点相关的无疑是"编辑"。本发明正是基于对菜单数据的"编辑"，最终解决了现有技术缺点、实现了发明目的。由此，针对"编辑"这一技术特征也是要重点答复的内容。

4.4.1 最初的答复

参考上述版本四的答复方式，我们可以采用如下方式来进行"编辑"的特征比对。

申请人认为，本发明权利要求1中的"编辑"和对比文件1中"编辑"并不相同。

申请人要指出的是，正如本发明权利要求1所记载的，本发明中是根据操作类型及所述编辑方式，对所述游戏对象的菜单数据来进行编辑。这表明本发明权利要求1中的"编辑"，是针对"菜单数据"，以所述的"编辑方式"和"操作类型"为依据，来进行的编辑。这使得本发明中的"编辑"和对比文件1中的"编辑"并不相同。

具体而言，申请人认为，"编辑"的依据直接决定了"编辑"这一动作所改变的具体内容，从这个角度来说，本发明中的"编辑"和对比文件1中"编辑"并不相同。结合本发明的"编辑"的依据，本发明中的"编辑"是对菜单数据的项目调整，而对比文件1中的"编辑"则并非是对档案数据的项目调整，而是对档案项目的内容进行改变。

本发明中的编辑依据，正如权利要求1所记载的那样，是用户所选择的操作类型以及对于该操作类型的编辑方式。操作类型是构成菜单数据的"项目",在"编辑方式"是操作类型的编辑方式的情况下,该"编辑方式"自然也就是对菜单数据的"项目"加以调整的编辑方式了。本发明中以上述"依据"为基础所进行的编辑,改变的是菜单数据的项目构成。例如,本发明中的编辑可以是针对包括多个操作类型的菜单数据,实现向菜单数据中增加新的技能或者删除不再需要的技能。这是针对菜单数据这一包括多个操作类型的数据集合所进行的集合中的项目构成的调整,而不是对于集合中的项目内容,也就是操作类型本身的内容的调整。例如,本发明中的编辑,并非是对菜单数据中已经存在的攻击技能进行攻击强度、攻击范围等的内容调整。

而对比文件1中,档案数据自然也由多个项目构成。这多个项目分别是智力、武力、脸谱。在对比文件1所公开的"编辑"中,其改变的是智力、武力这样的项目的取值,或者脸谱这样的项目的图片。其所改变的是项目的内容,并非改变档案数据的项目构成。例如,对比文件1中,只能进行武力这一项目的数值调整,或者智力的数值调整,或者脸谱这一项目的图片选择改变,不能进行武力、智力、脸谱的项目增删,不能也不会进行这些项目的顺序调整。

此外,申请人还要指出的是,本发明中是针对菜单数据来进行的编辑,其是对菜单数据中的操作类型进行改变。而对比文件1中,编辑的对象是档案数据,是对档案数据中的武力值、智力值、脸谱进行改变。正如之前所分析的那样,本发明的操作类型和对比文件1中的"武力、智力、脸谱"完全不同,由此使得本发明中的菜单数据和对比文件1中的档案数据也完全不同。由此可见,在本发明中"编辑"的编辑对象和对比文件1中的"编辑"的编辑对象完全不同,这当然使得本发明中的"编辑"和对比文件1中"编辑"并不相同。

综上所述,申请人认为,不论是从"编辑"的具体内容,还是从"编辑"的编辑对象来看,本发明的"编辑"和对比文件1中的"编辑"都不相同。

这样的答复,从答复方式来看是和之前的版本四相类似,做到了"掰开了""揉碎了"地去说。大家可能认为这样的答复已经做到充分说理了,是一个好的答复了,但问题是,不能只考虑自己,还要考虑对方。一个只是自己认为好的答复,很有可能不是一个好的答复。

4.4.2 "好绕"的答复不是一个好答复

说得好绕啊。上面这个答复到底是什么问题啊?其实,就是一个"好绕"的问题。

专利代理师在意见陈述中所进行的分析,要尽可能地简洁、清晰、直击要点,这样才能使审查员愿意看、能看懂专利代理师的观点,进而接受专利代理师的观点。

说上述答复过于"绕",主要原因出现在表述上。大家会发现,上述答复中,针对"依据"这一内容,进行了多次论述。这样的论述并不是从不同方面所进行的展开论述,只是文字上的不断重复而已,这样无意义的多次重复,并不会增加说服力,只会使得该陈述显得臃肿,同时也会使得本应突出的重点无法得到突出。

上述答复的"绕"还体现在,一些观点出现得过于突兀了。例如,在上述答复第三段的最后,就引出了本发明中的编辑是"项目调整"而对比文件1中的编辑是针对项目的"内容进行改变"这样的概念。在还没有介绍清楚什么是数据中项目的情况下,突兀地引出项目调整的概念,只会使阅读者有如坠入云里雾里的感觉,从而使得相关的观点难以被理解。

在答复过程中,对于相关的答复点,不但要想清楚区别所在,还要在文字表达上下功夫。要细心雕琢,本着能够让审查员很容易看懂的标准,清楚、简洁、直接地去表述自己的观点,这对于审查员接受专利代理师的观点、提升审查效率是有利的。

4.4.3 修改后的答复

例如,同样的答复思路,将上述答复修改如下就会好一些了。

申请人认为,本发明权利要求1中的"编辑"和对比文件1中"编辑"并不相同。

申请人要指出的是，"编辑"的对象和"编辑"的依据直接决定了"编辑"动作。正如本发明权利要求1所记载的，本发明中的"编辑"，其对象是"菜单数据"，而依据则是菜单数据中的"操作类型"。在"操作类型"是"菜单数据"所具有的数据项目的情况下，这就决定了本发明中的"编辑"，是通过改变菜单数据所具有的操作类型，来实现的对菜单数据的<u>项目编辑</u>。

而对比文件1中，尽管其没有明文指出，但通过其所公开的"编辑"结果可以发现，其"编辑"的对象是档案数据中的"智力""武力"或者"脸谱"这样的人物属性，而"编辑"的依据则是相应的数值或者图片。在"数值""图片"是档案数据中某一属性的内容的情况下，这就决定了对比文件1中的"编辑"，是通过改变人物属性的取值或者图片，来实现的对人物属性的<u>内容编辑</u>。由于人物属性是档案数据的数据构成，因此，对比文件1所进行的编辑，仅是改变作为档案数据的数据构成的人物属性的属性内容，是一种数据构成的内容编辑，这和本发明中针对菜单数据的数据构成所进行的项目编辑完全不同。

例如，本发明中的编辑可以实现向菜单数据中增加新的技能或者删除不再需要的技能。这是针对菜单数据这一包括多个操作类型的数据集合所进行的集合中的项目构成的调整，而不是对于集合中的项目内容，也就是操作类型本身的内容的调整。即，本发明中的编辑，并非是对菜单数据中已经存在的攻击技能进行攻击强度、攻击范围等的内容编辑。而对比文件1中所进行的编辑，是针对档案数据所包括的项目，例如武力、智力，进行数值的编辑，从而对"武力""智力"进行内容编辑。实际上，对比文件1中的编辑，根本不能删除武力、智力、脸谱等项目，也无法针对档案数据增加一个原本没有的项目（例如皮肤）。由此，对比文件1中的对于某个特定项目的内容编辑和本发明中的项目编辑当然并不相同。

综上所述，申请人认为，本发明权利要求1中的"编辑"和对比文件1中的"编辑"并不相同。

这样的答复是不是简洁、清楚多了?!

4.4.4 注意禁止反悔原则

大家也许已经发现了,上述进行"编辑"的特征比对是从编辑的依据以及编辑对象切入进行分析说明的,而且在分析本发明的"编辑"是什么样的编辑时,上述论述好像显得很谨慎。为什么不能直接将本发明的"编辑"解释为增加、减少攻击技能,这样不是更直接,表述起来不是也更加痛快吗?

其实如果把之前对于版本四的讲解看明白了,这个问题就应该已经解决了。没关系,我可以再讲一下。

我之前应该讲过,对于论述的本发明和现有技术相区别的技术特征,一定是应该记载在权利要求中的。在上述案例中,"增加""减少""调整顺序"这些具体的编辑手段,是"编辑"这一上位特征的下位特征。在独立权利要求中只具有"编辑"这一上位技术特征的情况下,如果想用"增加""减少"这样的下位技术特征来说明本发明和现有技术存在区别,显然是有问题的。

大家可能会说,不对啊,上面的论述中,在解释"编辑"的时候采用了"增加、删除技能"这样的内容,这不是用权利要求中没有记载的内容来说明本发明和对比文件不同吗?

这个问题我同样也讲过的。上述内容中的"增加、删除技能"只是一个针对"编辑"的举例说明而已,其主要目的是将"编辑"以举例的方式进行形象化的说明,从而将"编辑"这一上位本身解释清楚,并不是把"编辑"解读为"增加、删除技能"。与现有技术所作的"不同"的对比,仍然是针对"编辑"所作的对比,而非是针对"增加、删除"所作的对比,由此,也就没有必要在权利要求中将"编辑"修改为"增加、删除"了。

上述版本中,对于"编辑"进行谨慎解释的另一个原因在于,要避免禁止反悔原则导致权利要求的保护范围被不必要地限缩。

如果在解释本发明的"编辑"时,以该"编辑"是"增加、减少技能"为依据来说明和对比文件1中的"编辑"不同,即使审查员不指出本发明权利要求1中并没有限定"编辑"是"增加、减少技能",当这个专利申请由此获得授权后,进入专利侵权判定环节时,则会基于禁止反悔原则的规定,将该权利要求的保护范围限缩为仅以增加、减少技能来进行的编辑。对于调整不同技能在菜单数据的顺序,或者所增加、减少的是对话、密语这样的操作类型的技术方案，则会由于在答复审查意见中所进行的限缩性解释，而被排除于"编辑"这一上位表达的技术特征之外。这无疑会给专利权人造成不必要的损失。这就是对于权利要求中的技术特征进行谨慎解释的很重要的原因。

这种谨慎解释在实审中要注意，在专利无效宣告请求答辩过程中更要注意。因为专利无效宣告的请求方很有可能会刻意地让专利权人将本发明权利要求的保护范围解释"小"，以便能够在后续的专利侵权判定中，利用禁止反悔原则来避免被判定构成专利侵权。

例如，如果按照版本五来进行"编辑"的对比，就有可能出现如上所说的风险。

版本五的答复如下。

申请人认为，本发明的"编辑"和对比文件1中的"编辑"并不相同。

申请人认为，本发明中的"编辑"是在菜单数据中增加一个新的操作类型，或者删除菜单数据中已经存在的操作类型，或者对于菜单数据中的操作类型调整顺序。具体而言，玩家通过本发明的方案所提供的"编辑"，将自己新练就的攻击技能增加到菜单数据中，或者删除不再使用的攻击技能，以及调整菜单数据中攻击技能的显示顺序。这种"增加、删除或调整顺序"是针对菜单数据中技能有无、顺序的调整，并非改变该技能本身的内容，也就是并不改变技能的攻击力、攻击范围等具体内容。

而对比文件1中的"编辑"，则是对武力、智力的取值进行调整，或者是针对脸谱图案的改变，这种"编辑"是对武力、智力、脸谱的内容所进行的改变，并不是对武力、智力、脸谱这些项目的增删或者调整顺序。实践中，不可能通过对比文件1中的"编辑"来将武力、智力、脸谱这些档案数据的项目删除，那样的话，游戏角色就会成为残缺不全的游戏角色，从而影响游戏的正常执行。

由此可见，尽管对比文件1中也存在"增加、减少"这样的"编辑"，但此种编辑是对档案数据中相应项目的内容所进行的取值调整或者图片改变，并非是针对这些项目所进行的增加、删除。由此可知，本发明中的"编辑"和对比文件1中的"编辑"并不相同。

在上述版本五中，尽管也比对了本发明中的"编辑"和对比文件1中的"编辑"不同，但是这个比对的依据并非是"编辑"这一上位特征本身，而是"编辑"的下位概念"增加、删除、调整顺序"。在独立权利要求中并未具体记载"增加、删除、调整顺序"的情况下，这种"不同"的论述很有可能被质疑缺乏相应的特征记载来支撑。即使通过这样的比对最终获得专利权，也会由于采用了"增加、删除、调整顺序"这样的下位概念来解释"编辑"，"编辑"这一字面上的上位概念会基于禁止反悔原则而被限缩为仅能解释那些下位概念，"编辑"的上位概念失去了存在的意义，限缩了权利要求的保护范围。我们设想，如果本发明技术方案中的"编辑"还可以是"隐藏"某一操作类型的话，通过在意见陈述中的上述解释，就无法基于"编辑"这一上位概念来保护"隐藏"的这一下位技术方案了。

如上，结合"菜单数据"和"编辑"这两个发明点，阐述了如何在特征比对的过程中进行"掰开了""揉碎了"的答复，即针对单个技术特征比对的"掰开了""揉碎了"；从整体方案的比对上，也应该做到"掰开了""揉碎了"，这里"掰开了"指的是对于本发明所有可能反驳审查员的点，都要进行答复，实现反驳理由数量上的"掰开了""揉碎了"。

4.5 有关其他非发明点的答复

4.5.1 "操作类型"的答复

例如，在上述案例中，审查员所认为的操作类型相当于对比文件1中的智力、武力、脸谱就明显存在问题。针对此点，可以按照如下方式进行答复。

审查员在审查意见中指出，对比文件1隐含公开了，获取玩家选择的游戏对象的操作类型如智力、武力、脸谱等。申请人对此有不同看法。

申请人认为，本发明中的操作类型，正如之前所分析的那样，是指游戏中的动作的类型，动作具有动态属性，因此，本发明中的操作类型是动态对象的类型。例如，操作类型可以是攻击、组队、交谈等这样的动作类型。而对比文件1中的智力、武力、脸谱，其并不体现出游戏角色相应的动作，只是游戏角色的静态属性取值或图片。在对比文件1的"智力、武力、脸谱"没有公开任何动态元素的情况下，该内容自然不能相当于本发明中的"操作类型"。以此为基础，申请人认为，即使假设对比文件1中隐含公开了获取玩家选择的智力、武力、脸谱的情况下，也没有公开本发明中"获取玩家选择的操作类型"这一技术特征。

当然，在审查意见中还可以找到其他答复突破口，这需要专利代理师以怀疑的心态，来分析审查员在审查意见中的各个观点。

4.5.2 有关"角色标识"的分析

在该案例中，审查员在审查意见中指出，对比文件1隐含公开了：获取角色标识如刘琦、曹操等。这实际上是将对比文件1中的"刘琦、曹操"这样的标识相当于本发明中的角色标识。初看之下，这个结论没什么问题，但我们再怀疑一下，使劲怀疑一下，这个结论真的对吗？

（1）对比文件1和本发明分别涉及的是什么游戏。

说到这个问题，可以首先来看一下对比文件1所涉及的《三国志5》这一款游戏到底是什么游戏。

《三国志5》是于1995年发布的一款策略类单机游戏，它并不是一款网络游戏。由此，在这款游戏中，只有一个玩家在游戏开发商所开发的游戏系统中进行操作，并不存在多个玩家同时在游戏中对战的情况。明确了这个情况之后，读者是不是对于本发明的角色标识如何同《三国志5》中的刘琦、曹操不同有点认识了呢？

如果还没认识也没关系，再来看看本发明的内容。

在本发明中，在背景技术的第一段即开宗明义地指出，"在现有网络游戏系统中，为了使玩家明确知道游戏中的某个游戏对象可以完成哪些操作，游戏开发商通常会将游戏对象的操作类型以菜单的形式给玩家"，在技术领域部分中，也有"网络游戏"这样的记载。由此可见，本发明的技术方案是针对网络游戏而非单机离线游戏而言的，这和对比文件1的方案明显不同。但这个不同和"角色标识"有什么关系呢？

再往后看，找一下有关角色标识在本发明中的描述。

在本发明的说明书具体实施方式中，提及了如下的步骤101：

步骤101：获取角色标识，及游戏对象类型……

由于步骤101中具有角色标识，说明书对于角色标识进行了如下解释：

在网络游戏中，同一时间会有大量玩家进行游戏，而每个玩家在同一个游戏系统中也会有多个游戏角色，为了区分同一玩家不同的游戏角色，游戏系统会给每个游戏角色分配一个用于表明身份的角色标识。

看到这里应该大体明白本发明的角色标识如何同对比文件1的"刘琦、曹操"不同了吧。

我再把这个事情说得清晰一些。

在本发明中，角色标识是对应于玩家，是为了区分网络游戏中的不同玩家而为不同玩家所分配的表明其各自身份的标识。而对比文件1中，对于单机离线游戏来说，并不存在多个玩家同时在一个游戏系统中进行在线游戏的情况，也就不会出现对于不同玩家的区分。换言之，在对比文件1中，既然不存在同时在线的多个玩家，也就不存在为区分玩家而为不同玩家所分配的角色标识，其所具有的"刘琦、曹操等"标识只是游戏内容中的人物标识，并非是玩家标识。

（2）对"角色标识"进行修改所面临的修改超范围的风险。

当然，这里有一个问题，仅从本发明权利要求1的文字记载来看，看不出来"角色标识"是对应于玩家的。因此，审查员如果结合该文字记载认定本发明中的"角色标识"也就是对比文件1中的游戏中的人物标识，貌似也是有道理的。

为此，专利代理师需要首先对权利要求1中的"角色标识"进行修改，体现出其是针对玩家所分配的标识，以此为基础才能去论述和对比文件1中的"刘琦、曹操"的不同。

专利代理师可以结合如上提及的说明书具体实施方式所记载的内容，对权利要求1中的角色标识进行修改，但这一改，就发现问题了。

修改当然要给出修改依据。正如之前提及的，修改依据在说明书具体实施方式中对于步骤101的如下描述中：

步骤 101：获取角色标识，及游戏对象类型；

在网络游戏中，同一时间会有大量玩家进行游戏，而每个玩家在同一个游戏系统中也会有多个游戏角色，为了区分同一玩家不同的游戏角色，游戏系统会给每个游戏角色分配一个用于表明身份的角色标识。

大家好好读一下上面的内容，能够从这个内容中找出"角色标识是玩家身份标识"的记载吗？还真找不出来吧！

在上述说明书所记载的内容中，对于角色标识的直接描述是"游戏系统会给每个游戏角色分配一个用于表明身份的角色标识"。这个内容中体现的是角色标识是针对游戏角色来分配的，并没有体现出角色标识和玩家相对应的含义。更为重要的是，在这一句话的前面，还有一句话"为了区分同一玩家不同的游戏角色"，这句话体现的是分配角色标识的目的，这一目的的文字表达可就有点混淆了。

该"目的"的文字表达，直接理解的含义是分配角色标识的目的在于，针对同一玩家的不同角色加以区分。注意，这里是同一玩家。在分配角色标识的目的被明确为针对"同一玩家"的情况下，再修改出角色标识对应于不同的玩家，则会没有修改的出处，甚至有可能会被审查员指出该修改和说明书记载的内容相互矛盾。

实际上，"为了区分同一玩家不同的游戏角色，游戏系统会给每个游戏角色分配一个用于表明身份的角色标识"是一个不太严谨的表述。结合上下文以及网络游戏的实际情况，能够发现，角色标识仍然是对应于区分不同玩家的，只不过所区分的玩家是更为具体的玩家在游戏中的角色。

大家从上下文能看出来什么呢？在对步骤 101 的解释中，在对角色标识进行具体解释之前，提及了如下内容：

在网络游戏中，同一时间会有大量玩家进行游戏，而每个玩家在同一个游戏系统中也会有多个游戏角色。

这一内容体现出网络游戏中同一时间会有多个玩家同时在线，由此引出了多个玩家的概念，进而，该内容指出每个玩家又可能具有多个游戏角色，这就引出了后续为了区分不同游戏角色而为其分配角色标识。上述内容中，最初讲"多个玩家"，以及指出一个玩家具有多个游戏角色，都是为了引出后续的

"区分""分配标识"。从逻辑上讲,游戏中同时具有多个玩家这一内容,如果对于后续的"区分"来说毫无意义,那么自然也就没有必要作为"区分""分配标识"的引子在之前进行介绍了。由此,对于如下内容,可以整体阅读并作出正确的解释:

> 在网络游戏中,同一时间会有大量玩家进行游戏,而每个玩家在同一个游戏系统中也会有多个游戏角色,为了区分同一玩家不同的游戏角色,游戏系统会给每个游戏角色分配一个用于表明身份的角色标识。

这一内容的含义是这样的,在网络游戏中会有多个玩家同时在线,而每个玩家又可能有多个游戏角色,为了实现将不同玩家的不同游戏角色进行区分,本发明中针对每个游戏角色分配一个用于表明身份的角色标识。也就是说,实际情况是这样的:对于网络游戏而言,当然是同一时间有多个玩家在线的,而对于每个玩家而言,其可能有多个游戏角色供其控制。打个比方,一个玩家会在网络游戏中控制属于自己的多个小人,网络游戏中自然要将属于不同玩家的多个小人区分开来,由此产生了为"小人"分配的角色标识,这样,不同的玩家才能在网络游戏中控制属于其自己的小人来进行游戏。由此可见,角色标识在网络游戏的实际应用中,是用以区分不同玩家的标识,只不过,这种区分更为精细,能够在区分不同玩家的基础上,进一步对同一玩家的不同游戏角色也加以区分。

结合上面的分析会发现,原文介绍中的"区分同一玩家不同的游戏角色"这个表述是有问题的。这可能是专利代理师在撰写申请文件时不经意的错误所导致的。这位专利代理师可能是这样想的:我都说了存在多个玩家,每个玩家又会有多个游戏角色,那么,既然对于同一玩家不同的游戏角色都要区分,自然也就隐含着对于不同玩家的游戏角色也就要区分了。由此,也就没写这个"隐含"的内容。可是,这一隐含的内容才是关键的。不写这个隐含的内容,一方面会导致实际要表达的意思表达不出来;另一方面,有可能会让人误解,本发明中的角色标识仅仅是为了区分同一玩家的不同游戏角色的,并不是区分不同玩家的游戏角色的。如果产生这样的误解,那么这个角色标识就有可能仅是角色的区分。此时,如果再将玩家所拥有的角色等同于对比文件1中的刘琦、曹操,本发明中的角色标识不正好是和对比文件1的刘琦、曹操相同了吗？这不但和客观情况不符，也是专利权人和专利代理师不乐于见到的解读结果。

分析了这么多，其实就是想对权利要求1中的角色标识进行修改，通过修改体现出"角色标识"是玩家身份信息的标识。那么，可以怎么改呢？如何做到修改不超范围呢？

（3）可能的修改及分析。

仍然基于说明书的如下记载来进行修改。

> 在网络游戏中，同一时间会有大量玩家进行游戏，而每个玩家在同一个游戏系统中也会有多个游戏角色，为了区分同一玩家不同的游戏角色，游戏系统会给每个游戏角色分配一个用于表明身份的角色标识，并且不同的游戏角色可以控制不同的游戏对象。

基于上述原始申请文件记载的内容，可以得出三种不同的修改结果。为什么会产生三种不同的修改呢？这其中主要考虑的是，专利代理师所作的修改是否能够体现出所要体现的内容，以及所作的修改是否会出现修改超范围的问题。在讨论这三个修改之前，先要明确的是，修改的目标是要体现出角色标识实际上是要对不同玩家进行区分的标识。

以上述修改目标为基础，我们逐一来分析这三个修改。

【修改一】

> 获取角色标识及游戏对象类型，其中，<u>所述角色标识为游戏系统为每个游戏角色分配的、用于表明身份的标识，在网络游戏中，同一时间有多个玩家进行游戏，所述游戏角色为所述玩家在游戏系统中的角色</u>；

修改一中好像并没有体现出角色标识是用以区分不同玩家的意思，其只是将修改依据中所记载的对于角色标识的定义，照搬修改到权利要求1中，并且在权利要求1中增加有关多个玩家的描述。这一修改中，并没有任何有关"区分"的表述，更没有关于"区分不同玩家"的表述。那么，为何该修改一不体现出我们的修改目标呢？原因在于要考虑修改是否超范围的问题。

如果比较三个修改结果后大家就会发现，修改一可以说是一个在修改超范围问题上最为保守的修改。其所进行的修改中，修改依据都可以从原文中直接找到，因此基本上可以确定不存在修改超范围的问题。修改一不体现"区分"的表述，实际上也是担心如果描述出"区分不同玩家"，这一表述无法找到相应的修改依据，因此会导致修改超范围的问题。至于角色标识是为了区分不同玩家这一修改目标，专利代理师不寄希望于通过修改一的修改予以直接体现，而是想结合修改，在意见陈述中对玩家和游戏角色之间的关系进行分析，得出角色标识实际上就是用以区分不同玩家的标识。这一分析也就是前面所进行的那个针对"角色标识"篇幅较长的分析。

从是否直接达到修改目标来看，修改二比修改一要前进了一步。

【修改二】

　　获取角色标识及游戏对象类型，<u>所述角色标识为用以区分玩家不同的游戏角色来表明游戏角色身份的标识，在网络游戏中，同一时间有多个所述玩家进行游戏，所述游戏角色为所述玩家在游戏系统中的角色</u>；

在修改二对角色标识的修改中，一上来就指明角色标识是用以区分玩家不同游戏角色的标识，其直接体现了"区分"的概念，向着我们需要的角色标识是用来区分不同玩家的标识这一修改目标前进了一步。但是，这样的修改存在两个问题：一是从达成修改目标来看，仍然不够彻底，甚至可以说不能达成修改目标；二是相比于修改一来说，修改二在修改超范围上的风险变大了。

在修改二中，虽然给出了"区分"的表述，但是这一"区分"却只是区分玩家不同的游戏角色的"区分"，没有给出区分不同玩家的表述。尽管相较于修改一没有给出"区分"这一表述，修改二在表达出"区分不同玩家"这一修改目标来说进了一步，但是，仍然无法基于该修改后的内容，直接体现出角色标识是用来区分不同玩家的。在此情况下，专利代理师要想论述本发明的角色标识是用来区分不同玩家的，只能基于对修改后的内容再进行分析，也就是讲清楚玩家、游戏角色、角色标识间的关系，来说明角色标识是用来区分不同玩家的。

与此同时，修改二修改超范围的风险却相比于修改一提高了。可以发现，在作为修改依据的说明书原文记载中，"区分"的表述是"区分同一玩家不同的游戏角色"，修改二中将这一表述"同一玩家"中的"同一"去掉了，导致修改后的内容和原文文字记载的内容有所不同，由此导致了修改超范围的风险增加。

其实，说明书原文记载的"区分同一玩家的不同角色"这一内容，是此次修改中最让人挠头的内容。就是因为有这个内容存在，导致专利代理师想通过修改体现出角色标识是用以区分不同玩家时，总是受到制约。由此，才出现了修改一中完全回避"区分"的修改方式，以及修改二中对于"区分"只体现区分玩家不同的游戏角色，而不体现区分不同玩家的修改方式。

如果说修改二在修改超范围上还有所顾忌，那么，修改三则可以说是在修改超范围问题上有些不管不顾了。

【修改三】

获取角色标识及游戏对象类型，<u>所述角色标识为用以区分不同玩家所拥有的游戏角色的标识</u>。

为了直接体现出想要体现的修改结果，也就是本发明和对比文件在"角色标识"上的不同，修改三直接在修改后的文字表述中体现出了"角色标识为用以区分不同玩家所拥有的游戏角色的标识"。为什么说这样的修改有些不管不顾呢？因为它和说明书原文记载的角色标识是"为了区分同一玩家不同的游戏角色"这一表述直接冲突了。这一冲突很直接，表现为将原文记载的"同一"修改成了"不同"。这样的直接冲突使得修改超范围的风险变得很大。当然，专利代理师可以通过结合说明书原文记载内容的分析，阐述如何结合说明书原文记载的内容，能够从"区分同一玩家"直接、毫无疑义地得到"区分不同玩家"，但这样的分析过程应该是非常严谨才可以，要严谨到能够论证得到从原文记载的内容只能唯一地得到修改后的内容才可以，这样才能满足"直接、毫无疑义地得到"的要求。这样的分析必然花费不少笔墨，但即便如此，审查员也不一定接受，因为"不同"和"同一"毕竟太不相同了。

当然，即使审查员接受了修改三的内容，其也没有真正表达出角色标识是用来区分不同玩家的。修改三中，角色标识本质上仍然是区分游戏角色的，只不过这个游戏角色被限定为是不同玩家所拥有的。由此，当我们想要论述本发明的角色标识是用来区分不同玩家的，而对比文件1中的"刘琦、曹操"并非是用来区分不同玩家的标识，仍然需要结合修改三中的表述，进行进一步的分析才能支持我们的观点。我们仍然不能直接基于权利要求文字记载的内容，不绕弯子地说明本发明的角色标识如何同对比文件1的"刘琦、曹操"不同。

回顾修改一、修改二、修改三可以发现,不论是哪种修改,都不是一个理想的修改方案,甚至从实践的角度来说,这些修改方案都不是一个所应采取的修改方案。

说它们不应被采取,主要是这些修改方案对于专利代理师论述"区别"都是别别扭扭的状态。基于说明书原文的记载,不可能将角色标识用以区分不同玩家这一本质上能体现出和对比文件1中"刘琦、曹操"不同之处的内容直接修改出来,由此只能作那种"犹抱琵琶半遮面"的修改:而"遮面"遮得多,在分析如何不同上就要花费大量笔墨;"遮面"遮得少,则要在如何修改不超范围上大书特书。尽管实际来说我们的修改或者分析是符合真实情况、是有道理的,但是,还要考虑一个实际问题,那就是,审查员愿意看你的分析、论述么?当你花费了大量笔墨,经过了层层分析得出结论时,不但专利代理师自己要花费很多的时间、精力,审查员阅读这一内容也是要费时费力的。大家都是有工作量考核要求的,审查员不可能对于这一个案子,那么有耐心从头到尾地看完你的意见陈述,有些地方的论述,审查员难免就走神了、不关注了,尤其对于那些篇幅甚长、逻辑链条较长的论述更是如此。如果审查员对于专利代理师的论述都不愿意看或者没有仔细看,怎么能够让审查员接受专利代理师的观点呢?除非专利代理师能用简单明了的语言将上述所分析的内容表达出来,让审查员看懂、接受,那么结合上述修改所进行的答复方案才是可行的。但实际来说,要能做到这点,还是很难的。

上述修改方案在实践中不可行,还有一个很重要的原因,就是作为专利代理师,要考虑自己的工作成本。诚然,对于一个专利申请的审查意见答复要注重答复质量,要尽可能地分析清楚本发明和对比文件的区别所在,但是,也要知道,对于一个审查意见答复所能投入的时间是有限的。不可能花费两周甚至更长的时间来完成一件审查意见的答复,由此,我们应该把有限的时间用好,把好钢用在刀刃上。

所谓刀刃,就是我所说的发明点。具体到上述案例而言,菜单数据、编辑都是上述案例的发明点,我们自然应该充分予以答复,而角色标识并非是发明点所在,如果在这一非发明点上也花费了很多时间,未免有些本末倒置、得不偿失,这相当于我们在不必要过多投入的地方作出了无谓的牺牲。

还有一点需要注意的是，如果仅仅为了说明"角色标识"这一非发明点和现有技术存在区别，从而对于权利要求进行了较多的修改，即使这样的修改并不会对于权利要求的保护范围产生实质性的影响，也会给客户带来困惑，客户会质疑为什么要进行这样的修改，这样的修改是否有必要。费了半天劲反而让客户"质疑"，对于专利代理师来说当然更是不必要的"牺牲"了。当然，如果上述修改是实质上会影响权利要求保护范围的修改，那么，针对非发明点进行这样的修改，就更是不应付出的"牺牲"了。

(4)"不可行"所带来的收获。

针对"角色标识"和现有技术的区别，也讲了半天，大家也看了半天，结论好像是"不可行"。这样的分析是不是毫无意义呢？还真不是。

通过上面的"反复"过程，可以有以下收获。

第一，可以搞清楚"取舍"的问题。这一取舍，就是之前所讲的"牺牲"问题。专利代理师在答复审查意见的过程中，都在投入时间和精力，这对于专利代理师来说都可以叫作一种"牺牲"。"牺牲"就要考虑牺牲得是否有价值，如果能够攻城略地、消灭敌人，那么这种牺牲就是必要的；否则，就是无谓的牺牲。在答复审查意见的过程中，专利代理师要明确自己的付出是否是针对发明点的、是否能够说服审查员。如果是，则这样的时间付出就是必要的、有价值的；相反，如果并非如此，那么这样的付出就是不必要的了。

除了时间、精力上的取舍之外，对于权利要求的修改也有取舍问题。如果是服务于主要答复点的修改，那么，这样的修改是可取的，如果修改并非服务于主要答复点，这样的修改有可能导致修改超范围的问题，那么，似乎并没有必要在这样的修改上作出无谓的牺牲。

第二，对申请文件撰写的反思。在上述讨论过程中可以看出，为了能够体现出就角色标识如何与现有技术不同，我们尝试进行了三种修改。结合这三种修改分别讨论了是否涉及修改超范围的问题。这里可以反思，对这个特征原本的样子，我们为什么不能通过修改将其体现在权利要求中呢？其实就是申请文件中所记载的"为了区分同一玩家不同的游戏角色"这一内容所导致的。这一表述是专利代理师原先在撰写申请文件时，表述不够严谨、充分所导致的，如果意识到这一问题，就能在日后的申请文件撰写中有针对性地避免这一问题，从而通过审查意见的答复反过来帮助自己提升申请文件的撰写水平。

第三，锲而不舍的态度。不知大家发现没有，上述三个修改答复方案，是不断进行权衡、考虑所得出的结果。给出这三个方案的目的在于，告诉读者要有饥渴感，要研究自己的答复方案是否存在不足之处，并想办法加以解决，从而得出一个更为优化的答复方案。即使得不出更好的答复方案，也能通过这样的一个自我否定、自我改进的过程，来提升自己的水平。这样，代理一个案子，给自己带来的就不仅是提成的收入，而且还有经验的积累、能力的提高。

这种锲而不舍的态度，往往也能够帮自己把问题解决，关键在于锲而不舍的程度。比如，上述案例中，再"锲而不舍"一些，就能发现还可以通过另一种修改，来直接体现本发明的角色标识如何与对比文件1中的内容不同。

再"锲而不舍"一些，说起来简单，做起来难。

可能大家看了这篇申请文件的实施例描述后，发现对于角色标识的介绍大体是类似的，好像也没有发现什么新的内容可以被专利代理师使用，由此陷入困局中。没事，可以再看看。找到了就成功了；没找到，至少也努力了。

（5）可行的修改。

"再看看"，还真的能从两处"犄角旮旯"发现自己所需要的内容。为什么说是"犄角旮旯"呢？

第一处内容出现在具体实施方式部分最开始的介绍中。通常而言，人们会认为具体实施方式最开始的介绍仅是一些固定内容的套话，因此会不太重视，但该案例中，恰恰是这个地方的内容出现了我们所需要的修改依据。该内容具体如下：

> 本发明实施例提供了一种菜单数据编辑方法，其核心思想是：获取输入设备所提供的玩家信息，玩家所选择的游戏对象的操作类型，以及所述操作类型的编辑方式，对游戏对象的菜单数据进行编辑。

这里面提到了"获取输入设备所提供的玩家信息"，而这之后的内容恰恰又是独立权利要求中的后三段内容，由此可以得知，所谓"输入设备所提供的玩家信息"，就是权利要求1中的"角色标识及游戏对象类型"。这样就可以据此说明角色标识就是玩家信息中的一个信息，如果以此为修改依据对权利要求1中的"角色标识"进行修改，是不是就能体现出本发明的角色标识与对比文件 1 中的刘琦、曹操是不同的呢？意外不意外？惊喜不惊喜？开心不开心？

还没完呢！

再看第二处的内容，这个内容出现在说明书具体实施方式部分的最后，同样是一个容易被人忽略的地方。该内容具体为：

举例说明采用所述装置的网络游戏系统的工作方式，如果游戏角色标识为 M 的玩家想对某一种游戏对象的菜单数据进行编辑。

这里明确提及了"游戏角色标识为 M 的玩家"，也就是说，游戏角色标识是针对玩家的标识，是玩家的信息，是用来区分不同玩家的。这一内容所对应的对于角色标识的解读，也是和我们所要论述的本发明的角色标识如何与对比文件 1 中的刘琦、曹操不同相吻合的。由此，也可以结合这一内容对权利要求 1 中的"角色标识"进行修改，进而结合该修改来阐述角色标识如何与对比文件 1 中的刘琦、曹操不同。

结合所找到的这两处修改依据，我们可以将权利要求 1 的角色标识修改为"作为玩家信息的角色标识"。

修改后的权利要求 1 如下：

1. 一种菜单数据编辑方法，其特征在于，所述方法包括：

获取角色标识，及游戏对象类型；其中，<u>所述角色标识是玩家的信息，用来区分不同玩家</u>；

根据所述角色标识，所述游戏对象类型，获取游戏对象的菜单数据；其中，所述菜单数据是以菜单显示的游戏对象的操作类型；

获取玩家选择的所述游戏对象的操作类型，及所述操作类型的编辑方式；

根据所述操作类型，及所述编辑方式，对所述游戏对象的菜单数据进行编辑。

有关上述修改不超范围的论述为：

申请人将权利要求 1 中的角色标识具体明确为"所述角色标识是玩家的信息，用来区分不同玩家"。该修改的依据为：

原始申请文件说明书第4页倒数第5段记载,"本发明实施例提供了一种菜单数据编辑方法,其核心思想是:获取输入设备所提供的玩家信息,玩家所选择的游戏对象的操作类型,以及所述操作类型的编辑方式,对游戏对象的菜单数据进行编辑"。上述内容与本发明权利要求1所保护的技术方案具有对应关系,由此可以得到,权利要求1中"获取角色标识,及游戏对象类型",对应于上述说明书中所记载的"获取输入设备所提供的玩家信息",因此,可以直接、毫无疑义地确定得到,角色标识是玩家信息的一种。

另外,原始申请文件说明书第6页最后一段记载,"如果游戏角色标识为M的玩家想对某一种游戏对象的菜单数据进行编辑"。该内容明确体现出,游戏角色标识是针对玩家的标识,由此,可以直接、毫无疑义地确定得到,角色标识是玩家的信息,是用来区分不同玩家的。结合上述分析,申请人认为,针对角色标识所作的修改,是根据原始申请文件记载的内容,直接、毫无疑义确定得到的,因此,该修改符合《专利法》第33条的规定,并不超范围。

(6) 针对"角色标识"的答复。

针对上述修改的权利要求,专利代理师就可以作以下有关角色标识如何不同的陈述了。

在本发明修改后的权利要求1中,明确了角色标识是玩家的信息,且是为了区分不同玩家的。该角色标识是和本发明所保护的方案属于网络在线游戏的特点直接相关的。本发明所保护的方案,直接对应于网络在线游戏,这样的游戏需要多个玩家同时在线操作,由此自然就需要为不同玩家来分配不同的标识,也就是本发明中的"角色标识",从而实现对不同的玩家来进行区分。

申请人需要强调的是,对比文件1所对应的《三国志5》游戏,是一款离线单机游戏。由于离线的性质,使得该游戏系统中并不会存在多个玩家同时在线进行游戏,而是只有一个玩家以离线形式来和电脑进行对战。这使得在对比文件1的方案中,无须也不会出现对于不同玩家的区分,也就并不存在用以区分不同玩家的玩家信息。至于对比文件1中所提及的刘琦、曹操这样的游戏角色标识,只是该款游戏本身所具有的人物标识,这一人物标识并非是用以区分不同玩家的玩家信息,因此和本发明中作为玩家信息的角色标识并不相同。

需要说明的是,上述有关"角色标识"的分析,是基于其当前理解进行的。对于本发明中"角色标识"的理解是否正确,并没有得到发明人的确认,由此,可能会存在和本发明实际情况并不相符的问题。但已经尽力了,已经尽可能地朝着本发明的技术真相进行分析了。只不过,由于我玩游戏玩的并不多,因此,所分析出的"真相"不能确保一定是真相了,针对"角色标识"的分析是否正确,还请读者自行分辨吧。那么,为什么有可能分析不正确还要进行这样的分析呢?我想体现的是一个答复过程中的"饥渴感"。如果时间允许,不要仅仅满足于找到的某个答复突破口,可以尽可能多地去怀疑,找到蛛丝马迹的区别,可以把它分析清楚,进而放大这样的区别。这样做,能够形成更多的"区别"的火力点,来更为充分地论述本发明具备新颖性或创造性。在找区别方面,不要给自己设限,不要轻易满足。某种程度上来说,要像一个森林中的饿狼一样,饥渴地去找食物,要是我们具有了这样的饥渴感,不但审通答复能答得更好,甚至在无效宣告请求答复等环节中,也能做得更好了。如果读者能够从对"角色标识"的分析中,有如上的感受并应用于实践,那么,就算我分析错了也是值得的了。

当然,如果时间、精力允许的话,还可以看看审查意见中是否还有不正确的地方。在针对本发明的发明点已经作了较为充分的分析、反驳的情况下,这些进一步分析的答复突破口仅是一种锦上添花的答复,如果确实想不出,也不必强求。我本人就没有再想出其他很有说服力的答复突破口了。

比如,我曾经想过本发明的"游戏对象类型"是不是和对比文件1中的"君主、武将"并不"相当于",审查员在审查意见中所指出的隐含公开是否不能成立。这些可能的答复突破口,要么是由于专利申请文件中并没有充足的内容来支撑本发明如何与现有技术不同,要么是由于就算存在"不同"也是一个非常微小、近乎可以"相当于"的不同,由此被我放弃了。当然,不排除大家可以找出审查意见中的其他错误所在,如果大家有兴趣、有时间,可以试一试,并把自己认为有足够说服力的思考结果告诉我。

好吧，对于上述案例的特征比对方面的分析差不多到此为止了。对于新颖性的论述，如之前讲过的，涉及四要素的判断。我们前面所进行的特征比对只是在分析技术方案如何不同，还有必要进行其他三个要素的分析和答复。

4.6 次要地位三要素的答复

4.6.1 技术领域相同还要不要说

在其他三个要素中，在"技术领域"的对比上，本发明的确是和对比文件 1 相同的。问题是，专利代理师要不要在意见陈述中承认这个"相同"啊。这时候要想起自己的工作性质主要是什么。

是反驳啊！

由于是反驳，专利代理师就不用承认所谓"相同"，因为这根本就不是反驳，而是"同意"啊。我们为什么要说"同意"，说了对于"反驳"完全没有帮助啊。不但如此，作了此种"同意"的陈述后，还有可能带来不必要的风险。假设不是上述的案例，而是其他案例中，审查员指出本发明中的某一技术特征相当于对比文件 1 中的某一内容，如果在此次答复中发现确实无法反驳审查员，由此在意见陈述中很老实地承认了二者"相同"。注意，可是承认相同了啊。假设实际情况并非是"相同"而是"不同"，而这个"不同"又在后续的审查意见答复过程中被别的专利代理师发现了，让这位专利代理师怎么办？反悔吗？不是不可以，但总会有些障碍，而且，如果审查员或者后续的无效宣告请求人利用禁止反悔原则来拒绝后续的"反悔"，好像也是可以的。这样的话，就会由于一个过于老实的承认，该专利（申请）原本所具有的一个区别点被人为地消灭了。要避免这样的风险，由此，就算是当前真的认为相同，也不要在意见陈述中表明承认此种相同。当然了，作为专利代理师考试来说，则是另一回事了，即使技术领域相同，也要陈述出来，体现出自己知道新颖性判断是要考虑四要素的。由此看来，考试和实践还是有一些区别的，前者关注法条、判断标准的理解，而后者更关注的是客户的利益。

4.6.2 技术问题和技术效果的答复

接下来我们看看新颖性判断中剩下的两个要素,即技术问题和技术效果。这两个要素由于具有对应关系,一些情况下可以放在一起进行分析。在整个新颖性判断中,技术方案的分析、对比占绝对重要的地位,因此,实践中,对这两个要素的分析点到为止即可。

例如,在上述案例中,我们可以这样来分析技术问题和技术效果这两个要素。

申请人认为:本发明权利要求 1 的技术方案,所要解决的技术问题以及所能带来的技术效果,也和对比文件 1 并不相同。

本发明权利要求 1 的技术方案所要解决的技术问题,是现有游戏系统无法实现玩家对游戏对象的菜单数据进行编辑,从而使得玩家无法自主地改变游戏菜单中的操作类型,使得玩家在玩游戏的过程中,操作感受变差。

而对比文件 1 所要解决的问题则是游戏中的游戏角色的武力值、智力值、脸谱等数值固定,无法满足用户根据其喜好,自行调整游戏角色原有设定的需要。

由此可见,对比文件 1 所要解决的问题和用户的"操作"感受完全无关,其所要解决的问题也并非是针对游戏菜单的操作类型进行调整,因此,本发明所要解决的技术问题和对比文件 1 所要解决的问题并不相同。

相对应地,本发明权利要求 1 的技术方案所能达到的技术效果是,通过对菜单数据的编辑,实现游戏菜单的可变,从而方便玩家进行操作。而对比文件 1 所能达到的效果,则是以改变游戏角色数值、脸谱的方式,达到玩家自我设计游戏角色、方便玩家过关的目的。二者所能达到的效果完全不同。

由此可见,本发明权利要求 1 所保护的技术方案,在所解决的技术问题和所能达到的技术效果上,和对比文件 1 都明显不同。

到此为止,我们完成了针对技术方案、技术问题、技术效果三要素的分析,(技术领域由于相同也就不进行分析了),下面就可以按照如下方式紧扣法条下结论了。

综上所述，申请人认为，修改后的权利要求1所要解决的技术问题、所采用的技术方案、所能达到的技术效果和对比文件1都不相同，该修改后权利要求1符合《专利法》第22条第2款的规定，具备新颖性。

这个紧扣法条内容虽然不具有什么"反驳"方面的实质性作用，但是，却是意见陈述中规范性表达中不可或缺的一部分。实际上，不论针对哪种类型的审查意见，专利代理师在意见陈述中所作的分析都是为了最终说明专利申请是符合《专利法》具体法条的规定的，通过最后的这个紧扣法条的表述，将之前所进行的具体分析，最终引向对应的法条内容，不论在实务操作中，还是代理师考试中，这都是十分必要的。

4.7　完整的新颖性审查意见答复

下面整理一下上面分析的新颖性审查意见答复，具体如下。

尊敬的审查员：

您好！感谢您对本专利申请的审查，申请人在认真研究审查意见以及本专利申请后，对您的意见答复如下。

申请人首先对权利要求1进行了修改。

根据说明书第1页第2段所记载的"为了使玩家明确知道游戏中的某个游戏对象可以完成哪些操作，游戏开发商通常会将游戏对象的操作类型以菜单的形式给玩家，因此，菜单中所显示的游戏对象的操作类型，也可以称为所述菜单的菜单数据"这一内容，对权利要求1中的"菜单数据"进行了相应的解释，将其解释为"<u>所述菜单数据是以菜单显示的游戏对象的操作类型</u>"。

申请人将权利要求1中的角色标识具体明确为"所述角色标识是玩家的信息，用来区分不同玩家"。该修改的依据为：

原始申请文件说明书第4页倒数第5段记载，"本发明实施例提供了一种菜单数据编辑方法，其核心思想是：获取输入设备所提供的玩家信息，玩家所选择的游戏对象的操作类型，以及所述操作类型的编辑方式，对游戏对象的菜单数据进行编辑"。上述内容与本发明权利要求 1 所保护的技术方案具有对应关系，由此可以得到，权利要求 1 中"获取角色标识，及游戏对象类型"，对应于上述说明书中所记载的"获取输入设备所提供的玩家信息"，因此，可以直接、毫无疑义地确定得到，角色标识是玩家信息的一种。

另外，原始申请文件说明书第 6 页最后一段记载，"如果游戏角色标识为 M 的玩家想对某一种游戏对象的菜单数据进行编辑"。该内容明确体现出，游戏角色标识是针对玩家的标识，由此，可以直接、毫无疑义地确定得到，角色标识是玩家的信息，是用来区分不同玩家的。

进行上述修改后，修改后的权利要求 1 如下：

1. 一种菜单数据编辑方法，其特征在于，所述方法包括：

获取角色标识，及游戏对象类型；其中，<u>所述角色标识是玩家的信息，用来区分不同玩家</u>；

根据所述角色标识，所述游戏对象类型，获取游戏对象的菜单数据；<u>其中，所述菜单数据是以菜单显示的游戏对象的操作类型</u>；

获取玩家选择的所述游戏对象的操作类型，及所述操作类型的编辑方式；

根据所述操作类型，及所述编辑方式，对所述游戏对象的菜单数据进行编辑。

申请人认为，上述修改是结合申请文件原说明书文字记载的内容进行的，或者是依据原始申请文件文字记载的内容直接、毫无疑义得到的修改内容，因此，上述未超出原始申请文件记载的范围，符合《专利法》第 33 条的规定。

一、申请人认为，修改后的权利要求 1 具备新颖性，具体理由如下：

（一）修改后的权利要求 1 所采用的技术方案和对比文件 1 并不相同。

（1）修改后的权利要求 1 中的"菜单数据"并未被对比文件 1 所公开。

审查员认为对比文件 1（《三国志 5》加强版攻略，以下简称"D1"）中的"档案数据"相当于权利要求 1 中的"菜单数据"，申请人认为该

"相当于"并不成立,具体理由如下:

第一,从数据的动、静属性来分析,本发明修改后的权利要求 1 中的"菜单数据",和对比文件 1 中的"档案数据"并不"相当于"。

在修改后的权利要求 1 中,明确了菜单数据所包括的是游戏对象的操作类型,而游戏对象的操作类型,顾名思义指的是游戏对象在玩家的控制下能够完成的动作类型,例如,游戏对象为怪兽时,操作类型可以为攻击;游戏对象为玩家时,操作类型可以为密语、跟随、申请组队。由此可见,菜单数据的数据内容是游戏对象的动作,该数据内容是具有运动属性的。

而从对比文件 1 所公开的"档案数据"的数据内容来看,其是以武力值、智力值这样的静态数值,以及脸谱这样的静态图案,来以静态属性实现对于游戏对象进行静态人物画像。此种虚拟游戏世界中对于游戏对象的静态画像,类似于现实世界中的个人档案,例如,武力值、智力值类似于个人的学历程度,脸谱则类似于个人档案中所附的个人照片。对比文件 1 中所公开的这些静态属性的数据,并非是动作,其数据内容均是"静止"的而非"运动"的。

由此,申请人认为,本发明的"菜单数据"的数据内容具有"运动属性",而对比文件 1 的"档案数据"为"静止属性",本发明中的"菜单数据"并不相当于对比文件 1 中的"档案数据"。

第二,从数据构成是否可以调整来看,本发明修改后的权利要求 1 中的"菜单数据",也和对比文件 1 中的"档案数据"完全不同。

从数据构成来看,本发明中的"菜单数据"由操作类型构成,即,多个不同的操作类型形成菜单数据。结合本发明所提供的方案,本发明中是能够对"菜单数据"的数据构成进行编辑更改的。例如,可以针对菜单数据,增加新的操作类型或者删除不用的旧的操作类型,从而使得菜单数据的数据构成发生相应的改变,实现数据构成的调整。

而对比文件 1 中的档案数据,从数据构成的角度来讲,是由"智力值""武力值""脸谱"这样的属性项目作为其数据构成。显然,即使对比文件 1 中能够进行所谓的"编辑",但此种"编辑"也不可能对档案数据的数据构成进行改变,其所能改变的仅仅是某个数据构成的取值或设定而已。例如，对比文件1中，不可能删掉作为档案数据的数据构成之一的武力值或智力值，只能对武力值或智力值的数值大小进行调整。由此可见，对比文件1中的档案数据，其数据构成是不可被调整的。这类似于我们现实世界中的个人档案，在个人档案包括学历信息和个人照片的情况下，即使我们可以修改档案中的学历信息、个人照片，我们也不可能将档案表中的"学历""照片"这些项目删除掉或者新增原本没有的项目。这些构成档案的"项目"是固定的、不可变的。由此，申请人认为，本发明中的"菜单数据"，其数据构成是可以调整的，即，可以对菜单数据进行操作类型的增加、减少，实现菜单数据的数据构成的改变，而对比文件1中的"档案数据"，只能对其作为数据构成的智力值、武力值的具体数值进行调整，不能实现对档案数据的数据构成进行改变，即，作为档案数据的数据构成的武力值、智力值这些项目是不能被删除的，也不能新增项目。

菜单数据和档案数据在数据构成可否被调整上具有根本的不同，由此，二者并不"相当于"。

第三，从"菜单数据"和"档案数据"对于玩家的直观外在表现形式来看，二者也并不"相当于"。

本发明修改后的权利要求1中的菜单数据，由于其所包括的是操作类型，因此，从用户感知的角度来讲，菜单数据的外在表现形式是"操作"，且这种"操作"是可被触发执行的。即，用户所看到的菜单数据是例如"攻击""密语""跟随"这样的操作名称，用户可以通过例如点击"攻击"这一操作类型来实现相应的攻击操作。

而同样从用户感知的角度来讲，对比文件1中的档案数据，其外在表现形式则是"数值""图片"，而这些内容是不能被触发执行的。例如对于智力值、武力值这样的档案数据，用户在游戏界面中所看到的自然是例如51、89这样的数值；对于脸谱这样的档案数据，用户所看到的自然是脸谱图案。对比文件1所公开的档案数据中，没有任何外在表现为"操作"的数据内容，而且，"武力值""智力值""脸谱"这样的档案数据当然也不能被触发执行。

由此，申请人认为，从数据外在表现形式的角度来分析，本发明中的菜单数据也和对比文件1中的档案数据并不"相当于"。

综上所述，申请人认为，不论是从数据的"动、静"属性、数据构成是否可调整、数据对玩家的外在直观表现来看，本发明修改后的权利要求1中的"菜单数据"，和对比文件1中的"档案数据"都有着根本性的不同，二者不能"相当于"。

（2）申请人认为，本发明权利要求1中的"编辑"和对比文件1中"编辑"并不相同。

申请人要指出的是，"编辑"的对象和"编辑"的依据直接决定了"编辑"动作。正如本发明权利要求1所记载的，本发明中的"编辑"，其对象是"菜单数据"，而依据则是菜单数据中的"操作类型"。在"操作类型"是"菜单数据"所具有的数据项目的情况下，这就决定了本发明中的"编辑"，是通过改变菜单数据所具有的操作类型，来实现的对菜单数据的项目编辑。

而对比文件1中，尽管其没有明文指出，但通过其所公开的"编辑"结果可以发现，其"编辑"的对象是档案数据中的"智力""武力"或者"脸谱"这样的人物属性，而"编辑"的依据则是相应的数值或者图片。在"数值""图片"是档案数据中某一属性的内容的情况下，这就决定了对比文件1中的"编辑"，是通过改变人物属性的取值或者图片，来实现的对人物属性的内容编辑。由于人物属性是档案数据的数据构成，因此，对比文件1所进行的编辑，仅是改变作为档案数据的数据构成的人物属性的属性内容，是一种数据构成的内容编辑，这和本发明中针对菜单数据的数据构成所进行的项目编辑完全不同。

例如，本发明中的编辑可以实现向菜单数据中增加新的技能或者删除不再需要的技能。这是针对菜单数据这一包括多个操作类型的数据集合所进行的集合中的项目构成的调整，而不是对于集合中的项目内容，也就是操作类型本身的内容的调整。即，本发明中的编辑，并非是对菜单数据中已经存在的攻击技能进行攻击强度、攻击范围等的内容编辑。而对比文件1中所进行的编辑，是针对档案数据所包括的项目，例如武力、智力，进行数值的编辑，从而对"武力""智力"进行内容编辑。实际上，对比文件1中的编辑，根本不能删除武力、智力、脸谱等项目,也无法针对档案数据增加一个原本没有的项目(例如皮肤)。由此,对比文件1中的对于某个特定项目的内容编辑和本发明中的项目编辑当然并不相同。

综上所述,申请人认为,本发明权利要求1中的"编辑"和对比文件1中的"编辑"并不相同。

(3)申请人认为,本发明权利要求1中的"操作类型"并未被对比文件1隐含公开。

审查员在审查意见中指出:对比文件1隐含公开了:获取玩家选择的游戏对象的操作类型如智力、武力、脸谱等。申请人对此有不同看法。

申请人认为,本发明中的操作类型,正如之前所分析的那样,是指游戏中的动作的类型,动作具有动态属性,因此,本发明中的操作类型是动态对象的类型。例如,操作类型可以是攻击、组队、交谈等这样的动作类型。而对比文件1中的智力、武力、脸谱,其并不体现出游戏角色相应的动作,只是游戏角色的静态属性取值或图片。在对比文件1的"智力、武力、脸谱"没有公开任何动态元素的情况下,该内容自然不能相当于本发明中的"操作类型"。以此为基础,申请人认为,即使假设对比文件1中隐含公开了获取玩家选择的智力、武力、脸谱的情况下,也没有公开本发明中"获取玩家选择的操作类型"这一技术特征。

(4)本发明修改后的权利要求1中的"角色标识",并不相当于对比文件1中的"刘琦、曹操"。

在本发明修改后的权利要求1中,明确了角色标识是玩家的信息,且是为了区分不同玩家的。该角色标识是和本发明所保护的方案属于网络在线游戏的特点直接相关的。本发明所保护的方案,直接对应于网络在线游戏,这样的游戏需要多个玩家同时在线操作,由此自然就需要为不同玩家分配不同的标识,也就是本发明中的"角色标识",从而实现对不同玩家进行区分。

申请人需要强调的是,对比文件1所对应的《三国志5》游戏,是一款离线单机游戏。由于离线的性质,使得该游戏系统中并不会同时存在多个玩家同时在线进行游戏,而是只有一个玩家以离线形式来和电脑进行对战。这使得在对比文件1的技术方案中,无须也不会出现对于不同玩家的区分，也就并不存在用以区分不同玩家的玩家信息。至于对比文件1中所提及的刘琦、曹操这样的游戏角色标识，只是该款游戏本身所具有的人物标识，这一人物标识并非是用以区分不同玩家的玩家信息，因此和本发明中作为玩家信息的角色标识并不相同。

综上所述，申请人认为，本发明修改后的权利要求1中，存在未被对比文件1公开的技术特征，本发明修改后的权利要求1所要保护的技术方案和对比文件1的技术方案并不相同。

（二）本发明修改后的权利要求1所要解决的技术问题以及所能达到的技术效果，和对比文件1并不相同。

本发明权利要求1的技术方案所要解决的技术问题，是现有游戏系统无法实现玩家对游戏对象的菜单数据进行编辑，从而使得玩家无法自主改变游戏菜单中的操作类型，使得玩家在玩游戏的过程中，操作感受变差。

而对比文件1所要解决的问题则是游戏中的游戏角色的武力值、智力值、脸谱等数值固定，无法满足用户根据其喜好，自行调整游戏角色原有设定的需要。

由此可见，对比文件1所要解决的问题和用户的"操作"感受完全无关，其所要解决的问题也并非是针对游戏菜单的操作类型进行调整，因此，本发明所要解决的技术问题和对比文件1所要解决的问题并不相同。

相对应地，本发明权利要求1的技术方案所能达到的技术效果是，通过对菜单数据的编辑，实现游戏菜单的可变，从而方便玩家进行操作。而对比文件1所能达到的效果，则是以改变游戏角色数值、脸谱的方式，达到玩家自我设计游戏角色、方便玩家过关的目的。二者所能达到的效果完全不同。

由此可见，本发明权利要求1所保护的技术方案，在所解决的技术问题和所能达到的技术效果上，和对比文件1都明显不同。

综上所述，申请人认为，修改后的权利要求1所要解决的技术问题、所采用的技术方案、所能达到的技术效果和对比文件1都不相同，该修改后的权利要求1符合《专利法》第22条第2款的规定，具备新颖性。

分析完了这个案例的新颖性审查意见答复，后面来讨论一下这个案例的创造性审查意见答复。

4.8 该案的创造性审查意见答复

4.8.1 新颖性审查意见为什么要答复创造性

问题是，审查员没有评价本专利申请的创造性啊！为什么要进行创造性答复呢？

原因在于，在审查员认为一个权利要求不具备新颖性的情况下，其认为该权利要求所具有的所有技术特征都已经被一篇对比文件所公开。此时，该权利要求自然不能满足具备创造性的要求，也就没有评价创造性的必要了。但是对于专利代理师而言，在答复完新颖性之后，却有答复创造性的必要。

在答复新颖性的过程中，专利代理师会阐述本发明权利要求如何同现有技术存在区别技术特征，但存在区别技术特征并不一定意味着这个专利申请就能获得授权。基于新颖性和创造性之间的衍生关系，有新颖性不一定意味着有创造性。也就是说，即使本发明和对比文件存在区别，但当该区别特征也属于现有技术的情况下，该发明仍然是不具备创造性的。由此，从严谨的角度来说，从为了全面地论证本发明能够获得授权，在论述完本发明具有新颖性后，也是有必要论述一下本发明具备创造性的。

4.8.2 该案的创造性审查意见答复

对于上述案例而言，我们分析如何答复创造性审查意见的目的仅在于，通过案例来熟悉一下创造性审查意见答复的构成以及"三步法"的使用。

我之前讲过，对于创造性审查意见的答复来说，要分成"突出的实质性特点"以及"显著的进步"两个方面进行答复，二者缺一不可，而在意见陈述中，以前者为主、后者为辅。对于"三步法"的使用，前面也进行了分析并给出了相应的模板。结合这些内容，下面针对这个案例的创造性审查意见答复进行一下实践。

该案的创造性审查意见陈述可以如下。

申请人认为，修改后的权利要求1具备创造性，具体理由如下：

（一）本发明修改后的权利要求1具有突出的实质性特点

在审查意见中，审查员用以和本发明权利要求1进行对比的现有技术为对比文件1，此次创造性答复以对比文件1作为最接近的现有技术。

1. 本发明修改后的权利要求1相对于最接近的现有技术的区别技术特征以及本发明实际解决的技术问题。

结合有关新颖性的分析，申请人认为，本发明修改后的权利要求1中的"菜单数据""编辑""操作类型""角色标识"均未被对比文件1所公开，基于此，申请人认为，修改后的权利要求1中与上述内容相关的执行动作均未被对比文件1所公开，属于本发明相对于最接近的现有技术的区别技术特征，这些区别技术特征包括：

获取角色标识，及游戏对象类型；其中，所述角色标识是玩家的信息，用来区分不同玩家；

根据所述角色标识，所述游戏对象类型，获取游戏对象的菜单数据；其中，所述菜单数据是以菜单显示的游戏对象的操作类型；

获取玩家选择的所述游戏对象的操作类型，及所述操作类型的编辑方式；

根据所述操作类型，及所述编辑方式，对所述游戏对象的菜单数据进行编辑。

上述区别技术特征在本发明中所能达到的效果是通过对菜单数据的编辑，实现游戏菜单的可变，从而方便玩家进行操作，由此，本发明实际解决的技术问题是：使得玩家能够自主地改变游戏菜单中的操作类型，从而在玩家玩游戏的过程中，获得更为便捷的操作感受。

针对上述区别技术特征及其在本发明中所起的作用，申请人认为，在其他可能的对比文件中不会公开上述区别技术特征及其作用，同时，上述区别技术特征也不属于公知常识或惯用技术手段。因此，现有技术中并不存在将上述区别特征应用到最接近的现有技术以解决本发明实际解决的技术问题的启示，由此，本领域技术人员在面对本发明实际解决的技术问题时，没有动机将对比文件1和其他对比文件或公知常识相结合而得到本发明修改后的权利要求1所要保护的技术方案，该技术方案相对于现有技术是非显而易见的，具有突出的实质性特点。

（二）本发明修改后的权利要求1具有显著的进步

申请人认为，本发明修改后的权利要求1能够通过对菜单数据的编辑，实现游戏菜单的可变，从而方便玩家进行操作，增强了游戏操作的便捷性，提升了玩家在使用游戏中的自主性，从而带来了更好的技术效果。由此可见，本发明修改后的权利要求1相对于现有技术具有显著的进步。

综上所述，申请人认为，本发明修改后的权利要求1相对于现有技术具有突出的实质性特点和显著的进步，符合《专利法》第22条第3款的规定，具备创造性。

需要注意的是，上面仅仅是完成了对于权利要求1的分析，审查员在审查意见中是针对所有权利要求都进行了评述的。为此，我们还需要以套话的形式来阐述一下其他权利要求的问题，同时，最后结尾部分也要对审查员表示感谢。

如上，结合一个新颖性的审查意见，分析了如何以特征比对为核心来完成审查意见的答复。在此过程中，也讲解了如何进一步就创造性问题进行陈述，但毕竟这个案例是一个新颖性的审查意见答复。下一章，我会给出真实案例的创造性审查意见，分析如何寻找答复突破口、如何完成意见陈述。在分析过程中，尤其会注意结合本发明的逻辑主线来寻找核心发明点，并针对核心发明点来寻找答复突破口。

第5章

创造性审查意见答复案例分析
——寻找并凸显强有力的答复突破口

5.1 本发明的技术方案

该案例所涉及的专利申请,是一种玻璃与大理石复合板材的生产工艺,在其申请文件"背景技术"中的描述大体如下。

大理石由于具有天然丰富的色彩条纹,从而深受人们的喜爱,但天然石材价格昂贵、资源稀缺,因此,已经出现了大理石—瓷砖复合板材。此种复合板材节约了大理石的用量,显著降低了成本,但大理石的一些缺点却仍然存在。

目前地板或者内外墙装饰采用的大理石有一定的不足之处,大理石表面上光洁度不高、抗磨性、抗划性、耐污性、耐化学腐蚀性低,基于这些缺点的存在,其使用受到了很多的限制。

而玻璃马赛克和玻璃砖,由于其高透明性和良好的机械物化性能,在装饰装修方面受到了广泛关注,其市场份额不断扩大,但由于纹理方面很难和大理石媲美,其使用范围有很大的限制。

现有技术中的大理石也有采用复合材料的方式,如2009年4月1日公开的中国专利,公开号为CN101397839A,其公开了一种透光天然大理石复合板及其制造方法,由一块透光的天然大理石板,与同样大小的一块无机玻璃板或有机玻璃板相叠合,在叠合层界面上,分别涂有环氧胶黏结剂。但其黏结层易脱落、不耐磨，工艺条件要求高，且装饰层视觉效果较差。

该专利申请文件的"发明内容"部分大体如下。

本发明能够克服上述缺陷，提供一种玻璃与大理石复合板材生产工艺，其具有很好的耐污与耐磨性，并能保持人们所喜爱的大理石的天然纹理。

为实现上述目的，本发明采用如下技术方案，其包括以下步骤：
（1）将大理石板材定厚度，并进行表面处理；
（2）将大理石板材切割成需要的形状和尺寸；
（3）将玻璃切割成和大理石同样的形状和尺寸；
（4）把玻璃放入高温熔炉进行熔边；
（5）将玻璃和大理石用高透明黏结剂黏合；
（6）固化成型。

将大理石板材对剖进行定厚度。表面处理包括粗磨和抛光。该玻璃、大理石复合板材主要由两层构成，上述的第一层是基层，该层由平整的大理石及其类似材料制成；第二层是玻璃层，由高透明的黏结剂将二者黏合起来，即形成了既具有玻璃表面又具备大理石色彩和纹理的新型装饰材料。玻璃采用普通或者超白浮法平板玻璃。为了节约大理石用量，也可以使用人造石补足大理石背面直到所需厚度。

玻璃熔边的温度为 $600 \sim 900℃$。固化步骤中的压强为 $50 \sim 80MPa$，时间为 $15 \sim 30$ 小时。

玻璃的厚度和大理石的厚度均可根据需要而改变，黏结剂可以使用单组分，也可以使用双组分，在复合时要把其中的空气排出，并施加一定的压力直到黏结剂固化才能黏结牢固。

本发明所生产的玻璃石，表面耐磨性、抗划性能好并具备大理石的天然纹理，厚度、形状、大小均可根据需要变化。

本发明的方法制造方式简单，糅合了大理石深加工和玻璃深加工的传统工艺，创造出一种优于天然大理石表面性能并保持大理石表面装饰效果而且成本低廉的新型装饰材料。

第5章 创造性审查意见答复案例分析——寻找并凸显强有力的答复突破口

该专利申请文件的"具体实施方式"部分大体如下。

实施例1

用20mm厚的300×300mm的卡拉拉白大理石,可以对剖成3片5mm厚的300×300mm的大理石箔片(扣除5mm的锯路厚度)。取3mm厚的超白玻璃,切割成和大理石同样大小尺寸,然后,经过700~800℃的高温熔炉熔边,再用双组分黏结剂黏合,并在加压压强为60MPa下进行固化,经过24小时固化之后,表面经过清洗,就可形成玻璃表面大理石纹理和质感的玻璃—大理石复合装饰板材。

实施例2

与实施例1的操作基本相同,只是采用不同的大理石品种和不同的尺寸,譬如卡拉卡塔白大理石,切割成25×25×8mm的尺寸,复合后可以做成玻璃—大理石复合马赛克。

实施例3

用20mm厚的300×300mm的卡拉拉白大理石,可以对剖成5片3mm厚的300×300mm的大理石箔片(扣除5mm的锯路厚度),大理石箔片背面黏合2mm厚的人造石补足大理石背面所需厚度,节约大理石用量。取3mm厚的超白玻璃,切割成和大理石同样大小尺寸,然后经过800~900℃的高温炉熔边,再用双组分胶黏剂黏合并加压压强为75MPa固化,经过20小时固化之后,表面经过清洗,就可以形成玻璃表面大理石纹理和质感的玻璃—大理石复合装饰板材。

该专利申请的权利要求书为:

1. 一种玻璃与大理石复合板材生产工艺,其特征在于包括以下步骤:
(1)将大理石板材定厚度,并进行表面处理;
(2)将大理石板材切割成需要的形状和尺寸;
(3)将玻璃切割成和大理石同样的形状和尺寸;
(4)把玻璃放入高温熔炉进行熔边;
(5)将玻璃和大理石用高透明黏结剂黏合;
(6)固化成型。
2. 根据权利要求1所述的玻璃与大理石复合板材生产工艺,其特征在于将大理石板材对剖进行定厚度。

3. 根据权利要求 2 所述的玻璃与大理石复合板材生产工艺，其特征在于表面处理包括粗磨和抛光。

4. 根据权利要求 1 所述的玻璃与大理石复合板材生产工艺，其特征在于玻璃采用普通或超白浮法平板玻璃。

5. 根据权利要求 1 所述的玻璃与大理石复合板材生产工艺，其特征在于玻璃熔边的温度为 600~900℃。

6. 根据权利要求 1 所述的玻璃与大理石复合板材生产工艺，其特征在于高透明黏结剂采用单组分或双组分黏结剂。

7. 根据权利要求 1 所述的玻璃与大理石复合板材生产工艺，其特征在于固化步骤中的压强为 50~80MPa，时间为 15~30 小时。

5.2　审查意见和对比文件

5.2.1　审查意见

对于该专利申请，审查员认为该专利申请的各项权利要求均不具备创造性，审查意见如下。

（1）权利要求 1 不符合《专利法》第 22 条第 3 款所规定的创造性。

权利要求 1 请求保护一种玻璃与大理石复合板材生产工艺，对比文件 1（CN101397839A）公开了一种透光天然大理石复合板材及其制造方法，具体公开了如下特征（参见说明书第 2 页至第 3 页，附图 1）：

一种透光天然大理石复合板，准备一块厚度在 1.5~10mm 透光的天然大理石板 1（相当于权利要求中的将大理石板定厚度），与同样尺寸和形状的一块无机玻璃或有机玻璃板（相当于权利要求的将玻璃切割成需要的形状和尺寸，并且隐含公开了大理石板切割成需要的形状和尺寸），在两块板之间的界面上黏合有一次环氧胶黏剂的涂层（相当于权利要求的用高透明黏结剂黏合），黏合成复合板，置于真空环境中，固化成型。

权利要求 1 与对比文件 1 相比，区别技术特征是：将大理石板材进行表面处理；将玻璃放入高温熔炉进行熔边。

对比文件2（CN2580012Y）公开了一种彩色玻璃面砖，并公开了如下技术特征（说明书第1页最后一段）：

一种彩色玻璃面砖，基层1和着色层2借助环氧树脂的强结合力结合成玻璃塑胶复合结构，其中基层1为热熔边缘的平板玻璃。

对比文件2与本申请属于相近的技术领域，而且上述技术特征所起的作用与本申请相同，均为玻璃的处理工艺，本领域技术人员在对比文件1的基础上结合对比文件2，很容易将对比文件1中的玻璃在黏结之前放入高温熔炉进行熔边。至于在复合之前对大理石板进行表面处理是本领域技术人员根据实际需要很容易选择使用的，是本领域技术人员的常用技术手段，不需要创造性劳动。

因此，在对比文件1的基础上结合对比文件2和本领域常用技术手段以获得该权利要求所要求保护的技术方案，对所属领域的技术人员而言是显而易见的，因此该权利要求所要求保护的技术方案不具备《专利法》第22条第3款所规定的创造性。

（2）权利要求2至7不具备《专利法》第22条第3款规定的创造性。

权利要求2至7作了进一步限定。

对比文件1中已经指出对大理石板材定厚度在1.5~10mm。至于定厚度的手段是本领域技术人员根据实际需要很容易选择使用的，将大理石板材对剖是本领域技术人员的常用技术手段。

在大理石板材在使用前进行粗磨和抛光是常用的表面处理的手段，根据实际需要很容易选择使用。

对比文件1中采用无机玻璃板或有机玻璃板。根据实际需要采用普通玻璃或超白浮法平板玻璃是本领域技术人员很容易做到的，这都是建筑装饰常用的建筑材料。

对比文件2中已经指出对玻璃进行热熔边。而玻璃熔边的温度根据实际需要达到的技术效果很容易选择使用，不需要创造性劳动。

对比文件1中环氧类胶黏剂分A组分与B组分（相当于权利要求的单组分或双组分）。

对比文件1中固化步骤中压强为80~95KPa，温度10~30℃，养护10~30小时。而本领域技术人员根据压强、温度和时间三者的关系以及要达到的产品性能，很容易选择合适的压强与时间的匹配关系来达到经济的效果。

因此，当其引用的权利要求不具备创造性时，权利要求2~7也不具备《专利法》第22条第3款规定的创造性。

基于上述理由，本申请的权利要求不具备创造性，同时说明书中也没有记载其他任何可以授予专利权的实质性内容，因而即使申请人对权利要求进行重新组合或根据说明书记载的内容作进一步限定，本申请也不具备被授予专利权的前景。如果申请人不能在本通知书指定的答复期限内提出表明本申请具备创造性的充分理由，本申请将被驳回。

5.2.2 对比文件1记载的内容

分析上述审查意见不难发现，对于该专利申请的创造性构成最严重影响的现有技术是对比文件1，对比文件1的说明书记载了如下内容。

透光天然大理石复合板及其制造方法

技术领域

本发明涉及一种幕墙石材，特别是一种透光大理石复合板及其制造方法。

技术背景

大理石由于既坚固耐用，又有装饰美观效果，其应用领域越来越广泛，向着纵深领域发展，出现了一些新的应用领域。在建筑物外或广告墙面上，幕墙石材是一种新兴的建筑及装饰材料。中国专利申请号200710009963.8，"透光人造大理石及其制造方法"（公开号CN101186464A）的申请，所公开的涉及一种透光的人造大理石，以透明不饱和聚酯树脂作胶合剂，填充料主要使用超微细碳酸钙粉，利用常规设备来生产，基本上仍然是人造大理石的生产方法，所产出的透光大理石，尽管具有透光的光学特征，但毕竟是人造石材，缺乏天然质感，无论是在质感、强度、耐候等方面，均大为逊色。而从天然大理石角度来考虑，透光天然大理石与其他材料的复合材，如果有的话，由于现有的复合材基本是会用胶黏剂来黏结，通常的黏结方法没有特别的要求，所得的复合材，会出现黏结不牢，外观不平整，界面层有空隙、有气泡等诸多问题。对于一种透光材料，对其光学特征是有严格要求的，例如，不同介质的材料有不同的折射率，其界面中的气泡会发生内部全反射等。由不同方法所制得的复合材，其界面特征尤为关键，它是会影响材料的机械性能和光学特性的。

发明内容

本发明的目的在于避免上述现有技术的不足之处，而提供一种制造方法简易，可利用常规设备生产的，装饰效果良好，光学特性满足要求的透光天然大理石复合板及其制造方法。

本发明的目的可通过如下措施来达到：

一种透光天然大理石复合板，包括透光的天然大理石板，其特征在于，所述的一块透光的天然大理石板，与同样尺寸和形状的一块无机玻璃板或有机玻璃板叠合，在所述的两块板之间的界面上黏合有一层环氧胶黏剂的涂层，使该两块板黏结成复合板，其中，天然大理石板的厚度在1.5～10mm，无机玻璃板或有机玻璃板的厚度在8～25mm。

上述的天然大理石板的厚度优选1.8mm，上述的无机玻璃板或有机玻璃板的厚度优选15mm。

上述的环氧胶黏剂是一种干挂石材幕墙用的环氧胶黏剂的涂层，涂层厚度在0.05～0.5mm的范围。

在上述的天然大理石板，与所述的无机玻璃板或有机玻璃板的层面之间的整个界面上，涂上一层所述的环氧胶黏剂，将两者复合，然后将复合板置于真空环境中，维持绝对真空度在80～95KPa（千帕），保持温度在10～30℃下，养护10～30小时以使胶黏剂硬化。

本发明的复合板及其制造方法，具有如下优点：

1. 该复合板产品制造简易，设备简单，利用普通材料，可获得光学性能良好的装饰板材。当用作幕墙材料时，光线从半透明的具有彩云般花纹的天然大理石穿过，入射到玻璃层，产生各种反射和折射，得到金碧辉煌、变幻无穷的花纹图案的投影，这是一种高品位的装潢材料，大大提高其使用价值。另外，以较薄的大理石板配以较厚的玻璃板，获得厚重的复合板，使天然大理石的利用率提高。还有，所使用的板材主要是无机材料，耐气候性能好，不易出现老化问题。

2. 本发明的方法解决了天然石材与玻璃板的黏合问题，特别是在黏合剂硬化过程中，成功地排除水分和低分子化合物，克服了通常会出现气泡的技术难题，使复合板的光学性能良好，复合板平整，机械性能好。

下面结合附图和实施例对本发明作进一步的非限定性叙述。

附图说明

图1是本发明的复合板的横截面结构示意图；

图中，1是天然大理石板，2是环氧胶黏剂，3是无机玻璃板，3'是有机玻璃板。

具体实施方式

准备一块厚度在1.5~10mm，优选1.8mm的带花纹且透光的天然大理石板1，与同样尺寸和形状的无机玻璃板3或有机玻璃板3'，该玻璃板的厚度在8~25mm，优选15mm；经清洗干净后，各在其中一面上，涂上薄薄的一层环氧胶黏剂2，优选那种专用于干挂石材幕墙的环氧胶黏剂，例如JC887—2001型的。由于环氧类胶黏剂是分A组分与B组分的，必须及时使用并及时后处理。在黏合成复合板（见图1所示）后，立即送到真空环境中，逐渐地抽真空到绝对真空度80~95KPa，然后保持之，在10~30℃温度下养护10~30小时，待复合板完全黏合牢固后，卸真空，取出工件，得到本发明的透光天然大理石复合板。该产品适用于建筑物外的幕墙材料，或广告装潢面板材料。

说明书附图

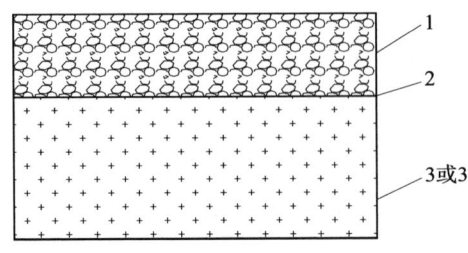

图1

在该案的审查意见中,对比文件2是用来评价本发明中热熔边缘的玻璃这一技术特征的,对本发明的创造性破坏力度没有那么大,有兴趣的读者可以自行检索阅读,这里就不再单独提供了。

好吧,材料基本齐全了,下面就是怎么答复了。

5.3 练习版本一的意见陈述和分析

5.3.1 练习版本一的意见陈述

尊敬的审查员:

您好!感谢您对本专利申请的审查,申请人在认真研究审查意见以及本专利申请后,对您的意见答复如下。

申请人首先对权利要求1进行了修改。明确了玻璃是和大理石的表面相黏合,且对于如何"定厚度"进行了限定。修改后的权利要求1如下:

1. 一种玻璃与大理石复合板材生产工艺,其特征在于包括以下步骤:

(1) <u>结合大理石的厚度、扣除锯路厚度,对所述大理石进行对剖,得到相应厚度的大理石</u>,并对所述大理石进行表面处理;

(2) 将大理石板材切割成需要的形状和尺寸;

(3) 将玻璃切割成和大理石同样的形状和尺寸;

(4) 把玻璃放入高温熔炉进行熔边;

(5) <u>采用高透明黏结剂,将玻璃黏合在所述大理石的表面</u>;

(6) 固化成型。

由于上述修改均是基于原始申请文件的记载进行的,因此,符合《专利法》第33条的规定。

一、申请人认为,修改后的权利要求1具备创造性。

1. 申请人认为,本发明修改后的权利要求1所要解决的技术问题和对比文件1所要解决的技术问题并不相同。

本发明的目的在于,解决现有技术中玻璃和大理石黏合中易脱落、装饰层装饰效果差的问题,提供一种玻璃和大理石复合板材生产工艺,从而具有很好的耐污与耐磨性，并保持人们所喜爱的大理石的天然纹理。

而对比文件1所要解决的技术问题是，克服复合材料界面层有空隙、有气泡所产生的问题，提供一种装饰效果良好，光学特性满足要求的透光天然大理石复合板及其制造方法。

对比本发明和对比文件1所要解决的技术问题可以发现，本发明所要解决的技术问题重在黏合是否牢固以及在表面耐污、耐磨的情况下也能保持大理石的天然纹理，而对比文件1所要解决的技术问题则重在光学特性所影响的装饰效果，二者迥然不同。基于此，申请人认为，对比文件1对于本发明而言，并不能给出相应的技术启示。

2. 由于本发明和对比文件1所要解决的问题不同，因此二者所采用的技术手段也并不相同。

第一，申请人认为，在对比文件1中，所采用的是天然透光大理石，而在本发明中，采用的大理石并未限制为是透光天然大理石，本发明中的大理石既可以是透光的，也可以是不透光的，因此，二者并不相同。由此，本发明中的大理石属于相对于对比文件1的区别技术特征。

第二，对比文件1中所采用的是环氧胶黏剂，而本发明中所采用的是高透明黏结剂，二者并不相同。在本发明中，正是采用了高透明的黏结剂，使得黏结更为牢固，解决了现有技术中易脱落的问题。

第三，对比文件1中在采用玻璃和大理石进行黏合时，该玻璃并未进行熔边处理，而本发明中，与大理石进行黏合的玻璃，是进行熔边处理后的玻璃，这也是本发明和对比文件1的区别所在。

第四，在本发明权利要求1中，具有将大理石板材切割成需要的形状和尺寸这一技术特征，而对比文件1中，并未记载对大理石板材进行切割的任何内容，由此，申请人认为该技术特征属于本发明相对于对比文件1的区别技术特征。

第五，在本发明中，为了使得黏结更加牢固，在进行固化成型时，是在加压环境下进行的，而对比文件1中并未公开该技术特征。

3. 对比文件2对于本发明而言没有给出任何技术启示。

申请人认为，对比文件2中所公开的是由玻璃和环氧树脂复合而成的玻璃面砖，其中并没有任何有关大理石的内容，其所形成的，也并非是具有玻璃表面且具有大理石纹理的复合板材。在对比文件2完全没有公开和大理石有关的任何内容的情况下，该对比文件2自然对于本发明而言没有给出任何技术启示。

综上所述，申请人认为，审查员所指出的对比文件1和对比文件2，对于本发明而言都没有给出相应的技术启示，由此，本发明相对于对比文件1和对比文件2而言，具备创造性。

申请人进一步认为，由于权利要求1具备创造性，因此，直接或间接引用该权利要求1的其他权利要求自然也具备创造性。

综上所述，申请人相信，经过上述意见陈述，应能消除您在第一次审查意见通知书中对本申请所存在的疑虑。请您在此基础上继续对该申请进行审查，并望早日授予专利权。如果您认为本申请仍有不符合《专利法》及其实施细则规定之处，恳请再给予一次陈述意见/修改的机会。再次感谢您的辛勤工作。

5.3.2 针对练习版本一的分析

从表面来看，这个意见陈述貌似内容充实、格式规范，好像还挺专业的，但仔细一分析就会发现，这个意见陈述问题很多，基本上是一个不合格的答复。

下面就逐一来分析练习版本一的问题所在。

5.3.2.1 有关修改的问题

先来看练习版本一中有关"修改"的部分。

（1）修改超范围的问题。

在版本一的修改部分中，专利代理师提及进行了两处修改，但这两处修改仅仅给出了修改的结果，并没有给出修改依据，即没有给出该修改是依据原始申请文件中何处所记载的什么内容所进行的修改。即使专利代理师在意见陈述中有关"修改"这部分的最后，陈述了其认为该修改没有超出原始申请文件记载的范围，但在意见陈述中没有给出修改依据的情况下，这样的陈述只是专利代理师给出的结论而已，由于没有相应理由支撑，该结论很有可能不被审查员认可。

具体来说，第一处修改在权利要求1的步骤（5）中，通过修改，明确了玻璃和大理石的黏合是将玻璃黏合在所述大理石的表面，这看似是原始申请文件中显然可以得到的一个内容，但真要找出满足修改不超范围的修改依据，并不容易。

分析原始申请文件后会发现，在原始申请文件的记载中，没有一处有关黏合的内容中，提及了将玻璃黏合在大理石的表面。原始申请文件中和"黏合"有关的内容如下：

> 该玻璃、大理石复合板材主要由两层构成，上述的第一层是基层，该层由平整的大理石及其类似材料制成；第二层是玻璃层，由高透明的黏结剂将二者黏合起来，即形成了既具有玻璃表面又具备大理石色彩和纹理的新型装饰材料。

> 取3mm厚的超白玻璃，切割成和大理石同样大小尺寸，然后，经过700~800℃的高温熔炉熔边，再用双组分黏结剂黏合。

在这些内容中，并没有修改后的"将玻璃黏合在所述大理石的表面"的直接的文字记载，更没有其中所涉及的"大理石的表面"的概念。在修改后的内容无法在原始申请文件中找到对应的依据的情况下，要说明修改的内容是不超范围的，想必就比较困难了。更何况，这位专利代理师在意见陈述中还没有给出上述的修改依据，怎么可能让审查员接受修改是不超范围的呢？

有的人可能会觉得比较奇怪：审查员不会自己去看申请文件吗？审查员从申请文件中很容易就能发现玻璃是黏合在大理石的表面啊，怎么能完全不顾这一客观事实而认为修改超范围呢？

审查员凭什么自己去看啊？

修改是专利代理师修改的，专利代理师理应就这个修改如何不超范围给出理由来予以论证。证明修改不超范围是专利代理师的工作，不是审查员的义务。由此，寄希望于让审查员自己去找修改依据从而认可修改不超范围，是幼稚且错误的想法。

至于"客观事实"的问题，除了技术上的客观事实，还要想到另一个客观事实，那就是法律规定也是一个客观事实。审查员是依法进行的审查，要符合专利审查的相关要求，技术事实虽然摆在那儿，但如果用文字体现出的技术事实，不足以满足专利审查的相关标准和要求，那么，自然也是不行的。专利代理师不能只顾技术的客观事实，而不顾法律要求的客观事实。

上述的修改就存在不符合法律要求的客观事实这一问题。《专利审查指南》中就修改不超范围的要求，概括来说是两种情况：一种是修改后的内容是原始申请文件中直接的文字记载；另一种则是可以基于原始申请文件中的文字记载，直接、毫无疑义地得到修改后的内容。结合之前的分析可以发现，"将玻璃黏合在所述大理石的表面"这一内容，在原始申请文件中并没有直接的文字记载，专利代理师又没有给出有关"直接、毫无疑义"方面的分析论述，由此，这样的修改是无法满足《专利审查指南》中有关修改不超范围的规定的。

再看第二处修改。第二处修改是将如何"定厚度"限定为"结合大理石的厚度、扣除锯路厚度，对所述大理石进行对剖，得到相应厚度的大理石"。当然，针对这一修改，专利代理师同样没有给出修改的依据，使得该修改存在被认定为"超范围"的风险。但与第一处修改不同的是，上述有关"定厚度"的修改是能够在原始申请文件中找到修改依据的。在原始申请文件中有如下记载：

用 20mm 厚的 300×300 的卡拉拉白大理石，可以对剖成 3 片 5mm 厚的 300×300 的大理石箔片（扣除 5mm 的锯路厚度）。

从这一内容中，可以得到修改后的"结合大理石的厚度、扣除锯路厚度，对所述大理石进行对剖，得到相应厚度的大理石"这一内容。专利代理师需要做的，是将上述内容在原始申请文件中的记载位置乃至上述原文本身，在意见陈述中指出，从而支持其修改不超范围的结论。由此可见，第二处修改不超范围，似乎并不是一个难题。修改不超范围的问题是解决了，但当分析"修改"是否正确时，还有必要考虑一下这样的修改是否有必要。

（2）是否有必要进行修改。

这个修改是否有必要可以从两个方面来考虑。一是这样的修改是否能够对答复提供强大的火力支持？二是这样的修改是否会对专利申请人的权益构成不必要的损失。

不难发现，上述修改仅是将"定厚度"这一上位的技术特征，明确为以

"对剖"这一下位的方式来实现，进而，在修改中，还包括与"对剖"相配合的"扣除锯路厚度"的技术特征。但针对"对剖"而言，审查员在评价权利要求2时，已经认定其属于常用技术手段了，至于"扣除锯路厚度"，虽然其没有在任何权利要求中存在从而未被审查员评价过，但在审查员认为"对剖"属于常用技术手段的情况下，"扣除锯路厚度"想必也很有可能被审查员认为是常用技术手段了，更何况，它真的就是常用技术手段！

分析某个特征对于答复创造性审查意见的贡献度如何，除了考虑审查员是否评价过该技术特征、其评价是否正确之外，更重要的是，要考虑该特征是否是本发明的发明点。如果是，则这一特征属于体现本发明和现有技术存在区别的主要内容，是能够提供创造性贡献的核心力量；反之，则即使该特征和现有技术存在区别，该区别估计也是细微甚至是难以成立的，其对于本发明具备创造性的贡献通常不会很大。

分析第二处修改不难发现，从该案的专利申请文件来分析其逻辑主线，"对剖""扣除锯路厚度"这些技术特征，并非是本发明的发明点。这些特征即使对于发明人而言，估计也并非是其提出本发明时的改进所在。如果专利代理师以这样的特征来说明本发明和现有技术存在区别，自己都不一定很有底气。这样的"区别"有可能是那种为了找区别而硬找出的区别，要以这样的特征来说明本发明具备创造性，无疑有些勉为其难了。

由此可见，第二处修改的内容，不但是审查员已经评价过的特征，而且并非属于本发明的发明点，通过这一修改，并不能为本发明具备创造性提供什么实质性的贡献。

相反，第二处修改却在保护范围上对于专利申请人构成了不必要的损失。这个损失主要体现在：直观上来说，该修改是以下位概念来替代独立权利要求中的上位概念，属于保护范围的缩小。相反，如果修改是一种"解释"性质的修改，且这种解释是一种定义性质的"等于"关系的解释，那么，这样的修改则不会造成保护范围的变小。显然，第二处修改并不属于这种"解释"性质的修改。

由于第二处修改不能对于本发明具备创造性提供实质性贡献，而且，该修改又导致了保护范围被不必要地限缩，该修改显然就是不必要甚至是错误的。

下面接着分析上述版本一答复中有关创造性审查意见答复的内容。

5.3.2.2 非特征比对方面的问题

（1）答复框架不符合要求。

我们先来看下该答复的大体框架。

从框架的角度来说，上述版本一的创造性审查意见答复中，并没有出现单独的"突出的实质性特点""显著的进步"的分析，通俗来说，这样的陈述无法满足紧扣法条的要求。因为在《专利法》第22条第3款有关创造性的规定中，满足创造性要求需要具有突出的实质性特点和显著的进步这两个要素。

（2）陈述了正确的事实但却不是有效的答复。

在版本一有关创造性的具体论述中，专利代理师将陈述分成了"1、2、3"这三点。在第1点中，专利代理师首先指出，本发明修改后的权利要求1所要解决的技术问题和对比文件1所要解决的技术问题并不相同。

这种说法既对又不对。

说它对，是因为客观事实的确如此；说它不对，是因为这个内容对于答复来说几乎没有价值。

分析本发明和对比文件1后会发现，专利代理师在版本一中就二者问题的分析、对比是正确的。但正确了又能如何呢？要知道，审查员根本就没有对这二者进行问题的比较，创造性判断的"三步法"中也并不存在将本发明和最接近的现有技术进行问题比较的判断步骤。专利代理师进行这样的陈述后，可能的结果是：审查员认为陈述的事实是正确的，但这一事实并没有说明审查员的观点是如何错误的，也并非是审查员所采用的"三步法"评价体系中的评判内容，由此，审查员仍然会坚持其之前的观点，认为该专利申请不具备创造性。

这里再次强调一下，作为答复审查意见的意见陈述，通常要紧扣"三步法"的评价体系来进行，一定要针对审查员的观点来进行，这样才可以完成对审查员的观点的反驳，说明本发明具备创造性。

（3）采用了并不存在的因果关系。

在版本一的陈述的第2点中，专利代理师给出了一个他自己设计的因果关系，但这是一个不严谨的因果关系。专利代理师指出，本发明和对比文件1所要解决的问题不同，因此二者所采用的技术手段也并不相同。问题是，真有这样的因果关系吗？

不论是从《专利审查指南》的规定还是一般技术规律来看，上述因果关系都不能说是严格成立的。并不能排除这样的可能，两个方案虽然所要解决的问题不同，但是其所采用的技术方案却是相同的。毕竟所要解决的问题并不唯一对应一种解决手段。解决的问题不同，但是完全有可能殊途同归地采用相同的技术手段的。

这显得有些不好懂是吧，那我们把这个事情说得容易一些。

应该注意到，审查员在评价创造性时，并不是认为本发明的整体方案和最接近的现有技术的整体方案相同，而是只认为最接近的现有技术中公开了本发明技术方案的一部分技术特征，而其余技术特征属于区别技术特征。同时要注意的是，版本一中提及的所谓要解决的技术问题，是针对整体技术方案而言的。由此，就会出现如下的情况。

本发明权利要求 1 的方案是 A、B、C、D，其是采用 D 来解决技术问题"甲"的，审查员找到的最接近的现有技术 D1 中，公开的方案是 A、B、C，其是采用 C 来解决其要解决的技术问题"乙"的。此时，不能基于 D1 解决的技术问题是"乙"，本发明解决的技术问题是"甲"，就得出 D1 没有公开本发明的 A、B、C 啊，因为"甲"和"乙"的不同，不是本发明和 D1 在"A、B、C"上的不同所导致的，而是本发明新增加了"D"而 D1 中没有"D"所导致的。

这样说差不多清楚了吧。

分析了这么久，其实只是想说明不能在没有稳定理论依据的情况下，勉强地、生硬地以一个自造的逻辑关系来阐述自己的观点，这种观点很有可能是站不住脚的。实际上，上述版本一中，尽管提出了上述因果关系作为其观点，但在其论述中却完全没有用到这一观点。分析其在第 2 点的论述中可以发现，其仅仅是论述了特征如何不同，并没有从问题出发去分析为何问题不同所以手段必然不同。由此，对于版本一的答复来说，上述错误的因果逻辑关系实际上全无用处。

5.3.2.3 特征比对方面的问题

我们再来具体看一下这位专利代理师认为本发明到底哪些特征和对比文件

第5章 创造性审查意见答复案例分析——寻找并凸显强有力的答复突破口

1不同。

（1）有关本发明中的大理石。

在技术手段的分析中，专利代理师首先指出的是本发明的大理石和对比文件1的大理石不同，但其得出的"不同"，是以外行的角度得出的，并非是内行应该得出的不同。

为什么这么说呢？这位专利代理师在意见陈述中指出，对比文件1中的大理石是天然透光大理石，而本发明中的大理石并没有限定一定是透光的，因此二者不同。这从外行的角度来看，是有道理的，一个有限制，一个没有限制，二者是不同啊，但从内行的角度来看，就并非如此了。

所谓内行的观点是，本发明中对于大理石没有作限定，因此是一个上位概念的大理石，而对比文件1中的天然透光大理石因为存在透光的限定，所以是一个下位概念。从特征比对的角度来讲，下位概念破坏上位概念，因此，本发明中的上位概念大理石被对比文件1中的下位概念大理石公开了。

这样所谓"内行"的分析好像有些小众了，下面以大众的视角分析一下，同样可以得出相同的结论。本发明的特征是大理石，而对比文件1是在公开了大理石的基础上，进一步公开了大理石的天然属性以及透光属性，因此，对比文件1自然公开了本发明中大理石这一技术特征。

由此可见，虽然是要找出"不同"，但这种不同是一个本发明的相应技术特征未被对比文件公开的不同，即，"我""有"而对比文件"没有"的"不同"。这种"不同"并不是那种泛指的不一样。尽管上位概念和下位概念确实不一样，但是，当现有技术所公开的是下位概念时，该下位概念相对于本发明的上位概念来说，不但公开了上位概念的内容，还公开了对于该上位概念的进一步限定，从而出现了"我""有"对比文件"也有"，甚至对比文件"有的更多"的局面，此时，对比文件中的内容构成了对本发明相应技术特征的公开。

（2）有关本发明中的"高透明黏结剂"。

专利代理师在特征比对的第2点中，讲到了本发明的高透明黏结剂和对比文件1中的环氧胶黏剂的不同，其指出：

> 对比文件1中所采用的是环氧胶黏剂，而本发明中所采用的是高透明

黏结剂，二者并不相同。在本发明中，正是采用了高透明的黏结剂，使得黏结更为牢固，解决了现有技术中易脱落的问题。

这位专利代理师在这里讲的是事实，但他的观点几乎完全忽视了审查员的意见。

我们回顾一下审查员的观点，在审查意见中，审查员指出：

对比文件1公开了，在两块板之间的界面上黏合有环氧胶黏剂的涂层（相当于权利要求的用高透明黏结剂黏合）。

审查员的观点很明确，他认为环氧胶黏剂相当于本发明中的高透明黏结剂。审查员认为二者之间是"相当于"的，而专利代理师在意见陈述中仅仅指出二者并不相同，这不就是置审查员的观点于不顾吗？作为专利代理师，以为审查员说"二者相同"就简单地说"二者不相同"，审查员能听你的、接受你的观点吗？当然不是！如果专利代理师没有给出充足的理由来说明二者如何不相同、不相当于，审查员当然还会坚持原来的观点，认为这二者是"相当于"的关系。

细心的读者可能会发现，在上述意见陈述中，专利代理师在分析本发明的"高透明黏结剂"时，还在最后有如下的论述：

在本发明中，正是采用了高透明的黏结剂，使得黏结更为牢固，解决了现有技术中易脱落的问题。

这个论述，对于本发明的"高透明黏结剂"并不相当于对比文件1中的"环氧胶黏剂"，是不是能起到支持的作用呢？答案是否定的。在这一内容中，只对本发明采用"高透明黏结剂"的有益效果进行了讲解，根本没有涉及对比文件1中的"环氧胶黏剂"，由此也就更不会涉及二者的对比，那么也就无法起到说明二者如何不同、不相当于的作用了。

结合上述分析可以发现，专利代理师的第2点论述，只陈述了其主观观点，没有相应的理由来支撑其观点，实际上是置审查员的观点于不顾，无法起到有效反驳审查员观点的作用。

（3）有关熔边的玻璃。

专利代理师在其第3点论述中，提到了玻璃是否熔边的问题。其指出本发明的玻璃是熔边的玻璃，而对比文件1中的玻璃并未进行熔边。这个观点不说也罢。

为什么这么说呢？我们看一下审查意见就明白了。

在审查意见中，审查员也没有认为对比文件1中公开了将玻璃进行熔边，其将"熔边"这一特征作为区别技术特征，并采用对比文件2进行了评述。由此，就算把对比文件1没有公开对玻璃进行熔边说得再好，又有什么用呢？审查员也是这样的观点啊。在对比文件1中没有公开"熔边"这一点上，我们和审查员观点是完全一致的啊。在这个上面说得越多，就相当于对审查员的观点越发予以肯定、认同。不是说不能认同，只不过这个认同完全没必要。专利代理师要做的是"反驳"，如果一个劲地认同，那么这个专利申请自然就会按照审查员的观点，被认定为没有创造性。

由此，在进行观点论述时，要考虑一下我们的观点到底是反驳审查员的观点，还是认同审查员的观点。如果是前者，那么对于答复来说这样的观点就是有用的，应该说清楚、展开说；如果是后者，那么对于答复来说就用处不大了，需要的时候，只需要点明一下这个观点就可以了，没有必要可着劲地去分析、去展开，因为说了也起不到什么"杀伤"作用，只是对审查员的观点的迎合而已。

（4）有关对大理石板材进行切割的技术特征。

专利代理师在答复中的第4点中指出，对比文件1中并未记载对大理石进行切割的任何内容，由此，本发明对大理石板材进行切割的技术特征并未被对比文件1所公开。

这个答复冤枉了审查员，是没有看懂审查员的观点的产物。

下面看看审查员在审查意见里面是怎么说的。

> 对比文件1公开了，准备一块厚度在1.5~10mm透光的天然大理石板1（相当于权利要求中将大理石板定厚度），与同样尺寸和形状的一块无机玻璃或有机玻璃板（相当于权利要求将玻璃切割成需要的形状和尺寸，并且隐含公开了大理石板切割成需要的形状和尺寸）。

注意审查员的措辞。对于"大理石板切割……"这一技术特征，审查员特别用了"隐含公开"这样的措辞。这样的措辞说明，审查员并没有认为对比文件 1 的文字记载中公开了对大理石板材进行切割的内容（如果文字记载已经公开的话，那审查员就不用再提"隐含"了）。审查员所认为的"公开"，是一种结合对比文件 1 的文字记载的隐含公开。

上述答复中，专利代理师一直在强调对比文件 1 中没有记载对大理石进行切割的任何内容，这实际上是在阐述对比文件 1 中没有进行文字上的直接公开。但审查员也没有说他认为是直接公开啊。审查员都没有说直接公开，非要说审查员说的直接公开不对，这难道不是冤枉了审查员吗？当然，也很有可能是专利代理师没有注意到或者没有看懂审查意见中的"隐含公开"，从而作出了如上的错误陈述。

可以设想一下，如果真的要答复"隐含公开"，如何来答复呢？

这样答复的重点可能在于，要破坏掉从文字公开到隐含公开内容之间的逻辑联系。审查员所认为的隐含公开，通常是以文字记载为基础，然后以一种直接、毫无疑义地确定的逻辑关系，得到隐含公开的内容。如果能够证实这种"直接、毫无疑义"并不能成立，那么，就能打破审查员从文字公开通向隐含公开的逻辑链条，从而得出隐含公开不成立的结论。当然，对于作为隐含公开基础的文字公开，如果能够指出对比文件中并不存在这样的文字公开，从而将隐含公开的基础推翻，那么，也是能够帮助得出隐含公开不成立这一结论的。

（5）有关加压固化成型的技术特征。

专利代理师在意见陈述中指出，本发明的固化成型是在加压环境下进行的，而对比文件 1 中并未公开该技术特征。这个结论是对的，但是对于答复仍然是没有用处的，因为我们讨论的对象是独立权利要求，而不是本发明。

具体而言，我们要说明的是权利要求 1 中有哪些特征没有被对比文件 1 公开，如果论述的某个没有被对比文件 1 公开的特征实际上并没有出现在独立权利要求中，那么，所说的"不同"就找不到对应的依据了，相当于白说了。简言之，有关"不同"的观点应该是在权利要求中有出处的。

对于该案中的加压固化成型，是从属权利要求 7 以及说明书中所具有的内容，在独立权利要求 1 中并没有该特征。当所讨论的是权利要求 1 是否具备创造性时，采用一个权利要求 1 中并不具备的特征来说明权利要求 1 和对比文件 1 存在区别，显然就站不住脚了。如果要阐述该观点，前提是要将"加压固化成型"的技术特征以修改的方式体现到独立权利要求 1 中。

第5章 创造性审查意见答复案例分析——寻找并凸显强有力的答复突破口

结合上面的分析可见，尽管专利代理师在特征比对方面讲了5点内容，但是都存在错误，对于本发明具备创造性无法提供相应的支持。

再来看这位专利代理师针对对比文件2和本发明的对比、分析。专利代理师在意见陈述中指出，对比文件2所公开的是由玻璃和环氧树脂复合而成的玻璃面砖，在对比文件2完全没有公开和大理石有关的任何内容的情况下，该对比文件2自然对于本发明而言没有给出任何技术启示。这一观点也是错误的。

这种错误和之前讲过的错误类型存在类似之处。也就是说，专利代理师没有按照"三步法"的评判方式来理解审查员的观点，跳出"三步法"、脱离审查员的观点进行所谓"反驳"，从而产生事实正确但结论错误的反驳意见。

我们可以看一下审查员是怎么使用对比文件2的。

审查员在该案中使用对比文件2，是在"三步法"的第三步。针对本发明和对比文件1的区别技术特征"将玻璃放入高温熔炉进行熔边"。审查员指出，对比文件2中公开了"基层1为热熔边缘的平板玻璃"这一内容，进而指出，对比文件2中的上述技术特征所起的作用与本申请相同，均为玻璃的处理工艺，本领域技术人员在对比文件1的基础上结合对比文件2，很容易将对比文件1中的玻璃在黏结之前放入高温熔炉进行熔边。

从审查员的上述意见可以看出，从目标来看，审查员拿出的对比文件2就是瞄准"熔边"这一区别技术特征及其在本发明中的作用的，不是瞄准本发明权利要求1的整体技术方案，这是"三步法"中的第三步在该案中使用的具体体现。

版本一中专利代理师是怎么做的呢？他是把对比文件2和本发明权利要求1的整体方案来进行对比。其主要观点是，对比文件2中没有涉及大理石。如果明确了"三步法"的使用、审查员的观点，就会发现，该案有关大理石的问题，在"三步法"的第二步就已经被对比文件1解决了，审查员引入对比文件2，只是为了在第三步中解决"熔边"这一残留的区别特征。专利代理师的答复，反而是用已经被对比文件1解决了的"大理石"，来阐述和对比文件2不同，其所阐述的"对比文件2没有公开和大理石有关的任何内容"这一客观事实尽管是正确的，但是，却不能从这一事实得出"没有给出技术启示"的结论，出现这一情况的原因在于，专利代理师意见陈述的枪口偏了，没有校准"三步法"的准星，没有对准审查员的观点这一靶子。

5.3.2.4 "依法"答复方面的问题

(1) 没有准确使用"三步法"。

除了上述分析的问题之外,版本一的意见陈述还存在陈述没有"依法依规"的问题。这一问题一方面体现在该陈述没有使用"三步法",另一方面则体现在"法言法语"的使用问题上,这会导致该意见陈述的规范性较差。

结合之前的讲解可知,对于创造性中有关突出的实质性特点的判断,通常要采用"三步法"来进行,现阶段中审查员也大多是按此要求来发出审查意见的。由此,在创造性审查意见的答复中,专利代理师的答复自然也应该体现出对于"三步法"的使用,这是规范性的需要,也是针对审查员的观点进行回应的需要。

反观上述版本一的答复,我却发现其完全没有按照"三步法"的要求来进行答复。

在版本一的论述中,当采用本发明和最接近的现有技术即对比文件1进行对比时,其对比所得出的结论是二者所要解决的问题不同、方案不同,进而给出了对比文件1没有针对本发明给出相应技术启示的结论。其论述偏离"三步法"体系的表现如下。

首先,有关问题不同并不是"三步法"评价体系中的内容。

其次,有关本发明和最接近的现有技术在方案上的不同,在"三步法"中是为了确定区别特征,进而结合区别特征来确定本发明实际解决的技术问题,从而继续进行第三步的判断,而版本一中不但没有对"区别特征"加以总结,更没有利用区别特征来确定本发明实际解决的技术问题。

最后,在版本一中,仅仅以本发明和对比文件1存在区别,就得出对比文件1没有给出得到本发明的技术启示,显然也不是"三步法"的评判方式。这种以单个对比文件来讨论是否给出技术启示的思路,所表现出的,是将创造性评判中的组合评判方式与新颖性判断中单独对比的评判方式相混淆了。

在版本一采用对比文件2和本发明所作的分析中,同样出现了没有使用"三步法"的问题,表现如下。

首先,版本一中同样是以对比文件2单独和本发明整体方案进行对比存在区别为理由,来说明对比文件2对于本发明没有给出技术启示,这种单独对比的方式显然是不符合"三步法"要求的。

其次，在"三步法"的第三步中，是要以第二步中所找出的区别特征及其在本发明中所起的作用为判断目标，来判断上述内容是否也被其他现有技术所公开。而在版本一中，尽管引入了对比文件2进行讨论，但其对于之前所分析的本发明和对比文件1的区别特征，采取了一种置之不理的态度，没有对对比文件2如何没有公开这些区别特征进行分析，更没有对这些区别特征在本发明中所起的作用进行讨论，从而使"三步法"中的第二步和第三步之间原本具有的紧密逻辑联系被错误地丢弃、割裂。

当然，从版本一的相关结论来说，也可以发现其没有按照"三步法"的要求进行论述。例如，其所指出的"该对比文件2自然对于本发明而言没有给出任何技术启示""审查员所指出的对比文件1和对比文件2，对于本发明而言都没有给出相应的技术启示"，都不是"三步法"评判体系的评判思路。

（2）缺失法言法语。

版本一没有使用"三步法"进行论述，也导致了答复中所需要的"法言法语"的缺失，这是答复不规范的一种直接体现。

在"三步法"中，存在几个关键的节点，即第一步中的"最接近的现有技术"、第二步中的"区别特征""本发明实际解决的技术问题"以及第三步中的"本领域技术人员""是否显而易见""技术启示"等。即使脱离开技术方案本身，只要采用"三步法"来进行创造性的评价，这些关键节点对应的术语都是应该有所体现的。但分析版本一的答复可以发现，这些术语均没有体现，其结果是该答复自然不能满足"三步法"的要求、专业性差。进一步地，还会发现，版本一中也没有体现出"突出的实质性特点"以及"显著的进步"这两个在《专利法》中规定的特定术语，这同样是答复不专业、不准确的体现。

这里尤其要补充说明的是，"法言法语"在实务中可能只是专业与否的一个体现而已，如果对于本发明和现有技术的方案比对正确，那么，仍然是有可能通过方案分析这一实质内容使答复通过的。但是，在专利代理师资格考试时，情况就并非如此了。在专利代理师资格的实务考试中，重在考察参试者是否能够正确把握《专利法》《专利审查指南》的相关规定，如果在创造性答复中连上述专业术语都没有体现的话，那很有可能被认为是专利代理师在专利代理方面的素质不合格,从而在实务考试中丢掉大量分数。相反的情况是,在实务考试中,有的时候即使方案对比不正确,但只要采用了"三步法",用对了其中的"法言法语",是能够得到大部分分数的。这点还请参加专利代理师资格考试的考生特别加以注意。

5.4 推荐的答复思路

说完了版本一的问题,下面来分析一下,如何利用之前所讲的内容来答复这个审查意见。

说难也难,说不难也不难。如果我直接告诉大家结论,大家就会觉得这个案子很简单。但是,获得这个案例如何答复的结论,其实并没有那么重要,大家最应该收获的,是如何进行思考、如何进行文字表达。这也是后续要重点分析的内容。

5.4.1 利用逻辑主线寻找发明点

之前曾经讲过,要答复一个创造性的审查意见,最重要的武器是本发明中的发明点,而发明点要通过厘清逻辑主线来获得。一般而言,首先要找出逻辑主线中的现有技术缺点,之后,分析本发明的技术方案中,哪些技术特征和解决该现有技术缺点之间具有必然的逻辑联系,从而确定本发明的发明点。

我们用这样的思路首先来找一下上述案例的发明点。在其说明书的"背景技术"部分最后提到:

> 现有技术中的大理石也有采用复合材料的方式,如 2009 年 4 月 1 日公开的中国专利,公开号为 CN101397839A,其公开了一种透光天然大理石复合板及其制造方法,由一块透光的天然大理石板,与同样大小的一块无机玻璃板或有机玻璃板相叠合,在叠合层界面上,分别涂有环氧胶黏结剂。但其黏结层易脱落、不耐磨,工艺条件要求高,且装饰层效果视觉效果较差。

上述内容给出了本发明的相关现有技术,并且指出了该现有技术的缺点。虽然在表述上,提及的缺点包括"黏结层易脱落、不耐磨,工艺条件要求高,且装饰层视觉效果较差"这四个不同方面,但结合前文重点介绍如何黏结可以发现,本发明的逻辑主线中的现有技术缺点在于,由于采用"环氧胶黏剂"进行黏结所带来的黏结不牢固以及装饰层视觉效果较差的问题。这个现有技术缺点找到了,"发明点"自然就好找了。大家可以发现,本发明中在进行黏结时,采用了"高透明黏结剂"进行黏合,这和黏结不牢固的问题可能相对应,而其中的"高透明",又和"视觉效果差"这一问题是明显对应的,由此可以确定,采用"高透明黏结剂黏合"是本发明的发明点。

5.4.2 带着发明点去分析审查意见

带着这个发明点,下面就可以分析审查意见了。

首先要分析一下这个发明点在权利要求中体现出来没有,毫无疑问,在权利要求中是体现了"采用高透明黏结剂黏合"这一技术特征的。之后,我们就要分析一下,针对这个发明点,审查员是否进行了评价。从审查意见中可以发现,审查员评价了这个发明点,其指出:对比文件1中公开了在两块板之间的界面上黏合有环氧胶黏剂的涂层(相当于权利要求的用高透明黏结剂黏合)。也就是说,审查员实际上认为,对比文件1中的"环氧胶黏剂"其实是相当于本发明中的"高透明黏结剂"的。

这可怎么办?我说过,对于发明点一定不能放弃,即使是审查员评价了这一发明点,专利代理师当然也不能认可。当然要强调本发明中的"高透明黏结剂"和对比文件1中"环氧胶黏剂"不同,但是,大家会发现,可能也就只能说二者是不同的,至于怎么不同,好像也说不出个所以然来。

充其量,只能在意见陈述中指出,本发明是高透明黏结剂,对比文件1中的是环氧胶黏剂,这是两种不同的黏结剂。但这样的答复有说服力吗?其实,审查员在审查意见中的观点是明确的,他也意识到了高透明黏结剂和环氧胶黏剂的不同,但从审查员的角度来看,他认为这样的不同并不是实质上的不同,而是一种可以相当于的"相同"。如果只是在观点层面强调本发明的黏结剂是一个"高透明黏结剂",对比文件1中的是一个"环氧胶黏剂"的,想必起不到什么强有力的反驳效果。

有人可能会说,本发明中的黏结剂是"高透明"的啊,由此能够达到一个装饰层视觉效果好的作用,而对比文件1中的环氧胶黏剂并没有体现出"高透明"的特点，因此，对比文件1并没有公开本发明的"高透明黏结剂"进行黏合这一特征。这也不能说不对，但是，可以预见的是，仅仅体现一个透明与否的区别，估计审查员从直观感受上仍然会认为这并不是一个能够足以带来创造性贡献的区别。审查员甚至有可能会采用公知常识去评价该区别，或者也可以通过检索其他对比文件来指出该区别也属于现有技术。

更为重要的是，针对本发明采用高透明黏结剂进行黏合这一特征，除了"高透明"这个点可以作为可供分析的点之外，没有别的点来指出其和现有技术存在区别了。在申请文件中，对于高透明黏结剂，没有任何进一步的介绍，没有讲其是如何高透明的，其成分如何。这些内容的缺失，使得专利代理师无法提供详细的理由来支撑自己的观点。也就是说，本发明的"高透明黏结剂"和对比文件1中的"环氧胶黏剂"并不等同。

由此，有关"高透明黏结剂"这个点，不是不能说，而是说了以后把握不大。由于没有充足的理由来支撑这个点，专利代理师在这个点上也就无法充分、透彻地论述本发明和现有技术如何不同。这会造成只能扯着嗓子去喊二者是不同的，但至于到底如何不同，却说不出个所以然来了。如果仅仅依靠这一个点来进行的答复，答复通过的前景显然是比较差的。

其实，在看申请文件的时候，也可以自己推测一下，到底这个发明点是不是真的就是"采用高透明黏结剂进行黏合"这一个点。在申请文件全文对于这个点都没有展开进行论述的情况下，这个点作为本发明唯一的发明点，显然就不合乎常理了。

由此，我们还要再看看申请文件，从中继续挖掘发明点。

5.4.3 继续寻找答复突破口

5.4.3.1 另一发明点

一些情况下，我们要从专利申请文件的整体来寻找核心发明点所在，即不要仅仅局限于通过专利申请文件中所记载的现有技术缺点来寻找本发明的核心发明点。整体来看该案的专利申请文件，就会发现另一发明点了，这一发明点甚至会比"高透明黏结剂"更为核心。

可以发现，在该案的专利申请文件的"发明内容"中提到，本发明的目的在于:"提供一种玻璃与大理石复合板材生产工艺,其具有很好的耐污与耐磨性,并能保持人们所喜爱的大理石的天然纹理。"这显然并非是黏结剂这一缺陷所对应的目的,而是一个关乎大理石表面所提出的发明目的。

我们还会进一步发现,在该案的专利申请文件的"发明内容"部分的最后,阐述本发明有益效果时,同样是从"大理石表面"出发进行效果阐述的。其有益效果部分指出,本发明的方法创造出一种优于天然大理石表面性能并保持大理石表面装饰效果而且成本低廉的新型装饰材料。

当然,有关解决"大理石表面"问题的内容,在该案的专利申请文件的背景技术中也能找到,只不过有可能会被忽略而已。在背景技术的第二段中提到了"目前地板或者内外墙装饰采用的大理石有一定的不足之处,大理石表面上光洁度不高、抗磨性、抗划性、耐污性、耐化学腐蚀性低,基于这些缺点的存在,其使用受到了很多的限制",这其实就是在阐述大理石表面的问题。而在之后的第三段中,又提出了玻璃马赛克和玻璃砖表面纹理难以和大理石媲美。这也是在讲有关"大理石表面"的问题。只不过,在之后的第四段中,进行所谓现有技术介绍时,转而去介绍有关黏结的方案,并由此去说明有关黏结方面的缺点了。这造成了有可能将大理石表面的问题当成了一个纯粹为了引出后续"黏结"方面问题的引子,而没有把它当作本发明所要解决的问题来看待了。但结合该案的专利申请文件的整体记载,也就是发明目的、有益效果以及背景技术相关内容的描述,可以发现,本发明应该是从解决大理石表面问题出发而进行的改进,至少这也是核心改进之一。

找到这一方向之后,后续就是分析这一个改进方向所对应的核心发明点了。

这个就不难分析了。

在本发明中,正是将玻璃和大理石黏合在一起,解决了现有技术中,大理石表面不耐磨、不耐污的问题,同时还能保持大理石本身的纹理优势。由此,将玻璃和大理石黏合在一起就是本发明的核心发明点了。遗憾的是,这个点被审查员评价过了,而且似乎还无法反驳。

还记得吧,审查员在审查意见中指出,对比文件1中也公开了将玻璃和大理石相黏合的方案,由此,貌似所找到的另一个核心发明点也被现有技术公开了。

5.4.3.2 另一发明点也被公开了？——不抛弃、不放弃

好像是山穷水尽了！别着急放弃，别着急去找别的发明点，因为核心发明点是绝对不能放弃的救命稻草。应该再分析核心发明点，再仔细看看，这样往往能做到"山重水复疑无路，柳暗花明又一村"。

发明点真的就只是把玻璃和大理石黏合起来那么简单吗？当然不是。

在本发明中，只有将玻璃黏合在大理石的"表面"，才能解决现有技术中大理石表面不耐磨、不耐污的问题；只有在大理石的"表面"上黏合玻璃，才能使得由此获得的复合板材仍然保持大理石的天然纹理。由此可见，在本发明中，所谓玻璃和大理石的黏合，是将玻璃黏合在大理石"表面"这种特定的黏合。相应地，将玻璃黏合在大理石的背面，显然是不能实现本发明的发明目的的，这并非是本发明的发明点。

有关本发明的另一发明点被进一步细致分析后，我们再来看看对比文件1，貌似问题就很好地解决了。

对比文件1中的确也是将玻璃和大理石进行黏合，但它的黏合是一种什么样的黏合呢？下面看看对比文件1所提供的附图1就明白了。

在该附图1中，1是天然大理石板，2是环氧胶黏剂，3或3'是有机玻璃板。从该附图可以明显看出，在对比文件1中，是将玻璃黏合在大理石的背面而非表面！这和本发明中将玻璃黏合在大理石的表面是完全不同的。

有人可能会说，不对，对比文件1中的这个附图只是一个体现大理石和玻璃之间黏合关系的示意图，从这个图中并不能看出来玻璃是黏合在大理石的背面的，把这个附图颠倒一下，也是能看出来玻璃黏合在大理石表面的。

再看看对比文件1的说明书中所记载的内容，就能解答这个问题了。最直接说明这个问题的是对比文件1中的说明书"发明内容"部分所记载的如下有益效果：

> 本发明的复合板及其制造方法，具有如下优点：
>
> 1. 该复合板产品制造简易，设备简单，利用普通材料，可获得光学性能良好的装饰板材。当用作幕墙材料时，<u>光线从半透明的具有彩云般花纹的天然大理石穿过，入射到玻璃层</u>，产生各种反射和折射，得到金碧辉煌、变幻无穷的花纹图案的投影，这是一种高品位的装潢材料，大大提高

其使用价值。

从上述内容可见，对比文件1通过黏合玻璃和大理石所得到的复合板，其在作为幕墙材料时，光线是从大理石穿过入射到玻璃层。光线的入射自然是从复合板的表面入射的，而后进入该复合板的内部。由此，该黏合所得到的复合板，其表面是大理石而底部是玻璃。

实际上，我们整体分析对比文件1的发明思路也能得到如上的结论。这涉及，对比文件1为什么要针对大理石来黏合玻璃呢？参考对比文件1中"有益效果"中的如下介绍，或许可以得出答案：

本发明的复合板及其制造方法，具有如下优点：

1. 该复合板产品……另外，以较薄的大理石板配以较厚的玻璃板，获得厚重的复合板，使天然大理石的利用率提高。

从这一"优点"的介绍可以发现，在对比文件1中黏合玻璃板的目的，实际上是获得较为厚重的复合板，从而能够提高天然大理石的利用率。通俗来说，就是该复合板仅仅表层是大理石的，而表层之下，却是采用玻璃来补足该复合板厚度的。这样做的目的在于节省成本，当然了，这一节省成本是要以仍然保持大理石对外的显示效果为前提的。这可能也是该复合板特别地用玻璃而非其他材料来补足厚度的原因。

好了，我们分析得出了如下结论：

本发明的发明点之一是将玻璃黏合在大理石表面，而对比文件1中的相关内容却是将玻璃黏合在大理石的背面，由此二者明显不同。

貌似接下来的答复应该很容易了。但情况还真不一定如此。

5.4.4 答复思路可能面临的挑战

5.4.4.1 修改超范围

能够发现，我们所分析出的"玻璃黏合在大理石表面"这一发明点，是没有体现在本发明的权利要求中的。问题是，专利代理师能够结合说明书的内容，将这一发明点以修改的方式体现在独立权利要求中吗？这样的修改能够找到相应的修改依据吗？

一开始还真的貌似找不到。

在本发明的原始申请文件中，没有任何一个内容直接记载了将玻璃黏合在大理石表面这一内容，其在介绍黏合时，仅仅提及了将玻璃和大理石进行黏合，并没有任何有关玻璃和大理石之间相互位置关系的介绍。

这可怎么办呢？没别的办法，我们无路可退，也不能轻易放弃，只能再找。

再找找就能发现，在原始申请文件对于本发明的有益效果介绍中，有如下记载：

> 该玻璃、大理石复合板材主要由两层构成，上述的第一层是基层，该层由平整的大理石及其类似材料制成；第二层是玻璃层，由高透明的黏结剂将二者黏合起来，即形成了既具有玻璃表面又具备大理石色彩和纹理的新型装饰材料。

此处，提及了"基层"的概念，并明确指出基层是大理石，由此可以得出大理石是底层而非表层。进而，上述内容中，又指出了玻璃和大理石相黏合后，所形成的是既具有玻璃表面又具有大理石色彩和纹理的新型装饰材料，由于最终形成的材料被明确了是以玻璃为表面的，我们自然也可以得出黏合过程中，是将玻璃黏合于大理石的表面，从而使得最终所得到的复合板材具有玻璃表面。

结合上述内容，我们就可以着手对权利要求进行修改了。这样的修改可以是"激进"的，也可以是偏"保守"的。下面分别进行说明。

修改得"激进"或是"保守"，主要是针对修改是否超范围来考虑的。

偏"激进"的修改，是指修改后的内容在原始申请文件中并没有原文记载，但是可以基于从原始申请文件中直接、毫无疑义地得到，来说明所作的修改并不超范围。例如，上述案例中，可以对申请文件的权利要求1进行如下修改。

1. 一种玻璃与大理石复合板材生产工艺，其特征在于包括以下步骤：
（1）将大理石板材定厚度，并进行表面处理；
（2）将大理石板材切割成需要的形状和尺寸；
（3）将玻璃切割成和大理石同样的形状和尺寸；

(4) 把玻璃放入高温熔炉进行熔边；

(5) ~~将玻璃和大理石采~~用高透明黏结剂，将玻璃黏合在大理石表面；

(6) 固化成型。

这样的修改直接以文字的方式表述出了我们所要体现的发明点，但问题是，修改后的内容，在原始申请文件中并没有直接的文字记载，由此，我们需要依据原始申请文件中所记载的内容，来论述上述修改后的内容是可以直接、毫无疑义地得到的。例如，可以采用如下论述。

在原始申请文件说明书第1页第0014段中，记载了"该玻璃、大理石复合板材主要由两层构成，上述的第一层是基层，该层由平整的大理石及其类似材料制成；第二层是玻璃层，由高透明的黏结剂将二者黏合起来，即形成了既具有玻璃表面又具备大理石色彩和纹理的新型装饰材料，"这一内容。申请人认为，该内容明确提及了大理石作为基层，基层即为底层的含义，由此可以唯一地得出，在黏合过程中，大理石是作为底层而位于玻璃的下方的。进一步地，在上述内容中还指出，玻璃是第二层，由于黏合过程中所涉及的仅仅是玻璃和大理石，因此，作为第二层的玻璃，自然应该是位于大理石上方的，由此可以唯一地得出，黏合过程中，玻璃是置于大理石的表面的。此外，在上述内容中还指出，在将大理石和玻璃黏合之后，所形成的是既具有玻璃表面又具备大理石色彩和纹理的新型装饰材料。由于所形成的材料中是以玻璃为表面的，而且具有大理石的纹理，因此，也可以唯一地得到，黏合过程中，是将玻璃黏合在大理石表面的。由此，申请人认为，基于原始申请文件说明书第1页第0014段的记载，可以直接、毫无疑义地得出"采用高透明黏结剂，将玻璃黏合在大理石表面"这一内容，由此，申请人对权利要求1所作的修改并未超出原始申请文件记载的范围，符合《专利法》第33条的规定。

这不挺好的吗？为什么还说是"激进"呢？

我也觉得挺好，但审查员不一定也觉得好。问题就出在"直接、毫无疑义地确定"上。如果审查员并不接受我们所作的"直接、毫无疑义地确定"的分析，或者，指出了结合原始申请文件所记载的内容，可能确定出其他内容而非我们所修改的内容，即推翻了有关"唯一"得出的分析结论，那么，这样的修改就有可能会被认为是超范围的。由此，在修改并不是原始申请文件中的文字记载本身时，难免会被审查员质疑修改超范围，这样的修改通常是较为"激进"的。当然，并不是说这样的修改不行。激进仅仅是相对于保守而言的，如果有关"直接、毫无疑义地确定"是完全能够站住脚的，那么，这样的修改当然也是可以的。

下面再来看"保守"的修改。

"保守"的修改自然就是忠实于原始申请文件的文字记载所进行的修改，这样的修改，超范围的风险小，但修改后的内容和我们所要表达的含义之间，有时候往往是有一些距离的。例如，该案例中，我们可以对权利要求1作如下修改。

1. 一种玻璃与大理石复合板材生产工艺，其特征在于包括以下步骤：
（1）将大理石板材定厚度，并进行表面处理；
（2）将大理石板材切割成需要的形状和尺寸；
（3）将玻璃切割成和大理石同样的形状和尺寸；
（4）把玻璃放入高温熔炉进行熔边；
（5）<u>以大理石作为基层，玻璃作为第二层</u>，将玻璃和大理石用高透明黏结剂黏合；
（6）固化成型，<u>形成既具有玻璃表面又具备大理石色彩和纹理的装饰材料</u>。

看到了吧，这样的修改是严格基于原始申请文件的记载来进行的。以这种方式所进行的修改，应该是不会出现修改超范围的问题。但是，在该修改中，并没有直接体现出"玻璃黏合在大理石表面"这一技术特征，而我们恰恰是要以该特征来论述和对比文件1的相关内容存在区别，由此就导致了，当我们要论述存在"区别"这一结论时，往往还要绕着弯来进行。

比如，要结合"以大理石作为基层，玻璃作为第二层，将玻璃和大理石用高透明黏结剂黏合"进一步解释，这样的黏合是以大理石为"底"、以玻璃为"表"来进行的。进一步地，还要结合"固化成型，形成既具有玻璃表面又具备大理石色彩和纹理的装饰材料"这一特征，来解释本发明中玻璃是黏合在大理石表面的。之后，才能拿着我们解释的"大理石是底、玻璃是表"

以及"玻璃黏合在大理石表面",和对比文件1中的相关内容作对比,从而得出对比文件1并未公开本发明的相关技术特征。此时,就会发现,用于和对比文件1作对比的内容,并不是权利要求记载的特征本身,而是一个对于特征的解释,在对比的对象并不是权利要求特征本身的情况下,说明权利要求的某某特征没有被对比文件1公开,这个论述的路径就有些迂回而不那么直接了。

对于该案来说,选择前文所述的"激进"的修改方式或是"保守"的修改方式都是可以的。因为当前对于修改超范围的判断,越来越朝着尊重客观事实的方向发展了。该案中,从客观事实上来说,的确是在大理石的表面黏合玻璃,因此,"激进"的修改并不激进。即使是上述"保守"的修改,也能体现出我们所想要表达的"玻璃黏合在大理石表面"这一意思,而且这样的修改也没有导致保护范围被不必要地限缩,论述"不同"时,迂回的路径也没有那么复杂,因此也是可以选择的操作方式。

进行了上述修改之后,我们就在独立权利要求1中明确地体现出了本发明的另一核心发明点。这样,是不是就可以很容易地分析得出该核心发明点没有被对比文件1公开呢?

我是一个相对保守的人,我认为上述结论还真不一定成立。

5.4.4.2 对答复观点的反击

我们要看看对于专利代理师的答复观点,审查员是不是会有不同的意见,这个意见是不是有可能对于专利代理师的观点的成立构成实质性的打击。

最实质性的打击是,我们说的"谁是底、谁是表",是针对如何使用复合板材而言的。但审查员有可能会说:这个权利要求保护的就是一个工艺方法,并不涉及对于产品的使用,就算说使用的时候"谁是底、谁是表",对于生产工艺来说,并无影响;另外,对于对比文件1而言,采用其方法将玻璃和大理石进行黏合后所得到的复合板材,只需作相应的翻转,同样可以作为本发明那样的复合板材来使用。

这可怎么办呢?

聪明的人可能会想,如果"我"要是能够将大理石区分出来"表面"和"背面"就好了。大理石的所谓"表面"是能够提供纹理、图案的面,而"背面"则是粗糙的,并无表面纹理、图案的面。这样的话,我们就能强调,本发明是将玻璃黏合在大理石的表面，而对比文件1中却是将玻璃黏合在大理石的背面，由此就能体现出这两个有关黏合的技术特征如何不同了。

要是真能这样，那就好了。但问题是，实际情况还真不是这样的。

从我了解到的情况来看，对于大理石而言，即使是采用对剖的方式进行切割，基于剖切所得到的面，也并非是一个粗糙的和大理石表面不同的内表面。从外在感受角度来说，这个剖切所得到的面和剖切前的大理石表面是一样的。实际进行黏合时，当然也可以采用这样的剖切后所得到的面来和玻璃进行黏合。由此，貌似对于一个待黏合的大理石而言，是不分"表面"和"背面"的。我们也就无法基于此来论述本发明的"黏合"和对比文件1的黏合不同了。

怎么办？别放弃啊，要继续锲而不舍！

5.4.5 解决之道

真的就没法区分"表面"和"背面"吗？不一定。没有背面，我们可以看看是不是能够生生地"造出"一个背面来。

5.4.5.1 "造出"背面

（1）"造出"本发明的背面。

说是"造出"，我们还真不是凭空造出来一个背面来，而是通过对于权利要求的修改，对大理石的面进行相应的限定，以这样的限定来体现出大理石的"表面"和"背面"之分。前提是，这样的区分是对于我们的答复有利的，而且是尊重客观事实的。

大家能注意到，在本发明说明书第0014段中提到"为了节约大理石用量，也可以使用人造石补足大理石背面直到所需厚度"；在实施例三，也就是第0024段中，也提到了"大理石箔片背面黏合2mm厚的人造石补足大理石背面所需厚度，节约大理石用量"。这两处都有"大理石背面"的表述。

既然是将人造石黏合在大理石的背面，即使从客观上来说剖切后所形成的大理石并无表面和背面之分，那么，在大理石的某一面上黏合人造石之后，所形成的补足厚度的大理石，则是有了表面和背面之分了。也就是说，黏合人造石那一侧的面是"背面"，由于人造石仅仅是为了补足天然大理石的厚度，这一"背面"是无法提供天然大理石的纹理和图案的。而相对的、没有黏合人造石的那一面,就是天然大理石的表面。这样的黏合,恰恰是在这个表面上进行的,而非在背面上来进行的。

问题是,就算这么分析了,又能怎样呢?审查员是不是还会说对比文件1中玻璃所黏合的同样是大理石的表面呢?因为,对比文件1中的大理石是没有像刚刚分析的那样,具有表面和背面之分的啊。

(2)"造出"对比文件1的背面。

同样,我们也可以针对对比文件1的大理石,给它"造出"一个表面和背面来,"造出"这个背面来,就可以说对比文件1中黏合玻璃是在大理石背面来黏合玻璃,而本发明中则是在大理石表面所进行的玻璃黏合,二者完全不同。对于对比文件1中的"造出"背面,是要通过对于对比文件1的分析来实现的。

怎么"造"呢?我们可以分析一下对比文件1中到底为什么要黏合玻璃。

其实,对比文件1中黏合玻璃的目的,和本发明中黏合人造石的目的是完全相同的,都是为了补足天然大理石的厚度,从而节省成本。这从对比文件1的说明书描述中可以分析得到。

在对比文件1的说明书中,在谈到其方案的"优点"时提到,对比文件1的复合板"以较薄的大理石板配以较厚的玻璃板,获得厚重的复合板,使天然大理石的利用率提高"。不难理解,所谓大理石的利用率提高,是指以较少的大理石来获得较多的复合板,而这是通过在较薄的大理石背面黏结较厚的玻璃来实现的。也就是说,以较厚的玻璃来补足复合板所需的厚度,从而满足板材本身所需的厚度要求。问题是,对比文件1为什么选用玻璃来进行厚度的补足,而不是采用人造石来作补足呢?这和对比文件1所采用的大理石是有关的。

对比文件1中所选用的大理石,是透光天然大理石,这种大理石被用作幕墙装饰,需要利用其"透光"的属性来满足幕墙的装饰需要。在选用何种材料来补足厚度时,也应满足"透光"这一要求,由此才出现了在对比文件1中采用玻璃而非人造石进行补足的实现方案。

实际上,我们分析对比文件1的背景技术,也能从其给出的技术脉络出发,同样得出对比文件1中的玻璃是用作补足厚度的。在对比文件1的背景技术中，首先提出了"幕墙石材"的概念，之后，对于幕墙石材的实现方案，给出了透光人造大理石这一现有技术，对于该现有技术，"背景技术"中指出其缺乏天然质感这一缺陷，进而引出了天然透光大理石这一现有技术方案。需要注意的是，这两个现有技术都是在针对"透光"的大理石进行讨论的，区别只在于是人造还是天然而已。对于天然透光大理石，"背景技术"中指出透光天然大理石与其他材料进行黏合得到复合材，之后就针对该复合材的界面问题进行了讨论。问题是，为什么从人造透光大理石到天然透光大理石，要特别提及是一个"与其他材料"黏合的复合材呢？尽管对比文件1的背景技术中没有具体提及，但从"人造"到"天然"，自然有一个成本提升的问题，由此，自然也就会出现针对天然大理石来黏合"其他材料"以形成复合材这样的降低成本的解决手段。这样的解决手段甚至是在石材加工领域的公知常识，由此在"背景技术"中也就没有提及了。

沿着"背景技术"所提供的技术脉络，对比文件1给出了其发明的技术方案。该方案为了解决补足厚度过程中所产生的界面特征偏差的问题，提出了以玻璃和天然透光大理石进行黏合的方案。这一方案的目标是克服现有技术中界面特征差的问题，但没有偏离补足厚度这一总的技术目标。由此，该方案中用以和天然透光大理石进行黏合的玻璃，仍然是一个用以补足厚度的玻璃。既然是一个补足厚度的玻璃，那么，就可以得出，该玻璃所处的位置是该复合材的背面而非表面了，"背面"和"表面"之分就能够基于我们的分析而被体现、突出强调出来了。

到此为止，问题就好办多了。我们来总结一下。

通过对于本发明权利要求的修改，在权利要求1中"造出"了大理石的表面和背面，进而强调本发明中玻璃是黏合在大理石的表面而非背面的，而在对比文件1中，通过分析则强调出了与透光天然大理石进行黏合的玻璃是位于复合材背面而非表面的。由此可以对比得出，对比文件1中并没有公开本发明中在大理石表面黏合玻璃这一技术特征。

5.4.5.2 承认本发明中的特征是现有技术？

我们还可以把上述特征未被公开体现得更为明显一些。比如，可以承认一下，本发明中的某个技术特征就是现有技术。哪个特征呢？就是修改的那个

"背面"的技术特征。

还能这么做？

为什么不能呢？只要这样做对于答复有利，而且不会不必要地损失专利申请人的权益就可以啊。不必拘泥于教条，可以在意见陈述中承认本发明的某个特征和对比文件中的内容相同。

具体而言，之前为了区分本发明中大理石的"背面"和"表面"，对于本发明独立权利要求进行了修改，这一修改体现出在大理石的背面黏合有人造石，我们可以承认这一内容相当于对比文件1中将玻璃和大理石黏合。

不要认为这样的"承认"会损害本发明的创造性，因为承认和现有技术相同的内容，并不是本发明的发明点所在，而是一个原本就是在本发明中现有技术的特征。

基于之前的分析，出于节省成本的考虑，通常会在大理石这样的昂贵石材的背面，补足其他材料，从而能够以较低成本获得较厚的复合板材。由此可见，即使是在本发明中，在大理石背面补足人造石，也是一个现有的技术特征，我们就算承认这个特征相当于对比文件中的玻璃和大理石相黏合，也只是承认了本发明中的"现有技术"是现有的，并没有承认本发明的发明点是现有的。相反，在审查意见中，对于本发明的创造性而言，最具杀伤力的对比文件1中的内容，其实就是"玻璃和大理石相黏合"。我们所承认的"相当于"，实际上是将这一对比文件1中最有杀伤力的内容，从用于评价本发明的发明点，改为和本发明中的现有技术特征"相当于"。这实际上是将对于本发明"有杀伤的炮火"从重要战略目标引向了无关紧要的内容，实现了"保留有生力量"，得以向审查意见发起反击的目的。

好了，经过上述分析，核心答复思路基本可以确定了。

首先要对本发明的独立权利要求进行修改，体现出大理石背面黏合人造石的技术特征，之后，结合这一修改，论述本发明中是将玻璃黏合在大理石表面而非大理石的背面。相应地，分析对比文件1所公开的内容，结合对比文件1"优点"部分所介绍内容，强调对比文件1中针对天然透光大理石黏合玻璃，也是一个为了补足复合板材厚度而在大理石背面所进行的黏合，这一内容充其量只和本发明中在大理石背面黏合人造石以补足厚度这一技术特征相等同，并未公开本发明中在大理石表面黏合玻璃这一技术特征。

5.4.6 针对非发明点的答复思路

上述是基于所分析出的核心发明点，形成的核心答复思路。我之前讲过，对于非发明点的内容，也可以作质疑和分析，只不过和针对发明点的质疑、分析相比，这个内容不是重点罢了。

下面就来分析上述案例中，本发明的其他特征是否也能够构成答复突破口。

在本发明中提到，在进行固化成型的过程中，要进行加压，从而在压强为 50~80MPa 的条件下完成固化成型。这一内容并没有在独立权利要求中体现，而是出现在从属权利要求 7 中。我们分析本发明的逻辑主线，发现加压到一定压强范围以完成固化成型，并非是本发明的核心发明点所在。

但是分析审查意见后却发现，这个非核心发明点也是可以用来形成答复突破口的。审查意见中指出，对比文件 1 中固化步骤中压强为 80~95Kpa，温度 10~30℃，养护 10~30 小时。而本领域技术人员根据压强、温度和时间三者的关系以及要达到的产品性能，很容易选择合适的压强与时间的匹配关系来达到经济的效果。这一观点的思路在于，尽管对比文件 1 所公开的压强、时间和本发明不同，但是基于压强和时间的匹配关系，是很容易选择得到本发明权利要求 7 所限定的工艺条件的。但是，本发明权利要求 7 所限定的压强真的是和对比文件 1 中的压强仅在数值上不同吗？

下面看看对比文件 1 中的相关记载。在对比文件 1 中有关"压强"的描述如下。

> 在黏合成复合板（见图 1 所示）后，立即送到真空环境中，逐渐地抽真空到绝对真空度 80~95KPa，然后保持之，在 10~30℃ 温度下养护 10~30 小时，待复合板完全黏合牢固后，卸真空，取出工件，得到本发明的透光天然大理石复合板。

没错，上述内容中的压强是和本发明的压强在取值上不同的，但再仔细看看，真的就只是数值不同吗？其实还有一个更本质的不同。对比文件 1 是"抽"真空，本发明是"加"压！一个是"加"、一个是"抽"，这二者怎么能相当于呢？由此，可以姑且放下审查员所说的"很容易选择得到"的这一观点,把答复重点放在"抽"真空和"加"压这二者如何相反、如何不同上,从而得出对比文件1中并未公开本发明有关"加压"的技术特征。

明确了这个答复突破口后,问题就是将这个答复突破口放在什么地位进行答复了。第一种方式是,可以将"加压"的技术特征修改到独立权利要求中,论述独立权利要求所保护的方案具备创造性。第二种方式则是,在独立权利要求中并不作修改,针对"加压"这一特征,仅作为从属权利要求7具有创造性的理由来进行论述。针对不同情况,我们可以选择采取上述方式之一来进行答复。

如果针对独立权利要求的创造性答复,即使不包括有关"加压"的答复,我们也认为是比较有把握的,那么,完全可以采用第二种方式来进行答复。原因在于,在独立权利要求已经具备较好的授权前景的情况下,不必以缩小保护范围的方式来增加额外的反驳点。

与上述情况相反的是,如果对于原独立权利要求的创造性答复不是那么有把握,或者原独立权利要求的授权前景并不那么乐观,此时,为了增强答复通过的可能性,我们可以考虑将从属权利要求中较为有把握的答复突破口添加到独立权利要求中,并作相应的创造性分析。这时,尽管在保护范围上作了一些牺牲,但出于该专利申请最终能否获得授权的角度来考虑,这样的有限度的牺牲能够为通过创造性审查带来较大的贡献,这样的牺牲也是有必要的。

总之,在针对并非体现在独立权利要求中,且属于本发明次要发明点的技术特征,在决定是否将其修改到独立权利要求中时,要结合授权前景以及范围的限缩,作一个符合实际情况的取舍。在该案中,我们对于独立权利要求的创造性分析,已经找到了能够体现和对比文件具有本质区别的答复突破口,因此,可以在独立权利要求中并不体现"加压"的技术特征,而将该特征和对比文件的区别放到针对从属权利要求的创造性答复中进行分析。

5.5 推荐的意见陈述

至此为止,答复思路整体已经形成,后面就是开始进行意见陈述的撰写了。我们可以尝试撰写出如下意见陈述。

尊敬的审查员：

您好！针对您发出的审查意见，申请人进行了认真的研究，现答复如下。

一、文件修改

申请人首先对本发明权利要求1进行了修改。在原始申请文件说明书第0014段记载有"为了节约大理石用量，也可以使用人造石补足大理石背面直到所需厚度"、在说明书第0024段中，记载有"大理石箔片背面黏合2mm厚的人造石补足大理石背面所需厚度，节约大理石用量"，结合上述记载的内容，在权利要求1的步骤（2）中，增加了"<u>在大理石背面黏合人造石</u>"这一技术特征。

此外，申请人对于原权利要求1的步骤（5）进行了修改，具体明确了步骤（5）中是将玻璃黏合在所述大理石的<u>表面</u>。申请人认为，这一修改内容，可以结合原始申请文件说明书记载的内容，直接、毫无疑义地确定得到。

具体而言，在原始申请文件说明书第1页第0014段中，记载了"该玻璃、大理石复合板材主要由两层构成，上述的第一层是基层，该层由平整的大理石及其类似材料制成；第二层是玻璃层，由高透明的黏结剂将二者黏合起来，即形成了既具有玻璃表面又具备大理石色彩和纹理的新型装饰材料，"这一内容。申请人认为，该内容明确提及了大理石作为基层，基层即为底层的含义，由此可以唯一地得出，在黏合的过程中，大理石是作为底层而位于玻璃的下方的。由于上述内容中还指出玻璃是第二层，在黏合过程中所涉及的仅仅是玻璃和大理石的情况下，作为第二层的玻璃，自然应该是位于大理石上方的，由此可以唯一地得出，玻璃是黏合在大理石的表面的。此外，原始申请文件说明书第1页第0014段中还指出，在将大理石和玻璃黏合之后，所形成的是既具有玻璃表面又具备大理石色彩和纹理的新型装饰材料。由于所形成的材料中是以玻璃为表面的，而且具有大理石的纹理，因此，也可以唯一地得到，粘合过程中，是将玻璃黏合在大理石表面的。

综上所述，申请人认为，基于原始申请文件说明书第1页第0014段的记载，可以直接、毫无疑义地得出"将玻璃黏合在大理石表面"这一内容。

第5章　创造性审查意见答复案例分析——寻找并凸显强有力的答复突破口

修改后的权利要求1如下：

1. 一种玻璃与大理石复合板材生产工艺，其特征在于包括以下步骤：

（1）将大理石板材定厚度，并进行表面处理；

（2）将大理石板材切割成需要的形状和尺寸，<u>并在所述大理石背面黏合人造石</u>；

（3）将玻璃切割成和大理石同样的形状和尺寸；

（4）把玻璃放入高温熔炉进行熔边；

（5）采用高透明黏结剂，<u>将玻璃黏合在所述大理石的表面</u>；

（6）固化成型。

由于上述修改内容是原始申请文件直接记载的内容，或者是结合原始申请文件文字记载的内容直接、毫无疑义确定得到的内容，因此，申请人认为，上述修改并未超出原始申请文件记载的范围，符合《专利法》第33条的规定。

二、申请人认为修改后的权利要求1具备创造性

（一）修改后的权利要求1所保护的方案具有突出的实质性特点

在审查意见中，审查员以对比文件1作为本发明最接近的现有技术。

1. 修改后的权利要求1相对于对比文件1的区别技术特征及本发明实际解决的技术问题。

申请人认为，修改后的权利要求1中具有"将玻璃黏合在所述大理石的表面"这一技术特征，该特征并未被对比文件1公开。具体理由如下：

申请人首先要强调的是，在本发明的权利要求1中，玻璃是黏合在大理石表面的，而对比文件1中，玻璃则仅是用作复合板材的补足料而黏合在大理石的背面，二者完全不同。

修改后的权利要求1中，具体明确了将玻璃黏合在所述大理石的表面，这一黏合方式，是出于为了使本发明相对于现有技术达到更优的效果而被提出的。在本发明说明书第0014段中，记载了如下内容：

该玻璃、大理石复合板材主要由两层构成，上述的第一层是基层，该层由平整的大理石及其类似材料制成；第二层是玻璃层，由高透明的黏结剂将二者黏合起来，即形成了<u>既具有玻璃表面</u>又具备<u>大理石色彩和纹理</u>的新型装饰材料。

在第0017段和第0018段中还记载有如下内容：

本发明所生产的玻璃石，表面耐磨性、抗划性能好并具备大理石的天然纹理，厚度、形状、大小均可根据需要变化。

本发明的方法制造方式简单，糅合了大理石深加工和玻璃深加工的传统工艺，创造出一种优于天然大理石表面性能并保持大理石表面装饰效果而且成本低廉的新型装饰材料。

从这些内容都可以看出，在本发明中，是通过将玻璃黏合在大理石表面，从而利用玻璃的耐磨、抗划性能好的特点，来实现获得由于天然大理石表面性能的目的；同时，本发明中通过将玻璃黏合在大理石的表面，利用玻璃的透明性特点，来保持大理石表面的装饰效果。由此可见，在本发明权利要求1中，是特别地采用了将玻璃黏合在大理石的表面这一技术特征的。

而在对比文件1中，尽管也提及了将玻璃和大理石进行黏合，但此种黏合，并非是将玻璃黏合在大理石的表面，而是将其置于大理石的背面，这和本发明中将玻璃黏合在大理石表面完全不同。

具体而言，对比文件1中所进行的黏合，实际上仅仅是为了补足天然透光大理石的厚度，而在天然透光大理石背面来黏合玻璃，从而达到节省成本的目的。这从对比文件1的多处描述中可以得到。

在对比文件1的说明书第2页倒数第2段中提到，其方案"以较薄的大理石板配以较厚的玻璃板，获得厚重的复合板，使天然大理石的利用率提高"，这一描述明显体现出，其黏合的玻璃，是用作补足厚度的。具体而言，对比文件1中，通过在较薄的天然透光大理石背面来黏合较厚的玻璃，得以实现仅以较少的天然透光大理石，就能获得较多的满足厚度要求的复合板。既然对比文件1中的玻璃是用作补足厚度的，那么，自然该玻璃是被黏合在大理石背面而非表面的。这和本发明权利要求1中将玻璃黏合在大理石表面是完全不同的。

申请人还需要强调的是，对比文件1中尽管也存在将玻璃和大理石进行黏合，但这种黏合仅仅是一种补足厚度的黏合，如果和本发明的技术特征相对比，充其量也只是相当于本发明中采用人造石进行补足厚度的技术特征，并不相当于本发明中为了获得较好表面性能且兼具大理石纹理而在大理石表面来黏合玻璃。

对于对比文件1中玻璃是用于补足厚度,可以从以下两个方面论证得到:

首先,对比文件1中所提及的是透光天然大理石,作为天然大理石,自然都有成本较高的特点,由此,也就都有采用其他价格低廉的材料与其进行黏合来补足厚度的实现方案。只不过,在对比文件1中,其所选用的是"玻璃"而非人造石来进行厚度补足,原因在于,对比文件1中的天然大理石是"透光"天然大理石,需要利用其透光的效果从而达到相应的光学性能,如果采用人造石来做补足材料,会使得所形成的复合材不再具有透光的特性,由此,对比文件1中才特别采用了"玻璃"作为用来补足后的材料。尽管从补足材料的角度来讲,玻璃较为特殊,但毫无疑问,玻璃在对比文件1中仍然是作为补足厚度的材料而被加以使用的。

其次,从对比文件1给出的技术演变路径,也能发现其在改进方案中所采用的将天然大理石和玻璃进行黏合,仅是一个补足天然大理石厚度的黏合。在对比文件1的背景技术中,首先给出了"幕墙石材"这一特定的石材类型,进而指出,这种类型的石材被用作建筑物外或广告墙面上。正是针对此种特定类型石材,为了满足其装饰的特殊需要,在对比文件1的背景技术中给出了透光人造大理石的方案。随后,"背景技术"中指出这样的透光人造大理石,由于其"人造"的特点,具有缺乏天然质感的缺陷,由此引出了天然透光大理石的现有技术方案。需要注意的是,在该"背景技术"中,始终所讨论的都是"透光"大理石,用这样的大理石来满足幕墙石材在装饰方面的光学效果需要,只不过,"背景技术"中前后分析的两个现有技术,在大理石上有"人造"和"天然"之分。对于"背景技术"中给出的透光天然大理石的方案,其指出透光天然大理石与其他材料进行黏合得到复合材。这种黏合正是由于"人造"和"天然"之分所带来的。也就是说,当大理石从"人造"改为"天然"时,自然会造成石材成本的上升,为了能够降低成本,当然要将较薄的大理石和"其他材料"进行黏合从而得到复合材了。当然,对比文件1的"背景技术"中对于透光天然大理石也指出了相应的缺陷所在,即补足厚度过程中,黏合所形成的界面,界面特征比较差的问题。由此,对比文件1中进一步给出了其解决方案。这样的解决方案当然是沿着对比文件1给出的技术演进脉络进行的，其解决方案仍然是针对如何就透光天然大理石来补足厚度提出的，所改进之处在于其采用了玻璃作为补足材料、用环氧胶黏剂和大理石进行黏合，并在黏合过程中排除了水分和低分子化合物。不论对比文件1所保护的方案有多少改进，都可以发现，其所采用的方案中，玻璃是被用作补足材料和透光天然大理石进行黏合的。由上述分析可见，对比文件1给出的技术演进脉络，是一个从"人造"到"天然"中的材料"补足"如何改进的演进过程，从这一演进过程可以得出，对比文件1中最终所采用的将玻璃和大理石进行黏合的方案，实际上也仅仅是一种将玻璃作为补足材料和大理石进行黏合的方案。实际上，这一"补足"用的"黏合"的方案，仅能相当于本发明中的补足人造石的技术特征，也就是修改后的权利要求1中步骤（2）中"<u>在所述大理石背面黏合人造石</u>"这一技术特征，并不能和本发明修改后的权利要求1的步骤（5）中"将玻璃黏合在所述大理石表面"相当于。

申请人为了更好地就本发明修改后的权利要求1和对比文件1进行比对，特别给出如下附图进行说明。

针对本发明修改后的权利要求1，在步骤（2）中在大理石背面黏合了人造石，之后，在步骤（5）中，将玻璃黏合在所述大理石的表面，因此，其所形成的是如图1的复合板材。

在该图1中，1是天然大理石，2是大理石和人造石材之间的黏合层，3是用来补足厚度的人造石，4是位于大理石表面的玻璃，5是玻璃和大理石之间的高透明黏结剂涂层。

反观对比文件1，正如图2（对比文件1中给出的图1）所示，其中的1是天然透光大理石，2是环氧胶黏剂，3或3'是有机或无机玻璃板。

由上述图1和图2的对比可以看出，对比文件1中所形成的复合材，充其量只相当于本发明中的1、2、3层，其并没有本发明中的玻璃4以及玻璃和大理石之间的高透明黏结剂5。落实到权利要求1所保护的生产工艺中，对比文件1中并没有实施修改后的权利要求1中步骤（5）中所具有的"将玻璃黏合在所述大理石的表面"这一工艺步骤，这一技术特征并未被对比文件1所公开。

综上所述，申请人认为，对比文件1中所公开的将玻璃和大理石进行

第 5 章 创造性审查意见答复案例分析——寻找并凸显强有力的答复突破口 ◎

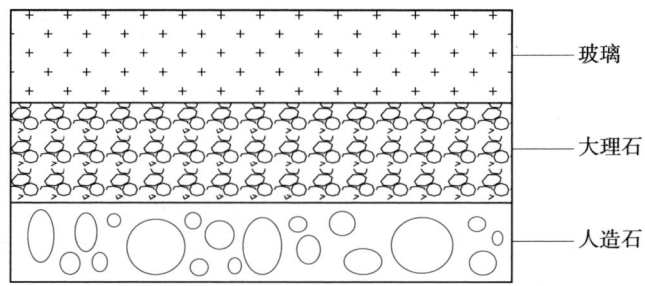

图 1

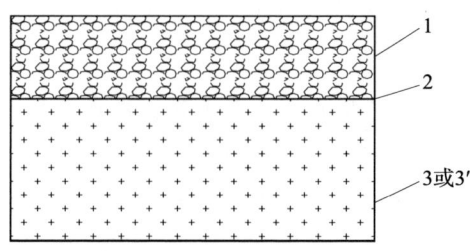

图 2

黏合,只是一个在大理石背面、用来补足天然大理石厚度的黏合,其并没有公开本发明修改后的权利要求 1 中,为了改进大理石表面特性并保持大理石纹理,所采用的"将玻璃黏合在所述大理石的表面"这一技术特征。

由此,申请人认为,本发明修改后的权利要求 1 相对于对比文件 1 的区别技术特征包括:"将玻璃黏合在所述大理石的表面""将大理石板材进行表面处理"以及"把玻璃放入高温熔炉进行熔边"。上述区别技术特征在本发明中所能达到的效果是使得大理石复合板既具有耐磨、耐污这样的表面性能,同时还保持天然大理石的天然纹理。由此,本发明实际解决的技术问题是:如何获得具有天然大理石表面性能且保持天然大理石表面天然纹理的复合板。

2. 修改后的权利要求 1 所要保护的技术方案对于本领域技术人员来说是非显而易见的。

申请人认为,对于"将玻璃黏合在所述大理石的表面"这一区别技术特征,对比文件 2 中并没有相关内容予以公开。正如审查员所指出的那样,在对比文件 2 中公开了的玻璃的处理工艺,其并未公开任何有关"大理石"的内容，更不可能公开有关将玻璃黏合在所述大理石的表面这一技术特征。

进一步地，申请人认为，在对比文件2没有公开"将玻璃黏合在所述大理石的表面"这一区别技术特征的情况下，在对比文件2中更不可能公开该区别技术特征在本发明中所起的作用，即通过所述的黏合来使得复合板既具有良好的表面性能又具有天然大理石纹理这一作用。

由此，申请人认为，针对本发明实际解决的技术问题，本领域技术人员无法将对比文件1和对比文件2相结合来得到本发明修改后权利要求1所要保护的技术方案，该技术方案相对于现有技术是非显而易见的，具有突出的实质性特点。

（二）修改后的权利要求1具有显著的进步

申请人认为，在修改后的权利要求1中，进一步明确了将玻璃黏合在天然大理石的表面，通过这样的技术特征，使得利用其所保护的方案，能够获得优于天然大理石表面性能且保持大理石天然纹理的复合板。即，以黏合在天然大理石表面的玻璃，来获得较之天然大理石表面更好的耐磨、耐污效果；利用玻璃的透明性特点，且借助于玻璃黏合在天然大理石表面，来确保所获得的复合板仍然保持天然大理石的纹理图案。

由此，申请人认为，修改后的权利要求1所保护的方案，具有显著的进步。

综上所述，申请人认为，修改后的权利要求1具有突出的实质性特点和显著的进步，符合《专利法》第22条第3款的规定，具备创造性。

三、有关其他从属权利要求的创造性

（一）申请人认为，由于权利要求1的从属权利要求直接或间接引用了权利要求1，因此，在修改后的权利要求1具备创造性的情况下，其他从属权利要求也分别具备创造性。

（二）申请人对于从属权利要求7进行了修改，并认为修改后的从属权利要求7具备创造性。

在原始申请文件说明书第2页第0016段记载有"施加一定的压力直到胶黏剂固化"，第0020段记载有"再用双组分胶黏剂黏合并加压压强为60MPa固化"，第0024段记载有"再用双组分胶黏剂黏合并加压压强为75MPa固化"。上述内容均记载了采用"加压"的方式来完成固化，由此，申请人将权利要求7中的"固化步骤中的压强"具体明确为"固化步骤中的加压压强"。申请人认为，修改后的权利要求7具备创造性，具体理由为：

申请人要强调的是，在修改后的权利要求7中，是采用"加压"的方式来获得相应的压强，从而以加压的方式来完成固化成型的过程。而在对比文件1中，正如其说明书第3页最后一段所记载的那样，其在黏合成复合板后，立即送到真空环境中，逐渐地抽真空到绝对真空度80~95Kpa。对比文件1中所采用的是"抽真空"的方式，而非"加压"的方式。不难理解，抽真空和加压是两个完全截然相反的处理方式，前者为"抽"、后者为"加"，这两个完全相反的处理方式意味着对比文件1并未公开权利要求7中所述的"加压"的固化方式。

进一步地，在对比文件1所采用的抽真空处理方式和本发明中的加压方式截然相反的情况下，本领域技术人员自然难以结合这样的截然相反的处理思路，选择得到本发明权利要求7的加压处理方式，更不可能由对比文件1中所公开的80~95KPa，来选择得到本发明权利要求7中所限定的50~80MPa这一特定的压强数值。实际上，对比文件1中压强数值，是一个真空环境下的压强数值，是抽真空后的压强结果，其和本发明中加压后的压强数值，存在数量级上的巨大差异，这种差异是处理方式迥然相反所带来的，本领域技术人员根本不能结合产品性能通过选择很容易消除这样的差异。

申请人还需特别指出的是，在本发明中，固化成型中进行加压的目的在于，使得玻璃和大理石的黏合更加牢靠，而对比文件1中，虽然未在其说明书中明确指出抽真空的处理方式的作用，但结合其之前所记载的现有技术缺点可以合理推断得出，其所采用的抽真空的处理方式是为了避免界面层（黏合层）出现气泡，从而影响界面层的显示效果。由于这两个处理方式所要达到的目的截然不同，因此，本领域技术人员结合对比文件1，充其量能够想到如何在控制气泡方面来调整相应的压强，其并不能出于获得黏合更加牢靠的目的，而去调整对比文件1的压强取值来获得本发明中的加压压强。

综上所述，申请人认为，对比文件 1 中所公开的抽真空来获得减压压强的处理方式，和本发明权利要求 7 中的加压获得加压压强的处理方式完全相反、截然不同，本发明中加压压强的取值范围和对比文件 1 中抽真空后的压强取值范围，在数量级上差异巨大。这种"不同""相反"和"差异巨大"，使得本领域技术人员结合对比文件 1 所记载的内容，根本无法很容易地选择得到本发明中的加压压强。

由此，修改后的权利要求 7 所进一步限定的技术特征并非是本领域技术人员结合对比文件 1 所公开的内容很容易选择得到的，修改后的权利要求 7 具有突出的实质性特点。由于修改后的权利要求 7 所保护的方案能够获得黏合更为牢靠的复合板，因此，其相对于现有技术而言具有显著的进步。申请人认为，修改后的权利要求 7 具备创造性，符合《专利法》第 22 条第 3 款的规定。

专利申请人相信，通过上述修改和意见陈述，应当能够克服审查员在审查意见中所指出的问题，希望审查员继续进行审查，如果还有影响该专利申请授权的问题，还请审查员指出，并给予专利申请人再次修改和答复的机会，谢谢！

第 6 章

特征比对之外的创造性审查意见答复

6.1 作用方面的答复

之前所分析的内容,大部分是围绕着特征比对进行的,这可以说是创造性审查意见答复的常规手段。但不可忽略的是,创造性审查意见答复的过程中,有关特征的"作用"分析、多篇对比文件能否相结合,也能帮助专利代理师找到答复突破口。下面分别对这两个内容进行分析。

在创造性审查意见评判过程中,具体而言,在采用"三步法"评价是否具有突出的实质性特点的过程中,特征的作用是一个不可忽略的内容。这一"不可忽略"体现为,在"三步法"的第三步中,不但要针对第二步中所找到的区别特征,判断其是否被其他对比文件(例如D2)公开,还要判断其他对比文件(例如D2)中所公开的内容,其在该其他对比文件(例如D2)中所起的作用是否与区别特征在本发明中所起的作用相同,只有在区别特征被公开且作用也相同的情况下,才能进一步得出本发明不具有突出的实质性特点的结论。由此,有关区别特征在本发明中所起的作用,是"三步法"评判体系中不可或缺的一环。

理论说起来简单,实践中却会出现五花八门的问题,厘清相关问题,有助于专利代理师在创造性审查意见答复的实务工作中,找到相应的答复突破口。

6.1.1 不能忽略区别特征的作用

实践中可能出现这样的情况,在审查意见中,审查员指出了本发明相对于最接近的现有技术的区别特征，但确定本发明实际解决的技术问题时，却将该区别特征本身定为本发明实际解决的技术问题，进而，在"三步法"第三步的判断中，仅根据区别特征被其他对比文件公开，就得出了本发明不具有突出的实质性特点这一结论。这样的评判方式，实际上是在创造性评判中忽略了对区别特征的作用的评价。以这样的评判方式所得出的本发明不具备创造性的结论，当然是有问题的。

通常而言，此种忽略"作用"的创造性评价方式，在审查意见中是按照如下方式来体现的。

审查员找到本发明相对于最接近的现有技术的区别特征，然后就会指出，本发明实际解决的技术问题就是如何采用区别特征，进而，在"三步法"的第三步中，审查员会进一步指出，另一篇对比文件中公开了该区别特征，由此得出本发明相对于现有技术不具有突出的实质性特点的结论。

下面通过一个案例来具体说明一下上述评价方式。

某专利申请所保护的是一种放电启动器。审查员审查时检索到对比文件 1 作为最接近的现有技术。本发明和对比文件 1 的区别仅在于：本发明中，至少导电体穿过的那部分壁由含有至少 5%（重量份数）BaO 的玻璃制成。由此，审查员得出，本发明实际解决的技术问题在于采用什么样比例的玻璃。审查员在审查意见中进一步指出，对比文件 2 公开了一种用于电灯玻璃部件的玻璃组合物，并公开了玻璃组合物中含有 7%~11% 的 BaO，因此，本发明相对于对比文件 1 和对比文件 2 的结合而言，不具备创造性。❶

通过分析上述审查意见可以发现，审查员在确定本发明实际解决的技术问题时，实际上是忽略了区别特征在本发明中所能达到的效果（所起的作用），而是将区别特征本身即什么样比例的玻璃直接作为本发明实际解决的技术问题。以此为基础，在后续的第三步的判断中，审查员也就当然没有评价区别特征在本发明中所起的作用了，由此错误地得出本发明不具备创造性的结论。

对于该案，在复审过程中纠正了之前的错误，给出了如下评价结论。

专利复审委员会（已更名为复审和无效审理部）认为，本发明中含有至

---

❶ 国家知识产权局专利复审委员会. 专利复审委员会案例诠释 [M]. 北京：知识产权出版社，2006：143-145.

少 5%（重量份数）BaO 的玻璃的作用在于缩短点火时间，区别特征在本发明中所起的作用，即缩短点火时间，才是本发明实际要解决的技术问题。对比文件 2 尽管公开了该区别特征，但对比文件 2 中，玻璃组合物中含有 7%～11% 的 BaO 的作用在于提高玻璃电阻数值同时降低玻璃软化温度，这一作用和区别特征在本发明中所起的作用不同，因此，现有技术中并没有给出解决本发明实际解决的技术问题（缩短点火时间）的启示，因此，不能据此认为本发明不具备创造性。❶

由此可以得出，在创造性评判过程中，在进行第三步是否"非显而易见"的判断时，既要考虑区别特征本身，同时要考虑区别特征在本发明中所起的作用，二者缺一不可。一旦审查员在审查意见中忽略了对于区别特征作用的评价，专利代理师就可以以此作为答复突破口进行相应的答复。这样的答复所强调的是，既要考虑特征本身，同时也要考虑特征的作用。

6.1.2 区别特征在"本发明"中所起的作用

除了要考虑特征的作用之外，在进行非显而易见的判断时，所考虑的作用应该是区别特征在本发明中所起的作用，而非该区别特征的孤立作用。也就是说，我们所分析的作用，是区别特征在本发明的环境中与其他特征相互联系后，在本发明中所起到的特定作用。

下面同样以一个案例说明。

本发明是一种出水控制结构。主要改进在于采用 L 形压板代替顶珠。审查员在审查过程中所找到的最接近的现有技术就是改进当前的方案。审查员指出，本发明的 L 形压板为本发明相对于最接近的现有技术的区别特征，其所起的作用是杠杆作用。由此，本发明实际解决的技术问题在于选用部件来起到杠杆作用。而在现有技术中，采用 L 形压板来起到杠杆作用是公知的，因此本发明不具备创造性。❷

从上述审查意见中可以发现，审查员在创造性评价过程中，没有忽略

---

❶ 国家知识产权局专利复审委员会. 专利复审委员会案例诠释 [M]. 北京：知识产权出版社，2006：145 - 147.

❷ 国家知识产权局专利复审委员会. 专利复审委员会案例诠释 [M]. 北京：知识产权出版社，2006：275 - 278.

"作用",在确定本发明实际解决的技术问题以及判断是否非显而易见时,都考虑到区别特征的作用。但是,审查员所确定的区别特征的作用却是有问题的。其对于L形压板这一区别特征,是将其脱离开本发明的环境后,孤立地分析出的"作用"。这样的作用,充其量只是区别特征的作用而已,并非是创造性评判过程中所考虑的区别特征在"本发明"中所起的作用。

对于该案,专利复审委员会纠正了之前的错误审查结论,其指出:

L形压板不是孤立的特征,其所起的作用也是和本发明其他特征联系后,在本发明中所起的作用。L形压板在本发明中所起的作用在于,能够使得出水控制结构操作省力、作用寿命长。在确定本发明实际解决的技术问题,以及现有技术是否存在解决该技术问题的技术启示时,都要基于上述区别特征在"本发明"中所起的来进行,由此,本发明具备创造性。[1]

当我们以"作用"来寻找答复突破口时,可以分析审查员所确定的区别特征的作用,是否是在"本发明"中所起的作用。简言之,我们既要考虑作用,同时,所考虑的作用也应该是在"本发明"中所起的作用。

6.1.3 作用应该是现有的而非结合本发明反推得到的

在考虑"作用"时还要注意,现有技术所公开的"作用",一定是一个在现有技术中已经记载的"作用",如此,才能以这样现有的作用来说明其和本发明的作用相同;相反,如果是结合本发明的内容反推出现有技术中的相关内容也能起到本发明中区别特征所起的作用,那么,这样的反推属于事后诸葛亮,其所得出的本发明不具备创造性的结论也是错误的。

下面同样以一个案例说明。

该案是一件实用新型专利,其所涉及的是一种大型仓库使用的冷风机,其关键的改进在于,该专利中将热交换器设置于风机的吸入段。为何要进行如此设置呢?我们可以首先了解一下大型仓库冷风机的特点。应用于大型仓库的冷风机,其进风是室外大气循环的自然空气,风机的出风必须实时保持恒温恒湿,同时冷风机必须具有足够的出风压力,使其具有能够穿透存储物料层的能

---

[1] 国家知识产权局专利复审委员会. 专利复审委员会案例诠释[M]. 北京:知识产权出版社, 2006:277-279.

力，因而也就决定了该专利送风风机必然具有较高的压缩比，因此带来了较高的风机温升。在该专利中，恰恰是考虑了上述情况，在风机的吸入端设置热交换器，从而利用风机温升所产生的热量，对经过的气流进行一定程度的加热来达到除湿干燥的效果。由于加热过程中所利用的是风机温升所产生的热量，如此设置热交换器能够达到降低能耗、提高热交换效率的技术效果。

对于该专利，撤销请求人结合现有技术（证据1）认为该专利不具备创造性，在其给出的理由中提到：

证据1中所公开的窗式空调器，同样是在风机的吸入段设置有热交换器，客观上也能对冷却后的空气进行加热干燥，从而起到降低能耗的作用，结合其他理由，撤销请求人认为该专利不具备创造性。❶

专利复审委员会并没有接受上述观点，其认定该专利具备创造性。就撤销请求人的上述观点，专利复审委员会特别指出，撤销请求人的主张是在理解该专利的发明点之后，推断出证据1能给出相应的技术启示，这样的技术启示并不是客观地独立看待证据1所能得到的技术启示。撤销请求人强调证据1将热交换器设置在风机的吸入段客观上也能对冷却后的空气进行加热干燥，其之所以能够得出这样的结论，是因为没有客观上从证据1所能给出的技术启示出发，而是在理解该专利的技术内容之后，再来看待证据1公开的内容，即从该专利出发，反向推断证据1的内容给出的技术启示。❷

从该案例可以看出，所谓现有技术能够带来的技术启示，不论是从特征本身还是从作用的角度来讲，都应该是现有技术中已经客观存在的内容。这一客观存在指的是现有技术中已经有明确记载。如果有这样的明确记载，那么相应的技术启示就存在；如果没有这样的明确记载，那么所谓启示就不存在。如果是结合本发明反推得到现有技术存在所谓启示，例如上述案例中所涉及的"作用""效果"方面的启示，那么这样反推得到的"启示"并不是一个能够用以评价创造性的现有技术的技术启示。如果以这样的"反推"所得到的所谓技术启示来评价专利不具备创造性，则是一种典型的事后诸葛亮的体现，所

---

❶ 国家知识产权局专利复审委员会. 专利复审委员会案例诠释 [M]. 北京：知识产权出版社，2006：293 - 296.
❷ 国家知识产权局专利复审委员会. 专利复审委员会案例诠释 [M]. 北京：知识产权出版社，2006：295 - 298.

得出的不具备创造性的结论是错误的。

对于冷风机这一案例，专利复审委员会在决定中对于证据1还特别进行了分析。其指出，证据1的窗式空调器体积较小，功率也远远小于冷风机的功率，风机的温升相对于冷风机的温升也小很多，其能耗可以忽略，从这些内容出发，无法得到证据1的窗式空调器中将热交换器设置在风机的吸入段能够解决降低能耗这样的技术问题。进而，专利复审委员会还指出，证据1中热交换器设置在风机吸入段的目的在于均匀送风。通过上述分析，专利复审委员会一方面论证了证据1无法给出本发明相关技术启示；另一方面，论述了证据1中的相关内容实际上所能给出的技术启示到底是什么，从而就技术启示的问题进行了进一步的澄清。

6.1.4 答复作用实际上是在体现本发明的发明构思

在《专利申请文件撰写实战教程：逻辑、态度、实践》一书中，特别提到了逻辑主线的重要性。具体而言，构成逻辑主线的要素是：现有技术、现有技术缺点、本发明的发明目的、本发明的技术方案以及本发明的有益效果。通过采用分析、推导的方式，将这些要素连贯起来，从而构成逻辑主线。这样的逻辑主线，实际上所体现的是发明人的发明构思。发明人通常会针对某一现有技术，发现其中所存在的缺点，针对该缺点提出本发明的发明目的，为了实现本发明的发明目的，发明人提出了本发明的技术方案，基于本发明的技术方案得到了本发明的有益效果。这就是所谓的"发明构思"。

以逻辑主线所体现的发明构思，不但在撰写专利申请文件中非常重要，在答复创造性审查意见的过程中，也有着非常重要的作用。

这一作用一方面体现为，可以结合逻辑主线，从原始申请文件中找到本发明的核心发明点所在，以这样的核心发明点作为救命稻草，有重点地分析，从而找到答复突破口。这一过程，可以被解读为是以逻辑主线作为工具，去寻找有力的答复武器。这个我之前着重讲过了。

逻辑主线的另一重要作用在于，可以将逻辑主线所对应的发明构思完整地呈现出来，以这一发明构思去和现有技术进行比对，从而说明本发明具备创造性。这相当于是以逻辑主线本身，作为答复的内容，来完成答复。

强调后一重要作用的原因在于，尽管本书之前花费了很多的篇幅，来讨论如何就特征比对进行"掰开了""揉碎了"的分析，而对于有关"作用"的答复则分析的篇幅较少，但这并不意味着就"作用"的分析是可以忽略的。要完整地体现本发明的发明构思，特征的分析和作用的比对，都是不可或缺的。特征的分析相当于是对本发明技术方案的分析，而特征在本发明中作用的分析，则对应于逻辑主线中的现有技术缺点、本发明的发明目的或有益效果。逻辑主线是一个完整的链条，只有以这样的完整的链条才能完整地呈现出发明人的发明构思，才能以这样的发明构思和现有技术进行比对，论述本发明具备创造性，因此，从发明构思层面的对比来讲，"作用"的分析是不可或缺的。

"作用"的分析不可或缺不是讲过了吗？这里为什么还要讲呢？不是重复，是要重点结合逻辑主线来说明，在进行"作用"的分析时要注意什么。

所谓的逻辑主线，重要之处在于要把若干的点"连接"起来，从而构成"线"。在专利申请文件中，这种"连接"是以分析推导的方式来完成的。在创造性审查意见的答复过程中，同样需要这样的"连接"，也就是说，同样需要在论述过程中体现出分析推导。

具体而言，在"三步法"的第二步中，当结合区别特征得出本发明实际解决的技术问题时，一定要从区别特征本身出发，针对该区别特征进行分析推导，得出该特征在本发明中所能达到的效果，并由此确定出本发明实际解决的技术问题。在意见陈述中，所找出的区别特征必然应包括本发明的发明点所在，由于"技术效果"和"发明目的""现有技术缺点"是相互对应的，因此，对该区别特征为什么能够在本发明中具有某个技术效果的分析推导过程，其实就是在分析，本发明为什么采用某个技术手段，就能解决现有技术缺点、实现发明目的、达到声称的有益效果。其实就是在重新厘清逻辑主线，这样的分析推导过程，就是将发明人的发明构思，完整地、直接地呈现出来的过程。如果发明人的发明构思是特定的，例如所要解决的问题是特定的，或者，采用的解决手段是特定的，或者二者皆为特定，那么，就可以说明本发明中，针对某一问题采用某个手段加以解决的"发明构思"是特定的。由此，就能以发明构思和现有技术并不相同，得出本发明具备创造性的结论了。

这样的结论，相比于单独的特征比对来说，脱离开了单个特征的比对这一"微观"的比较，从还原发明人发明构思的角度，在"宏观"层面上来说明本发明在整体的发明构思上与现有技术并不相同。这样的分析，能更好地还原出发明人的发明创造过程，以发明人在发明创造过程中的贡献来强调本发明具备创造性，似乎更为贴近创造性要求的本质。

总结来说，在进行"作用"的分析时，要把区别特征和其作用，以分析推导的方式来连接起来，从而体现出本发明的整体发明构思，并利用这样的发明构思来论述本发明具备创造性。

6.2 主动寻找消极启示

在创造性审查过程中，审查员的思路是寻找现有技术中是否存在相应的技术启示，如果存在，则可以得出该专利申请不具备创造性的结论。由于存在这样的启示即可得出本发明不具备创造性的结论，对于本发明不具备创造性而言，这样的启示可以被称为积极启示。

专利代理师作为答复一方，在答复专利申请具备创造性的过程中，除了可以论述上述积极启示并不成立之外，还可以主动出击，寻找审查员所指出的现有技术中是否存在用来评价本发明不具备创造性的障碍。一旦存在这样的障碍，现有技术就无法被用来评价本发明不具备创造性，因此，这样的现有技术中所存在的"障碍"相对于用来证明本发明不具备创造性的积极启示而言，属于一种对于本发明不具备创造性而言的消极启示。

我们可以从以下几个方面寻找上述的消极启示。

6.2.1 没有改进动机

在创造性审查意见中，是以多个现有技术相结合的方式来说明本发明不具备创造性。在"相结合"的过程中，需要本领域技术人员针对最接近的现有技术进行改进，显而易见地得到本发明所要保护的技术方案，由此才能得出本发明不具备创造性的结论。既然是寻找消极启示，我们不妨从这个"最接近的现有技术"开始进行分析。

如果本领域技术人员针对最接近的现有技术已经没有改进的动机，那么，其自然就不会对于该最接近的现有技术进行改进，也就根本不会通过此种改进来得到本发明的技术方案，如此，也就不能利用该最接近的现有技术得出本发明不具备创造性的结论。

由此，消极启示的一种表现形式是，对于最接近的现有技术已经没有改进的动机。那么，何以说明针对最接近的现有技术已经没有改进的动机呢？

如果最接近的现有技术已经采用其他手段解决本发明实际解决的技术问题，由于改进的"冲动""动机"源自要解决问题，此时，本领域技术人员在面对本发明实际解决的技术问题时，自然也就没有冲动、没有动机，对于这样的已经解决"问题"的最接近的现有技术进行改进，由此，也就不会存在通过改进得到本发明技术方案的情况。

下面通过一个例子进行说明。

例如，本发明的技术方案为一机械产品，其采用某个特定的机械结构来减少弹簧在该产品中所占据的空间，通过节省出来的空间，使得其他部件的拆卸更为方便。最接近的现有技术为对比文件1，本发明方案和对比文件1相比，区别仅仅在于所述特定的机械结构，而对比文件2中公开了此种特定的机械结构。

但是通过分析可以发现，在对比文件1中，已经通过其他设计，使得"其他部件"拆卸方便，由此，其已经解决本发明实际解决的技术问题，本领域技术人员在面对该对比文件1时没有冲动和动机，以解决部件拆卸更为方便为目的，对该对比文件1的方案进行改进，也就不会将对比文件1和对比文件2相结合来得到本发明所要保护的技术方案。由此，并不能基于对比文件1和对比文件2的相结合来说明本发明不具备创造性。

由此，如果能在审查员所指出的最接近的现有技术中，发现其所记载的方案已经解决本发明实际解决的技术问题，那么，就可以据此说明，本领域技术人员在面对本发明实际解决的技术问题时，没有冲动、动机去对该最接近的现有技术作出改进而得到本发明的技术方案，由此不能以该最接近的现有技术和其他现有技术相结合的方式来评价本发明不具备创造性。这样的答复思路并非是针对审查意见中有关现有技术中给出本发明不具备创造性的积极启示的反驳，其所采用的思路是，主动寻找阻碍现有技术给出启示的消极因素，以这样的消极因素作为消极启示来说明相应的现有技术并不用来评价得出本发明不具备创造性。

6.2.2 不能相结合

如果说没有改进动机在理解上还稍有难度的话,"不能相结合"就十分简单了。所谓不能相结合,是指审查意见中用来评价本发明不具备创造性的多个现有技术,由于技术上的障碍或者其他原因,它们之间不能结合在一起,由此也就不能以多个现有技术相结合的方式来得出本发明不具备创造性的结论了。这是消极启示的第二个表现形式。

下面同样以一个案例来说明。

本发明是一种过压保护器。在评价该发明的创造性时,以对比文件1作为最接近的现有技术,通过对比文件1和对比文件8相结合的方式,判断得出本发明不具备创造性。

但是,通过对对比文件1的技术方案进行分析后可以得知,该技术方案不能适用于防护雷电过电压,而对比文件8所保护的技术方案中,恰恰规定了其仅能适用于雷电过电压。这二者明显存在相互矛盾之处。由于这样的矛盾的存在,对比文件1和对比文件8从技术上并不能相结合,也就不能基于这两个对比文件的相结合来得出本发明不具备创造性的结论了。[1]

在答复创造性审查意见的过程中,我们可以分析审查意见中所采用的现有技术,如果用以"相结合"来评价本发明不具备创造性的现有技术中,存在使得这些现有技术不能相结合的矛盾之处,则可以利用此种矛盾,指明多个现有技术并不能相结合,利用这样的消极启示来说明并不能以这样的现有技术来得出本发明不具备创造性的结论。

6.2.3 反向教导

顾名思义,所谓反向教导,是指现有技术中给出和本发明完全相反的技术教导。这是消极启示的第三个常见表现形式。

下面同样以一个案例来进行说明。

本发明保护的是一种晾衣架,其主要思路在于通过设计,使衣服被充分撑

---

[1] 国家知识产权局专利复审委员会. 专利复审委员会案例诠释 [M]. 北京:知识产权出版社, 2006: 161-167.

开,以及在不使用时,衣架能够方便存放。

某一现有技术中所公开的也是一种晾衣架,但其目的在于稳固地悬挂裙子、裤子。该晾衣架通过搭上裙、裤后依靠其自身的重力将裙裤压紧在框、板与横梁之间。在该现有技术中,撑开裙、裤会导致裙、裤无法被稳固地悬挂,因此,该现有技术所公开的晾衣架并不会对裙、裤进行撑开,而这是和本发明的"撑开衣服"的设计思想背道而驰的,是本发明不可能提倡甚至反对的。[1] 由此,该现有技术提供了和本发明完全相反的技术教导,不能用以评价本发明不具备创造性。

如果能够在答复创造性审查意见的过程中主动发现现有技术中存在类似的反向教导,则也可以利用这样的消极启示来否认本发明不具备创造性的结论,作为创造性的答复理由之一来完成审查意见的答复。

需要说明的是,主动寻找得到消极启示并不是在所有的案件中都能适用,很多时候,找到现有技术中的消极启示是可遇不可求的。由于其适用范围有限,我们不要将找到消极启示作为寻找答复突破口的主攻方向。实践中,消极启示方面的答复理由很多时候仅是锦上添花的内容。

6.3 公知常识的答复

在创造性审查意见中,认为本发明中的某特征属于公知常识的情况,应该是越来越少了,但不可否认的是,这种情况依然存在,而且还会一直存在。审查员认为某一特征属于公知常识,一些情况下确实是合理的,无可厚非。只不过,当涉及本发明的发明点时,如果也被认为属于公知常识,那么,就一定要进行充分答复了。

虽说是"答复",但这种答复并不是向之前所介绍的那样,采用直接反驳的方式来进行的,因为针对"公知常识",貌似没什么可反驳的。

例如,审查员认为本发明中的某一技术特征 A 属于公知常识,专利代理师能说什么?反驳技术特征 A 不是公知常识?这是结论啊,证据在哪?摆在

---

[1] 国家知识产权局专利复审委员会. 专利复审委员会案例诠释 [M]. 北京:知识产权出版社, 2006:244-249.

专利代理师面前的，就是两个对象，一个是 A，另一个就是"公知常识"。对于 A，貌似没什么可说的，审查员指出的 A 就是 A。对于"公知常识"，能说的就更少了，因为完全不知道"公知常识"到底是啥啊？要是审查员给出了对比文件，专利代理师可以结合对比文件中的内容来分析对比文件到底公开了什么，从而说明对比文件中所公开的内容和本发明的技术特征并不相同。但"公知常识"仅仅是一个概念啊，完全没有任何清晰的内容描述，貌似也就无法分析"公知常识"中仅仅公开了什么，并没有公开本发明的技术特征了。

那么，是不是就没有办法了呢？也不完全是。正面反驳不行，我们可以迂回。这个迂回可以采取的方式是：

你说"公知"，我说"结合"；
你说我"公知"，我说"你说的不是我"。

什么是你说"公知"，我说"结合"呢？

这个思路是，我们并不对审查员评述某个特征属于公知常识进行正面的反驳，而是强调，审查员所找出的对比文件难以和所谓的公知常识相结合，以此来说明无法基于二者来破坏本发明的创造性。这样做的理由是，虽然公知常识不太好反驳，但对比文件却能够被分析啊。我们可以利用公知常识和对比文件不能结合，使得"对比文件＋公知常识"这样的评价方式不能成立，从而得出本发明具备创造性的结论。

什么是你说我"公知"，我说"你说的不是我"呢？

顾名思义，这个思路就是要强调，审查员所评价属于公知常识的那个特征，并不是本发明中的特征。这个"不是我"可以通过两个方式来实现。一是，发现审查员在审查意见中的漏洞。一些情况下，审查员在审查意见中可能只会指出本发明的某个不完整的特征属于公知常识，而在本发明的权利要求中，该特征则是有相应的限定的，我们可以强调，具有这样的"限定"的技术特征，并非是审查员所认为的属于公知常识的那个技术特征。以此说明具有这样的"限定"的技术特征并不像审查员所认为的那样属于公知常识。二是，结合申请文件中说明书的记载，对于权利要求中被评价为属于公知常识的技术特征，进行幅度不大的修改，以此同样达到"不是我"的效果。上述思路主要是改变公知常识的评价对象。形象来说，这一思路是，不是用公知常识来评价 A 吗？可以说，权利要求中不是 A 而是 A'。至于 A 是不是公知常识，可以不说，但既然 A' 和 A 并不相同，即使 A 属于公知常识，也不能说明 A' 也属于公知常识。

当然了，对于公知常识的迂回答复，也不意味着正面的对抗就完全放弃了。正面对抗在一些情况下还是需要的，通常可以采用如下方式进行：

首先，可以强调本发明中被评价为属于公知常识的特征，是解决特定问题的特定手段。可以论述本发明所要解决的问题如何特殊，配合具体场景、具体需求来阐述问题的特定性。进一步的，要结合问题的特定，阐述本发明中的特征（被评为公知常识）是如何特定的。至于这二者如何特定，理论上我也给不出什么建议，可以结合具体案件的实际情况，充分调动主观思维，结合申请文件的记载去论述吧。

其次，可以分析被评为公知常识的技术特征，属于本发明中的发明点所在。可以利用申请文件的记载，以厘清逻辑主线的方式，将上述技术特征的属性明确为本发明的发明点。如果能做到此点，后续问题就比较好办了。因为按照《专利审查指南》的规定，对于本发明的发明点是不能轻易被认定为属于公知常识的。专利代理师可以结合所得出的该技术特征属于发明点的结论，要求审查员结合《专利审查指南》的规定，进行相应的举证。当然，在论述的过程中可以强调，在没有相应举证的情况，并不认可审查员所得出的该特征属于公知常识的结论。

最后，还可以举例说明和本发明技术特征相关的公知常识到底是什么？尽管我们无法明确公知常识的边界到底在哪里，但是，可以结合公众的理解，站在维护专利申请人利益的角度，举例说明我们所知道的、所认为的公知常识是什么，并基于我们的分析，进一步阐述，所分析的公知常识和本发明的技术特征并不相同。需要注意的是，这样做并不能完全保证答复是有效的，原因在于，无法做到针对公知常识的穷举。我们所认为的公知常识，审查员可能会认为这只属于公知常识的一部分，而在公知常识的另外部分中，则包括了本发明中的技术特征。由于不能做到穷举，上述答复思路在逻辑上是不严谨的，由此也就不那么可靠。但我们要争取一切可能对于自己有利的说话的机会，当上述分析对于答复是有利的而且没有对错之分时，那么，我们就可以把自己的观点表达出来，为最终答复通过做可能的争取。当然，这种答复最好配合之前所提及的迂回答复一起出现，才会较为稳妥。

6.4 消极启示和公知常识的答复示例

由于篇幅所限，这个示例中就不给出专利申请文件、审查意见、对比文件的具体内容了，只把意见陈述的相关内容罗列如下。在这些内容中，体现了之前所分析的消极启示和公知常识的答复思路。

在意见陈述的前半部分中，分析得出了本发明相对于对比文件1的若干区别特征，之后，进行了如下的论述：

上述区别技术特征在本发明中所能达到的效果为：针对网络购物中的目标商品数据，筛选出可信任的用户所添加的附加信息，从而以这些用户所添加的附加信息来确保处理后的目标商品数据的准确性，避免由于信息不准确从而导致虚假、错误的数据的产生。由此可知，本发明修改后的权利要求1实际解决的技术问题在于：避免由于信息不准确而导致虚假、错误的数据的产生。

针对本发明修改后的权利要求1所实际解决的技术问题，在对比文件1以及其他对比文件中均未公开上述区别技术特征，更不可能公开上述区别技术特征所起的作用。而且，上述区别技术特征是针对网络购物这一特定场景中商品数据由于用户的编辑而产生错误这一问题所提出的解决方案，对于网络购物中商品数据基于用户编辑而产生虚假、错误的问题，本身就属于本发明特定要解决的问题，本发明针对该特定问题所采用的上述解决手段亦属于特定解决手段，因此，申请人认为，上述区别技术特征亦不属于本领域公知常识或惯用技术手段。

申请人还需要说明的是，审查员认为：目标数据具有包括部分或者全部所述关联用户添加的附加信息属于本发明权利要求1相对于对比文件1的区别技术特征，而将所述附加信息直接呈现给当前用户是本领域的惯用技术手段，申请人对此有不同观点。

在本发明修改后的权利要求1中，的确将附加信息呈现给用户，但其采用的手段却并非常规的简单呈现,而是通过对于目标商品数据的处理,将附加信息添加于所述目标商品数据中。审查员所指出的惯用技术手段中,仅是获取信息后直接加以显示,该实现过程中并不将所需显示的附加信息和原始数据以添加的方式相结合从而形成完整的数据。而在本发明修改后的权利要求1中,不仅获得了所述附加信息,更为关键的是,将该附加信息依附于目标商品的数据中加以体现。而此种针对原始目标商品数据进行数据处理,使附加信息依附于目标商品数据来加以体现的方式,显然同仅仅显示所获得的信息本身这一惯用手段来说有着本质的区别。概括来说,审查员所认为的惯用技术手段仅仅是将所谓的附加信息直接加以显示,并未公开本发明修改后的权利要求1中将附加信息依附于商品数据本身加以显示这一特定实现方式。

除此之外,申请人认为还需强调的是,即使审查员坚持认为所谓的将附加信息直接呈现给当前用户属于惯用技术手段,在将该惯用技术手段和对比文件1相结合时,也存在难以结合的问题。对比文件1所公开的技术方案中,所处理的对象是媒体资产,例如电影、音乐等。此种媒体资产由于具有可被播放的需求,因此其数据格式多为媒体流等特定的数据格式。而附加信息,例如本发明中所提及的用户评价,多为文本内容数据,其数据格式显然不同于媒体流。如果针对媒体流进行处理,向媒体流中添加文本内容的数据,显然是会破坏媒体流本身从而影响媒体资产本身的播放的。实际上,对比文件1说明书第0038段最后3行对此已经进行了说明。在第0038段提及:朋友的列表204和预测评级206可以被集成到诸如媒体播放器用户界面等的各种不同的用户界面中。由于媒体播放器的作用在于播放媒体资产,而朋友的列表以及预测评级被作为单独的部分集成于该媒体播放器中。对比文件1的上述描述清晰地表明,对比文件1中是将所谓的朋友的列表以及预测评级添加到媒体播放器上而非媒体资产本身。也就是说,对比文件1中的媒体资产未被加以编辑,所改变的是媒体播放器而非媒体资产。事实上,对比文件1中正是考虑了媒体资产本身数据格式的特殊性,因此规避了对于媒体资产数据本身的添加、编辑,而是转而在媒体播放器上集成显示朋友的列表以及预测评级的功能。基于此,申请人认为,本领域技术人员不会以破坏媒体资产本身为代价,而以向媒体资产中添加附加信息的方式来对该媒体资产进行处理。申请人认为,正是基于对比文件1

所公开的媒体资产这一特定数据类型，使得对比文件1难以和将附加信息添加到对应的数据中相结合，在此情况下，本领域技术人员基于对比文件1难以得到本发明修改后的权利要求1中有关"关联用户添加的附加信息的目标商品数据"这一特征。

申请人还想请审查员注意的是，对于购物网站而言，为了方便用户了解商品情况，其所提供的商品数据通常包括用户评价这一附加信息内容，此时，本发明修改后的权利要求1中实际上是以针对商品数据中的用户评价这一内容进行编辑处理来实现的，只不过该编辑处理是以筛选后的可信任的信息为素材进行的。此种编辑处理实质上是对商品数据内容的一种编辑处理。而对比文件1中，涉及的是音乐或电影这样的媒体资产，其仅仅是出于推荐的需要获取"朋友"针对该媒体资产的互动情况，没有在对媒体资产的内容进行编辑方面给出任何技术启示，由此使得本领域技术人员在面对对比文件1时，没有任何在内容编辑方面进行改进的冲动，由此难以结合对比文件1得到本发明修改后的权利要求所保护的技术方案。

除此之外，申请人还想请审查员注意的是，本发明修改后的权利要求1，是针对目标商品的数据的处理方法，其是为了方便用户更为全面地了解商品的情况，向用户提供其他关联用户针对该商品所添加的附加信息。修改后的权利要求1关注的是商品数据的准确性，该准确性既包括对商品的正面评价的附加信息，也包括对商品的负面评价的附加信息，从而方便用户决定是否购买该商品。

而对比文件1基于其是一种推荐方法，其所关注的是用户与媒体资产的正面交互情况。其是基于用户下载、播放相应歌曲或电影的次数，来向用户加以推荐。而所谓的下载、播放所表达的是用户对于媒体资产的喜爱、认可程度。因此，对比文件1的推荐方法，其给出的技术启示在于以用户和媒体资产的正面的交互情况来实现媒体资产的推荐。在对比文件1排他性地仅以推荐为目的，从而仅提供正面交互数据的情况下，不但没有给出本发明修改后的权利要求1中所涉及的确保商品数据准确性方面的任何教导，相反，反而基于其"推荐"的目的，相对于本发明既提供正面评价的附加信息又提供负面评价的附加信息，给出了排除其中一种情况的反面教导。基于此，申请人认为，基于对比文件1出于"推荐"目的而排除负面评价的技术教导，本领域技术人员难以将对比文件1和其他现有技术相结合，得到本发明修改后的权利要求1所保护的为用户提供具有正面评价或负面评价的附加信息的商品数据的技术方案。对比文件1中此种反面教导的存在，亦使得本发明修改后的权利要求1相对于现有技术具有突出的实质性特点。

第 7 章

专利保护客体探讨

7.1 智力活动规则和方法方案的可专利性

当前,人工智能、大数据、区块链等技术发展迅速,这些技术所对应的专利申请中通常会包含算法、商业规则和方法等智力活动的规则和方法特征,对于这类专利申请是否符合《专利法》的相关要求,是业界普遍关心的问题。本节将结合 2019 年对《专利审查指南 2010》的修改内容,以是否存在技术性贡献为分析主线,对涉及智力活动的规则和方法的可专利性判断进行分析。

随着大数据和人工智能技术的发展和广泛应用,该领域的专利申请数量大幅增加。该领域的专利申请通常包括算法特征,而单纯的算法并不能获得专利保护。因此,就大数据和人工智能领域专利申请的可专利性判断问题,成为专利业务领域的一个热点问题。与之类似,商业领域中也存在为数众多的创新,对于这些创新是否符合专利保护的要求,一直以来也是业界关心的问题。根据国家知识产权局于 2019 年 12 月 31 日发布的关于修改《专利审查指南》(以下简称"修改后的《专利审查指南》")的公告,对于包含算法或商业规则和方法等智力活动的规则和方法特征的专利申请,对其进行能否获得专利授权判断(以下简称"可专利性判断")的特殊性体现在《专利法》第 25 条、第 2 条第 2 款以及新颖性和创造性的审查上。[1] 我认为,修改后的《专利审查指南》所

---

[1] 国家知识产权局关于修改《专利审查指南》的决定 [EB/OL]. [2020 - 04 - 27]. http://www.cnipa.gov.cn/2020/12/30/art_99_155906.htm.

规定的"特殊性"内容，本质上都是在关注专利申请是否相对于现有技术提供了技术性贡献。具体而言，依据《专利法》第25条所进行的判断，关注的是专利申请中是否存在技术属性的内容；依据《专利法》第2条第2款所进行的判断，则是在确定技术属性的内容是否是用以解决技术问题的技术贡献；而有关新颖性和创造性的判断则是参考外部对比文件，以比对的方式来确定申请文件中声称的技术性贡献是否能够成立。

本节以技术性贡献的判断为脉络，依次结合修改后的《专利审查指南》针对《专利法》第25条、第2条第2款以及新颖性和创造性判断的特殊要求，对涉及智力活动规则和方法的专利申请的可专利性判断进行分析。

7.1.1 有关保护客体的判断

涉及智力活动规则和方法的专利申请，首要面临的是是否属于专利保护客体的问题。具体而言，对于这类专利申请，要依次判断其是否属于《专利法》第25条中所规定的"智力活动的规则和方法"，以及是否符合《专利法》第2条第2款的规定。

7.1.1.1 基于《专利法》第25条的判断

根据《专利法》第25条的规定，对智力活动的规则和方法不授予专利权。该条规定将智力活动的规则和方法这一内容排除于专利保护客体之外。

（1）何谓"智力活动的规则和方法"。

《专利审查指南》第二部分第一章第4.2节中就智力活动的规则和方法进行了说明，其指出：

智力活动，是指人的思维运动，它源于人的思维，经过推理、分析和判断产生出抽象的结果，或者必须经过人的思维运动作为媒介，间接地作用于自然产生结果。智力活动的规则和方法是指导人们进行思维、表述、判断和记忆的规则和方法。[1]

由上述定义可见，智力活动的根本属性在于主观性或抽象性。主观性是指智力活动直接源自思维运动或以思维为媒介，而思维运动则是由人这一主体通

---

[1] 国家知识产权局. 专利审查指南2010 [M]. 北京：知识产权出版社，2010：第二部分第一章4.2.

过其主观思维实现的;抽象性则体现为,抽象的结果是由智力活动中的思维运动产生的,如果"结果"是"抽象性"的,则可以说明该结果是借助主观思维所产生的。

在智力活动具有主观性或抽象性的情况下,用于对其进行指导的"智力活动的规则和方法",则也相应地具备主观性或抽象性的特点,而这也正是《专利法》将其排除于专利保护客体之外的原因所在。

专利只能用来保护针对客观世界的改造成果,不能用来禁锢人的思想,因此,具有主观性的智力活动规则和方法显然不能获得专利保护;而如果针对抽象性内容提供专利保护,则会给予专利申请人过大的专利权[1],阻碍技术的创新,由此也不应对具有抽象性特点的智力活动规则和方法提供专利保护。

(2) 基于"主观性"或"抽象性"来判断智力活动规则和方法。

基于之前的分析,如果相应的规则和方法是针对人的主观思维活动所制定的,用以指导人的主观世界,那么其属于智力活动的规则和方法;相反,尽管相应的规则和方法是基于人的主观思维所产生的[2],但如果该规则和方法并非用以指导人的主观思维活动,而是用以指导客观世界的,则不能因为其产生过程利用人的思维就将该方案界定为智力活动的规则和方法。

我们同样可以利用"抽象性"进行有关智力活动的规则和方法的判断。如果一方案所获得的是抽象的结果,其获得该结果的过程自然要基于人的主观思维[3],由此可以判定获得这一抽象结果的方案属于智力活动规则和方法。需要注意的是,抽象性并不是智力活动的规则和方法在结果层面的唯一表现形式,当人的思维运动作为媒介间接地作用于自然时,其产生的结果可能并非是抽象的,但该过程同样属于智力活动,指导这一过程的方法和规则同样属于智力活动的规则和方法。因此,不能仅仅以结果是"非抽象的",就判定其不属于智力活动的规则和方法。

(3) 智力活动的规则和方法在权利要求中的表现形式辨析。

对于智力活动的规则和方法,其在权利要求中的表现形式可能有两种。

---

[1] 刘强. 人工智能算法发明可专利性问题研究 [J]. 时代法学, 2019 (4): 24.

[2] 王立石, 于行洲, 宋洁, 等. 人工智能算法对专利保护政策的挑战及应对 [J]. 软件, 2019 (4): 131.

[3] 王翰. 欧美人工智能专利保护比较研究 [J]. 华东理工大学学报 (社会科学版), 2018 (1): 98.

一种是直接呈现智力活动的规则和方法本身，并不进行任何技术上的包装。例如，在权利要求中，直接记载相应的某一数学计算方法，并未限定该数学计算方法采用何种方式来实现。此时，权利要求中所记载的是纯粹的算法本身，没有任何技术特征作为承载，因此自然可以判定该算法属于智力活动的规则和方法。

另一种则是以技术为包装来呈现智力活动的规则和方法，较为典型的是在权利要求中限定采用计算机来实现相应的算法。这种仅仅以计算机为载体来实现的算法，相对于直接记载的算法而言，仅仅是对算法的执行主体予以明确。在公众通常知晓算法是由计算机来实现的情况下，这种通过以计算机为载体来描述的算法实现，和直接描述的算法实现并无不同。❶❷ 换言之，即使是直接描述的算法，其也隐含该算法是可以采用计算机来实现的。在直接描述算法和以计算机为实现载体来描述算法实质上并无不同的情况下，仅仅以计算机为实现载体对算法所进行的"包装"，自然也应被认定为智力活动规则。

(4)《专利法》第25条并非是针对是否存在智力活动规则和方法的判断。

我认为，以将方案排除于专利保护客体之外为判断目的，《专利法》第25条所规定的是一个方案中是否"不存在"技术特征的判断，而不是一个是否"存在"智力活动的规则和方法的判断。这一判断思路的明确，有助于避免基于错误的判断思路从而得出错误的判断结论。

《专利法》第25条作为对专利保护客体的规定，和《专利法》第2条第2款一起构成了对《专利法》保护的"发明创造"的定义。作为规范保护发明专利的《专利法》，目的在于在纷繁的事物中对发明创造提供法律的保护，由此，《专利法》首先需要对"发明创造"予以定义。而对于《专利法》不能保护的内容（例如著作权中的作品），其并非是《专利法》的保护对象，自然也就不是其关注对象，因此并无对其进行定义的必要。

那么，为何《专利法》中还特别在其第25条中对不能获得专利权的内容进行规定呢？原因在于，"发明创造"以及其中所包含的"技术"这些内容都属于抽象概念，很难通过正面定义予以清晰的界定，为此，不论是我国还是其

---

❶ Alice Corp. v. CLS Bank International, 134S. Ct 2347 (2014).
❷ G 0003/08 (Program s for computers) of 12.5.2010.

他国家，在对发明创造进行定义时，都是采用排除法来实现的。在《专利法》中，这一"排除"具体体现为《专利法》第 25 条所规定的"科学发现""智力活动规则和方法"等具体内容。正是通过对上述具体内容的排除，才实现了对"技术"以及"发明创造"这些抽象概念的定义。❶ 由此，在适用《专利法》第 25 条进行判断时，也应该以是否符合发明创造定义的角度来进行。

具体来说，如果发现方案中仅具有智力活动的规则和方法，则能依据《专利法》第 25 条就技术特征"排除"的规定，确定该方案中并不包括技术特征，"发明创造"的定义要求方案中具有"技术"特征，因此能够确定该并不包括技术特征的方案不满足发明创造的定义要求，不属于专利保护客体；相反，即使发现方案中包括智力活动规则和方法这一非技术特征，但如果该方案中还包括技术特征，则该方案仍然具备技术属性，不能因为智力活动规则和方案的存在就否定该方案所具有的技术性而将该方案界定为非专利保护客体。这一判定思路在《专利审查指南》中有清晰的记载。

7.1.1.2　基于《专利法》第 2 条第 2 款的判断

（1）《专利法》第 2 条第 2 款的判断目标。

按照《专利审查指南》的规定，针对一个涉及智力活动规则和方法的方案，在保护客体的判断上，要依次利用《专利法》第 25 条和第 2 条第 2 款进行判断，那么，为何还要采用《专利法》第 2 条第 2 款进行一次保护客体的判断呢？

我们应该认识到，《专利法》第 25 条的判断只是对方案技术属性层面的定性判断，通过《专利法》第 25 条的判断，只能说明方案中具备技术性的要素，但仅仅具备技术性的要素对于专利所保护的发明创造而言仍是不够的。发明创造定义中的"新的技术手段"，除了要满足技术属性的要求之外，还应满足"新的"要求，即发明创造中应具备技术性的"贡献"。《专利法》第 2 条第 2 款所完成的正是有关"贡献"方面的定性判断。其具体要判断该技术性的内容是否能够解决技术问题的技术手段，而这一判断过程是结合申请文件所记载的内容这一内部证据来进行的。

---

❶ 尹新天. 中国专利法详解 [M]. 北京：知识产权出版社，2011：18-19.

因此，在采用《专利法》第 2 条第 2 款进行判断时，不应仅仅局限于判断权利要求中是否记载了技术特征，而是应该判断权利要求中的技术特征是否为用于解决技术问题的技术特征，由此确定方案中是否存在其声称的技术性"贡献"。

（2）《专利法》第 2 条第 2 款的具体判断内容。

基于之前的论述，我认为，针对《专利法》第 2 条第 2 款的判断，重点要从两个方面进行。

一方面，判断申请文件中声称解决的问题是否是技术问题。需要注意的是，要对真假技术问题进行清晰的区分。

显然，那些具有社会、人文属性的问题并非是技术问题，这不难进行准确的判断。需要注意的是，对于效率提升、速度加快这些貌似具备技术属性的问题，要准确确定其是否是假技术问题。纯粹的计算方式的改变，例如数学运算规则的改进，也能带来计算速度的提高，而纯粹人工设定规则的改进，例如金融规则的改进，也能带来效率的提升，这些问题虽然也具有和技术问题类似的"速度、效率"这样的表达，但实质上并非是真的技术问题，而是数学问题或商业问题。在采用《专利法》第 2 条第 2 款进行判断的过程中，要对这些假技术问题准确辨别，不要一看到速度快、效率高就认为是技术问题，而是应该搞清表述后面的实质含义，准确确定这些问题到底是技术手段所解决的"技术"问题，还是一个以纯算法或商业规则所解决的数学或商业问题。透过表述搞清其背后所对应的本质，从而做到对问题是否真的具备技术属性进行准确的界定。

另一方面，要判断权利要求中的技术特征是否是用以解决申请文件中声称的问题的技术特征。完全存在这样的情况，权利要求中所存在的技术特征，只是某些常规的技术实现手段，并非是用以解决问题的手段。此时，该手段并不提供发明创造定义中所要求的技术性"贡献"，属于"假技术手段"而非"真技术手段"，如果权利要求中仅具备这样的"假技术手段"，则其仍然是不符合专利保护客体的要求的。最常见的假技术手段是采用计算机这一常规的实现方式来实现例如算法或商业规则的内容。此时，尽管计算机的实现本身是技术特征，但在该技术特征并非是用以解决技术问题的情况下，其仅仅属于假技术手段，不能据此认定该方案符合专利保护客体的要求。

7.1.2 有关新颖性、创造性的判断

如前所述，通过《专利法》第25条和第2条第2款，对方案是否具备发明创造定义中所需的技术性贡献进行定性的判断，从而可以完成专利保护客体方面的判断。然而，对于获得专利权而言，仅仅进行保护客体的判断是不够的，专利申请的方案还需要经过新颖性、创造性这样的判断，从而判断其声称的技术性贡献是否基于和现有技术的对比仍然足以构成技术性贡献。和之前专利保护客体的判断不同的是，这里的判断所借助的是现有技术这一外部证据，且该判断是一种定量判断。所谓定量判断，是指对于权利要求中待比对的技术特征而言，要确定该技术特征到底涵盖多少限定的内容，进而判断现有技术中是否公开了这些限定所构成的技术特征。由于要确定技术特征中涵盖的限定数量，这就存在一个是否能够将智力活动的规则和方法的限定转变到技术特征中的问题。对于这一问题，正如修改后的《专利审查指南》所指出的那样，如果算法特征或商业规则和方法特征与技术特征之间"功能上彼此相互支持、存在相互作用关系"，则应该将该特征与所述技术特征作为一个整体加以考虑；反之，则应将这两个特征分别作为独立的两个特征进行评判。对技术特征定量结果的不同，会导致针对技术特征评判结论不同，因此如何定量确定技术特征所涵盖的限定内容即如何进行技术特征的划分，就是十分重要的问题了。

7.1.2.1 智力活动规则和方法特征与技术特征相互关联的判定标准

在修改后的《专利审查指南》中，对上述定量过程的关键要素即"功能上彼此相互支持、存在相互作用关系"给予进一步的解释说明，其指出，"功能上彼此相互支持、存在相互作用关系"是指算法特征或商业规则和方法特征与技术特征紧密配合、共同构成解决某一技术问题的技术手段，并且能够获得相应的技术效果。该进一步解释可以理解为对所谓"关联"关系给出了两种具体的判定标准。

(1) 以技术问题出发的判定标准。

我认为，可以从修改后的《专利审查指南》中得出以技术问题出发作为判定标准进行"关联"性的判断。也就是说，如果算法特征或商业规则和方法特征与技术特征之间共同构成了解决某一技术问题的技术手段，则二者之间

存在关联。

针对该判定标准，修改后的《专利审查指南》又以举例的形式进行了进一步的说明，其指出，如果权利要求中的算法应用于具体的技术领域可以解决具体技术问题，那么，可以认为存在"功能上彼此相互支持、存在相互作用关系"。

基于"问题"和其"解决手段"之间的关系，不难理解这一有关"关联"的判定标准。对于技术问题而言，其要达成技术目标，因此解决手段必然也是技术的。如果算法是用以解决技术问题的，那么，其必然也是和其他技术特征一起构成一个整体作为技术手段，才能解决技术问题。我们可以基于技术问题的存在，将算法特征和技术特征"关联"在一起作为一个整体的技术特征。

应用这一判断标准时，需要明确申请文件中是否存在待解决的技术问题，并从该技术问题出发，确定算法是否是用以解决该技术问题的算法，从而明确算法特征是否能够与技术特征相互关联，以便被定量地划分到技术特征中。

（2）从技术特征本身出发的判定标准。

修改后的《专利审查指南》中还给出了从特征本身出发作为"关联"性的判断标准，即强调算法特征或商业规则和方法特征与技术特征的紧密配合。针对这一判断标准，修改后的《专利审查指南》也以举例的形式进行了进一步的说明。其指出，如果权利要求中的商业规则和方法特征的实施需要技术手段的调整或改进，那么可以认为该商业规则和方法特征与技术特征功能上彼此相互支持、存在相互作用关系，在进行创造性审查时，应当考虑所述的商业规则和方法特征对技术方案作出的贡献。

该判定标准以商业规则和方法特征与技术特征之间是否存在"因果"关系，来确定是否应将这两种类型的特征作为一个整体进行创造性的判断。此种"因果"关系的具体表现为一种"需要"关系，即商业规则和方法特征并非单独实现，而是需要借助于技术特征调整或改进方能实施；反之，技术特征的调整或改进也并非是无目的、无指向的改进，而是一种用以实现商业规则和方法特征的调整或改进。当这两个类型的特征之间存在这种相互"需要"的依赖关系时，这两种类型的特征之间具有相互关联，在进行创造性评判时应被作为一个整体予以考虑。

这一判定思路同样不难理解。如果商业规则和方法的改进带来了技术特征的调整或改进，那么这一技术上的"调整或改进"说明了该方案中存在技术性的贡献；而在创造性评判确定技术性贡献是否成立的过程中，技术手段本身以及该技术手段所解决的技术问题都是不可忽略的判断要素。因此，当上述"技术特征的调整或改进"是为了实现商业规则和方法而提出时，在技术上实现该商业规则和方法实际上就成为该专利申请实际所要解决的技术问题，自然应当和技术特征本身一起在创造性评判中予以考虑。需要注意的是，此时的本发明实际要解决的技术问题并非是纯粹的商业需求，而是一个商业规则和方法实现过程中的技术需求。也就是说，在技术手段的提出是以解决技术问题为目的的前提下，该"技术上的调整或改进"所对应解决的问题（该技术上的调整或改进的"需求"）必然也是技术性的，由此，修改后的《专利审查指南》中所指出的"商业规则和方法特征的实施"的"需要"，实际上指的是商业规则和方法本身的实施过程中所对应要解决的技术问题。基于该技术问题，我们应当将解决该技术问题的商业规则和方法特征与技术特征一起作为一个整体的技术特征来考虑。严格来说，这是一个在商业规则和方法背景下针对技术问题所提出的具有技术性贡献的技术方案。

由此延伸出去，对于商业方法类的专利申请，在进行可专利性判断时尤其要注意区分方案所应用的环境和方案本身。一些方案尽管是应用于商业等非技术环境下的，但是，如果该方案能够在该环境中针对特定的技术问题提出相应的技术改进手段，那么不应仅仅因为该方案应用于商业环境，就将该方案排除于专利保护客体之外；在进行新颖性、创造性评判时，如果该方案解决了商业环境中技术问题，则应将共同用于解决该商业环境中技术问题的商业规则和方法的特征与其他技术特征作为一个技术特征来进行新颖性和创造性的评价。

基于上述技术特征的划分，如果能将算法或商业规则和方法的特征与技术特征作为一个整体的技术特征，那么，从定量的角度来考虑，现有技术公开这一整体技术特征的概率会小一些；而如果分开考虑这两个类型的特征，则单纯的技术特征被公开的概率会比较大。但也完全可能存在这样的情况，在现有技术中也公开了将算法或商业规则和方法特征与技术特征关联在一起的特征，那么，此时即使将方案中的上述两个类型的特征关联在一起，该方案仍然不会由于具备该关联在一起的技术特征而相对于现有技术存在技术性贡献，不能据此认为该方案具备创造性。

7.1.2.2 判定标准中的技术问题

既然上述判断中都提及了"技术问题",那么,这个技术问题到底是本发明在申请文件中声称解决的技术问题,还是在创造性评判中基于检索对比后所确定的实际要解决的技术问题呢?

答案应该是前者。上述将不同类型特征相互关联的过程,实际上就是一个技术特征划分的过程,而只有在完成技术特征划分的情况下,才能以划分出的技术特征为比对对象,进行和最接近的现有技术的对比,进而结合区别技术特征确定本发明实际要解决的技术问题。由于技术特征划分是在确定实际要解决的技术问题之前进行的,进行技术特征划分所依据的技术问题自然也就不应该、不可能是本发明所实际要解决的技术问题,而只能是申请文件中声称要解决的技术问题了。

那么,这个技术问题是否只能是申请文件发明内容部分中所声称的本发明整体技术方案所要解决的技术问题呢?其实并不尽然。

通过之前的分析不难发现,以技术问题出发将智力活动的规则和方法特征与技术特征相关联,实际上是以问题的技术属性出发,从而将与之应具有相同属性的解决手段也确定为技术属性。这里所利用的关联关系是问题和解决手段之间的关联关系。作为本发明声称解决的技术问题,其与解决该问题的手段之间自然满足问题与解决手段间的关联关系;进一步地,如果申请文件中所记载的某一技术效果,即使其并非是本发明声称所解决的技术问题,但是其是通过智力活动的规则和方法特征与技术特征共同实施所达到的,那么,该技术效果与这两个不同类型特征之间也同样具有问题与解决手段之间的关联关系,同样可以基于这样的关联关系确定达到这一"技术效果"的手段具备技术属性,从而完成上述两个不同类型特征之间的关联。

由此可见,以"技术问题"作为技术特征划分标准时,"技术问题"既可以是本发明所声称要解决的技术问题,即申请文件"发明内容"开始处或"背景技术"结尾处所写明的本发明所要解决的技术问题,也可以是某一技术效果或者某一具体实施方式所特定解决的技术问题。

7.1.2.3 创造性判断与保护客体判断之间的关系

对于涉及智力活动规则和方法专利申请的创造性判断,有的时候也能起到保护客体判断的作用。

如前所述，基于《专利法》第 25 条和第 2 条第 2 款完成了有关专利保护客体的判断。但是，这一判断仅仅是基于申请文件中"声称"的内容所进行的判断，而这种"声称"并不一定真实。完全存在这样的可能，申请文件中所声称解决的技术问题，并非是申请人真实想要解决的问题，而是其为了获得专利授权，结合某一并非属于改进的技术手段而"包装"的技术问题，其真实改进不在技术上，而仅仅是智力活动规则和方法的改进。此时，这一专利申请有可能通过了《专利法》第 25 条和第 2 条第 2 款的审查，但在创造性审查过程中，则完全可以基于检索发现现有技术中已经存在申请文件中声称所解决的技术问题所对应的技术手段，而区别仅仅在于该方案中所包括的算法特征或商业规则和方法特征。进而可以基于该区别特征确定本发明实际要解决的问题并非技术问题，而解决该问题的手段也没有提供技术性的贡献，从而以不具备创造性为由避免对该专利申请授权。这一过程实际上是以创造性判断为表、行保护客体判断之实。这一过程，也可以被认为是基于客观证据对专利申请人声称的技术性贡献进行去伪存真的判断过程。

7.1.3　智力活动和方法专利的撰写要求和建议

7.1.3.1　权利要求的撰写要求分析

在修改后的《专利审查指南》中，对于涉及智力活动规则和方法的专利申请的说明书和权利要求书的撰写提出了相应的要求。其中，对于权利要求书的撰写要求并无过多特殊之处，只是明确在权利要求中应当记载技术特征以及与技术特征功能上彼此相互支持、存在相互作用关系的算法特征或商业规则和方法特征，即要求在权利要求中存在这两种类型的特征。在权利要求中，体现算法特征或商业规则和方法特征既是《专利审查指南》的要求，也是专利申请人保护商业方法和算法类方案的意图所在。

7.1.3.2　说明书的撰写要求分析

修改后的《专利审查指南》针对涉及智力活动规则和方法案件的说明书撰写要求，则是配合之前针对权利要求的审查思路，给出了相对具体的撰写要求。其除了给出说明书撰写的一般性要求之外，尤其指出在该类案件的说明书中，应当写明技术特征和与其功能上彼此相互支持、存在相互作用关系的算法特征或商业规则和方法特征如何共同作用并且产生有益效果。

结合之前对于权利要求中两类特征间是否具有关联关系的判断可以看出，这两类特征只有满足特定的条件时，才能被判定为具有关联关系从而被划分为一个整体的技术特征。而这种特定的条件，一方面，要从权利要求本身的内容分析得出；另一方面，作为支持权利要求的说明书，其中也应该包括这种特定条件的描述。作为解释说明性质的说明书，在"如何"满足所述特定条件上，也应该进行更为细致的描述。

（1）涉及算法的说明书撰写要求分析。

具体而言，修改后的《专利审查指南》中指出，在包含算法特征时，应当将抽象的算法与具体的技术领域结合，至少一个输入参数及其输出结果的定义应当与技术领域中的具体数据对应关联起来。该要求所强调的是将抽象的算法落实到具体的技术领域中，而落实到具体技术领域并非仅仅是一种声称的落实❶，而是要通过算法的"输入""输出"的具体化来实现。将输入参数、输出结果定义为技术领域中的具体数据，可以使输入参数和输出结果脱离抽象的数学含义本身具有技术领域中的技术含义，而"算法"也由此从数学工具转变成了一种针对客观的技术对象加以处理的"自然力"。

更为重要的是，当"输入""输出"被定义为技术领域中的具体数据时，要么"输入"是从其他技术特征处获得的，要么"输出"是用以提供给其他技术特征的，这使得可以将技术化的"输入""输出"作为联系的纽带，将提供"输入"或使用"输出"的技术特征与该算法特征联系起来，从而使得二者之间具有"共同作用"这一关联关系。

当然，结合之前的分析还可发现，除了要将算法的"输入""输出"技术化之外，在说明书中还要写明这一算法的处理和其他技术特征一起是如何解决某一技术问题的，即如何达到修改后的《专利审查指南》中所要求的"产生有益效果"。只有具有"技术问题"这一"技术"属性的源头，才能说明算法是为了解决该技术问题所提出的，才能在后续进行权利要求的可专利性判断时，依据"技术问题"这一线索，将算法特征和与之关联的技术特征联系为

---

❶ 杜鹃，尹海霞. 涉及算法的专利申请文件撰写技巧［J］. 专利代理，2017（3）：63.

整体的一个技术特征。

(2) 涉及商业规则和方法的说明书撰写要求分析。

对于涉及商业规则和方法特征的专利申请，修改后的《专利审查指南》重点指出，应当在说明书中对解决技术问题的整个过程进行详细的描述和说明。配合之前权利要求中判定商业方法和规则是否能与技术特征相互作用的思路，此处应当在说明书中明确的是商业方法和规则特征的实施，需要哪些技术手段的调整或改进，而这样的调整或改进当然是用以解决技术问题的。换言之，结合之前的分析，商业方法和规则特征与技术特征的结合，实际上使得整个方案成为一个商业环境中用以解决技术问题的技术方案，我们在说明书中应当根据这一实质，以商业为环境，重点介绍针对商业环境下的技术问题采用何种技术手段来加以解决，而这种介绍当然应当满足本领域技术人员根据其内容能够实现该解决方案的程度。应当注意的是，其中的"问题"和"解决方案"都是技术性而非商业性的。

7.1.3.3 小结

结合之前对权利要求可专利性判断的分析，也可以得出对申请文件中说明书撰写的一些建议。

(1) 技术问题的技术属性要清晰。

对于说明书中的技术问题而言，一定要将其在技术上定义清楚。要避免在说明书给出的本发明所要解决的问题明显不属于技术问题的情况，例如，不能以商业或社会问题等具有人文属性而非技术属性的问题作为本发明所要解决的问题。

对于本发明所要解决的问题，应是一个技术属性鲜明的技术问题，而非一个笼统的貌似是技术问题的问题。所谓技术属性鲜明，一方面，要做到避免抽象；另一方面，则要对应于客观实际。要注意对表象的技术问题和真实的技术问题进行区分，不能仅仅因为问题的表述是"计算速度""效率"等这样的技术性表达，就采用该问题作为技术问题。如果所谓计算速度快是数学算法导致的，而效率提升是由于商业规则的改进来实现的，那么这样的问题实质上仍然是数学问题或商业问题，而非技术问题。在确定撰写出的问题是否具有技术属性时，可以从其解决手段的属性来挖掘其所解决问题的根源属性，从而准确确定该问题是否属于技术问题。

（2）全面描述"技术问题"。

如前所述，在确定智力活动的规则和方法特征与技术特征是否能够关联在一起构成一个整体技术特征时，除了可以借助申请文件中声称所要解决的技术问题之外，说明书中针对特定特征所描述的有益效果也可以作为"技术问题"进行判断。

由此，我们不能将问题是技术性的描述重点仅仅放在说明书"发明内容"部分中声称所要解决的技术问题上，而是应该在说明书的各个部分尤其是具体实施方式针对各个具体方案的描述中，尽可能多地描述不同的特征所能达到的技术效果，以便后续在进行技术特征和智力活动规则和方法特征的结合时，能够以这些技术效果作为这些特征所要解决的技术问题，从而将这些特征联系在一起构成整体的一个技术特征。

（3）重点描述"相互联系"。

有关说明书中方案实现手段的描述，出于将智力活动规则和方法特征与技术特征关联在一起的目的，不能在说明书中仅仅列举这两种类型的特征，而是要在说明书中就这两个类型的特征之间如何相互联系给予特别的解释、说明。这种解释说明当然要配合如前文所述的技术特征划分判断标准来进行。例如，对于算法类的特征，一定要引出方案所要解决的技术问题，重点介绍算法和解决该技术问题之间的依存、因果关系，从而通过这一关系，实现基于技术问题将智力活动规则和方法特征与技术特征关联在一起。这就要求说明书中对于算法特征的说明，除了介绍其自身如何实现之外，还要在说明书中通过对算法特征的解释说明，明确其如何解决技术问题。再如，对于商业方法类的特征，一定要阐述商业方法的实现在技术上的需求，即构建出商业环境下的技术问题，并以解决该技术问题为目的，在由商业方法类特征所构成的商业环境下来描述解决该技术问题的技术方案。需要注意的是，在商业方法类专利申请的说明书中，对于商业方法特征和技术特征的描述，要分清主次。商业方法特征的描述只不过是为了保证方案完整所描述的方案应用环境，说明书重点所要描述的特征仍然是解决技术问题的技术特征。说明书的描述思路始终应是以技术的视角来进行的，只不过该视角中的背景环境是商业环境而已。

（4）"撰写"问题其实是一个技术挖掘问题。

严格意义来说，上述撰写建议所涉及的内容并不是一个如何撰写的问题，而是一个专利挖掘中技术方案挖掘的问题。如果方案确实不存在技术性贡献，那么，再怎么写也是不能满足上述专利可专利性的条件的。专利代理师所能做的，只是从相关的方案中挖掘出那些具有技术性贡献的方案并基于此进行专利申请文件的撰写，以及避免撰写的失误导致专利申请人无辜地丧失本应获得的权利。专利代理师并不能做到通过所谓包装，将一个原本并不符合专利可授权条件的方案"写成"满足授权条件要求的专利申请文件。

7.2 疾病诊疗方法的可专利性

《专利法》第25条明确规定，疾病的诊断和治疗方法（以下简称"诊疗方法"）不属于专利保护客体，不能被授予专利权。尽管我国明确将诊疗方法排除于专利保护客体之外，但业内对这种"排除"所基于的立法本意并不完全认同，而在实践中，对于个案是否属于诊疗方法则更是争议不断。我针对诊疗方法中的相关争议进行解读，重新解读了"人道主义考虑"这一立法本意，并由此出发，分析专利保护所"排除"的应为医学规律的诊疗应用而非诊疗方法中的技术改进。在对二者进行区分的基础上，我给出了对涉及诊疗方法可专利性判断的判断方式，并结合具体案例进行说明。

7.2.1 疾病诊疗方法的相关法律规定

《专利法》第25条规定，对疾病的诊断和治疗方法不授予专利权。该条规定明确了诊疗方法不属于专利保护客体，对于如此规定的原因，《专利审查指南》指出是出于人道主义的考虑以及产业应用的考虑。其中，所谓产业应用的考虑指的是，疾病的诊疗方法直接以有生命的人体或动物体为实施对象，无法在产业上利用。[1] 所谓人道主义的考虑，是指医生在诊断和治疗过程中应当有选择各种方法和条件的自由，如果对诊疗方法赋予专利权，则可能会由于专利许可费的存在而提升诊疗费用，这可能会导致患者放弃新的诊疗方法，这些都会对公众的健康产生影响，从而不符合人道主义的要求。有关人道主义和

---

[1] 国家知识产权局. 专利审查指南2010 [M]. 北京：知识产权出版社，2010：第二部分第一章 4.3.1.

产业应用的考虑通常被认为是诊疗方法被排除于专利保护客体之外的立法本意。

结合上述立法本意，在《专利审查指南》第二部分第一章第4.3.1.1节中给出了疾病的诊断方法的具体判断标准。其指出，如果相关方法同时满足以下两个条件，则属于疾病的诊断方法："（1）以有生命的人体或动物体为对象；（2）以获得疾病诊断结果或健康状况为直接目的。"

其中，条件（1）在《专利审查指南》中被明确为"产业应用的考虑"的体现，而条件（2）则通常被认为是"人道主义的考虑"的体现。

对于诊疗方法，《专利审查指南》中也有类似体现上述立法本意的内容。

7.2.2 针对立法本意及其判断标准的争议

针对上述立法本意，以及结合该立法本意所进行的诊疗方法的判断，业内不乏争议。

7.2.2.1 针对"产业应用的考虑"的争议

针对"产业应用的考虑"这一立法本意，反对者指出，"不能在产业上应用"实际上是方案不具有实用性的标准，而非不符合专利保护客体的标准[1]，而且《专利审查指南》中有关产业范围的界定并非穷尽式列举，随着时代的变化，医疗行业的属性定位也有所改变，如今，医疗行业已经被视为为人类提供医疗服务的行业，属于第三产业。由此，"无法进行产业应用"既不应也不能作为将疾病的诊疗方法排除于专利保护客体之外的立法本意了。[2]

进一步地，"能够在产业上应用"的具体含义是方案能重复实施且多次实施的结果唯一。有观点认为，当方法的应用对象是生命体时，生命体本身所具有的复杂性、随机性将导致方法实施于不同生命体时所得到的结果各异，从而无法满足产业应用的要求。基于这样的认识，只要方法的处理对象是生命体，就会被确定为无法进行产业应用，进而会被确定为并非属于专利保护客体。

我认为，产业应用是指基于大规模应用的需求，方法能够被多次重复实施，且各次实施的结果都是确定的、可预期的，但并非要求多次实施的结果完

---

[1] 毛翔. 诊疗方法的可专利性研究[J]. 科技与法律, 2018（3）: 77.
[2] 王馨悦，许春明. 生物医疗方法的可专利性辨析[J]. 中国发明与专利, 2018（3）: 48-49.

全一致。事实上，很多符合产业应用要求的专利方法，其多次实施的结果并不相同，但其多次实施的结果却是确定且可预期的。落实到医疗领域，即使某方法的实施对象是生命体，如果该方法是对生命体的体征数据进行技术处理，则尽管生命体的不同使得每次实施该方法的结果并不一致，但不同的实施结果却都是确定且可预期的，如此则仍然符合产业应用的要求。

7.2.2.2 针对"人道主义的考虑"的争议

针对"人道主义的考虑"这一立法本意，反对者多会提出药品专利作为比较对象。其主要观点为，在专利制度允许药品获得专利权的情况下，没有证据证明药品的专利权垄断危害会小于诊疗方法的专利垄断危害。❶ 基于此，反对者提出，"人道主义的考虑"并不能成为将诊疗方法排除于专利保护客体之外的立法本意。

尽管存在争议，但实践中仍然从"人道主义的考虑"这一立法本意出发，按照"以获得疾病诊断结果或健康状况为直接目的"为标准，来进行诊疗方法的判断。然而，该标准只针对方法的"结果"予以判断，并不分析方法本身的创新属性，会将一些原本属于技术改进而非医学改进的技术方案也划归到诊疗方法中，从而将"人道主义的考虑"所保障的医学上的选择自由错误地放大到技术层面上，将一些技术创新的方案错误地排除于专利保护客体之外。

例如，通过观察、分析相应脏器的图像来进行疾病的诊断属于医学方法，而对于处理该图像的方法而言，如果其改进仅仅在于如何成像的技术特征上并不在于进行诊疗的医学特征上，对该方法授予专利权并不会影响对于现有的基于图像进行疾病诊断这一医学方法的自由使用，患者的生命健康不会由此受到影响。即使出于人道主义的考虑，也不应将该技术改进的方法排除于专利保护客体之外。然而，当"以获得疾病诊断结果或健康状况为直接目的"这一标准来进行诊疗方法的判断时，只要最终得到的图像能够用于疾病的诊断，该方法就会被确定为属于诊疗方法，从而被排除于专利保护客体之外。这种判断结果显然已经超出了"人道主义的考虑"本应覆盖的范围，同时会在医学领域创造出一个技术创新保护的空白区，不利于在该领域保护和促进技术研发。

---

❶ 毛翔. 诊疗方法的可专利性研究 [J]. 科技与法律, 2018 (3): 76.

7.2.3 诊疗方法的立法本意辨析

我认为,将诊疗方法排除于专利保护客体之外的立法本意仍应是"人道主义的考虑",只不过此种人道主义考虑不应局限于个体的、眼前的人道主义,也应考虑关乎人类的、长远的人道主义,在这两种人道主义存在冲突时,则应以后者为重,这样才是真正的"人道主义的考虑"。

7.2.3.1 真正的"人道主义的考虑"可以作为将诊疗方法排除于专利保护客体之外的立法本意

如前所述,"人道主义的考虑"作为立法本意所面临的最大挑战是和药品专利的横向对比。那么,药品能够获得专利权是否没有考虑人道主义因素呢?答案是否定的。

我们应该认识到,药品专利尽管可能会造成一些药品的售价提高,进而造成一些患者在药品选择上的困难,从而貌似产生了人道主义方面的影响,但这种影响仅仅是针对个体的、眼前的影响。实际上,通过对药品授予专利权,能够确保医药企业回收研发成本、进行进一步的药品研发,从而为人们提供新药来医治疾病,这恰恰能够从长远上确保针对整个人类的人道主义的实现。这体现出,在上述两种人道主义相冲突的情况下,"真正的人道主义考虑"应该作出取舍,以长远的、关乎整个人类的人道主义考虑为重。

由此可知,药品能够获得专利权并不与真正人道主义的考虑相冲突,将人道主义的考虑作为将诊疗方法排除于专利保护客体之外的立法本意,自然也就具备合理性了。

7.2.3.2 真正的人道主义考虑在专利保护中所"排除"的是医学规律的诊疗应用而非诊疗方法中的技术改进

我们仍以医药专利作为对比对象来分析上述观点。

(1) 从长期研发投入的资金来源分析。

如前所述,对于医药企业而言,研发新药的最终目的在于通过销售药品以获利,进而通过获利进行继续的新药研发。因此,通过专利确保医药企业能够获利对于真正的人道主义的实现是必要的。而对于从事医学规律诊疗应用研究的医学研究机构而言,其并非是市场竞争主体,不以营利为目的,其资金来源主要以国家拨款为主，即使不对其科研成果予以专利保护，也不妨碍其继续获得资金进行进一步的科学研究，进而不会影响针对人类长远人道主义的实现。相反，对于这样的医学研究成果如果授予专利权，却会对医生、患者带来个体的、当前的影响。综合当前人道主义与长远人道主义，出于真正人道主义的考虑，应将上述这种医学规律诊疗应用的医学研究成果排除于专利保护客体之外。

但对于涉及医学领域的技术研发公司而言，情况就并非如此了。

这些技术研发公司类似于医药企业，其研发资金来源是其营利收入，其需要借助专利保护来回收研发成本，并进一步开展研发，如果不能对这样的技术研发公司所研发出的医学领域的技术创新进行专利保护，则同样会造成如前文所分析的那样的长远人道主义无法实现的问题。因此，即使技术研发的成果是应用于诊疗方法上的，但从真正的人道主义考虑，对这样的诊疗方法中的技术改进则应提供专利保护。

（2）从"人道主义"的关注内容分析。

对诊疗方法中的技术改进和医学规律的诊疗应用在专利保护上予以区分对待，也正是和人道主义所关注的内容相吻合的。

基于维基百科的解释，人道主义是重视人类价值特别是关心最基本的人的生命、基本生存状况的思想。由上述解释可见，人道主义的关注内容是人的"生命"以及"生存"。对于生命以及生存能够起决定作用的是医学规律的应用，其原因在于医学规律直接以人体生命为研究对象，其应用目标也是处理生命的各种疾病或病变。由此，基于人道主义考虑而排除于专利保护客体之外的内容也应是医学规律的诊疗应用。

诊疗中的技术改进则与上述医学规律的诊疗应用不同，其并不以人体生命为直接的研究对象，其目标也在于获得更好的技术效果而非改进人体的生命质量，其和人体生命之间并无直接的关系，并非是人道主义所关注的内容。由此，并不应基于人道主义考虑将这一技术改进排除于专利保护客体之外。

（3）从专利侵权判定的需要分析同样能得出上述结论。

不妨仍从药品专利出发进行分析。对于药品而言，其他医药企业如果未经许可制造、销售了专利药品，则构成专利侵权。由此，对于药品专利来说，存在有可能破坏专利权人合法权益的专利侵权行为，因此有必要通过专利来加以保护。

反观诊疗方法，情况就不同了。当诊疗方法仅包括医学规律的诊疗应用时，使用该方法的主体仅能是医生和医疗机构，它们通常并不以营利为目的，其使用方法的行为并不构成专利侵权。从这个角度来说，即使对于这样的诊疗方法授予专利权，似乎也找不到对应的主体来确定其行为构成专利侵权，对这样的方法授予专利权也就没有必要了。

但当一个方法为诊疗方法中的技术改进时，情况就不同了。诊疗方法中的技术改进，通常会在特定的设备上来实现。侵权者完全有可能将方法专利中所对应的技术创新配置、集成到特定的产品上来实现，并通过销售该产品获得收益。这种在产品上配置、集成方法的行为，在以往的案例中已经被认定为是对方法的"使用"行为，构成专利侵权。❶ 由于存在对应的侵权形态，自然也就需要对这样的方法提供专利保护，从而确保相应技术研发机构的合法权益。

7.2.4 如何确定医学规律的诊疗应用

7.2.4.1 当前相关规定的分析

在《专利审查指南》第二部分第一章第4.3.1.1节中给出了疾病的诊断方法的具体判断标准。其指出，如果相关方法同时满足以下两个条件，则属于疾病的诊断方法："（1）以有生命的人体或动物体为对象；（2）以获得疾病诊断结果或健康状况为直接目的。"

在上述判断条件中，条件（2）无疑是最关键也是最具实质性的判断条件。

然而，条件（2）只是针对方法的"结果"予以判断，并不分析方法本身所包含的内容要素。实质上，一个方法的核心要素在于其所包含的内容而非目的。尤其是在判断一个方法是否属于专利保护客体这一属性上的分析时，判断标准更应是方法所包括的内容而非目的。

进一步地，我认为，实施方法的结果能够用于疾病的诊断，和方法本身属于诊疗方法属于两个不同的问题，二者不应混淆。不应依据方法实施的结果能

---

❶ 具体可参见（2019）最高法知民终147号民事判决书。

够用于疾病的诊断即判断得出该方法属于诊疗方法，这实际上是以对方法目的的判断错误地替代对方法本身的判断。对于上述混淆的澄清，从我国《专利法实施细则》的相关规定中不难得到。

我国《专利法实施细则》（2010年修订）第10条规定："专利法第五条所称违反法律的发明创造，不包括仅其实施为法律所禁止的发明创造。"《专利审查指南》第二部分第一章第3.1.1节对此进行了解释说明："……例如，用于国防的各种武器的生产、销售及使用虽然受到法律的限制，但这些武器本身及其制造方法仍然属于可给予专利保护的客体。"上述规定清晰地体现出方案本身和方案实施的目的、用途并不相同。在进行专利保护客体的判断时，同样应注意将方法与方法的目的、用途相区分，不应采用方法的目的、用途来替代对于方法本身的判断。

7.2.4.2 医学规律的诊疗应用的内容属性

相比较而言，欧洲对于诊疗方法的判断则是基于方法本身的内容来进行的，值得我们加以借鉴。在欧洲的相关决定中指出，只有包含以下所有步骤的诊疗方法才不可授予专利权：

（1）涉及相关数据收集的检查步骤；

（2）将得到的检查数据与标准值进行比对；

（3）在比较中发现具有显著意义的数据偏离（一种症状）；

（4）将数据偏离归因于一种特定临床现象，即医学或兽医学决定推定阶段。[1]

不难发现，欧洲在对诊疗方法的界定中，关注的是方法的内容本身，其明晰方法中所应包括的"收集、比对、比较、归因"等这样的内容要素。相比于我国以"目的"方式来界定诊疗方法，欧洲的这种定义方式更为准确，值得我们加以借鉴。

通过分析欧洲的上述决定可以发现，其前三点在于数据的收集和比对，而重点在于最后一点，即"将数据偏离归因于一种特定临床现象"，这实际体现了一种人体数据和疾病间的医学规律关系，而在我国《辞海》对于"医学"

---

[1] 肇旭. 欧洲医药、生物技术领域不可专利客体的演变及启示［J］. 知识产权，2015（4）：137.

的定义中,也明确指出医学所研究的是"人类疾病的发生、发展及其防治的规律"。基于上述实践以及理论上的定义,我们或者可以采用如下方式来定义和判断医学规律的诊疗应用:如果某一内容体现的是疾病诊断中人体数据和疾病间的规律关系,或者体现的是疾病治疗中外在干预和病灶消除间的规律关系,则该内容属于医学规律的诊疗应用。如果一个方法权利要求中仅包括上述医学规律的诊疗应用,那么应根据《专利法》第25条的规定,以其属于诊疗方法为由,将其排除于专利保护客体之外。

7.2.5 诊疗方法的可专利性

在对医学规律的诊疗应用和诊疗方法中的技术改进加以区分后,我们可以对涉及诊疗方法的方案采用和针对"智力活动的规则和方法"相同的判定思路,判定其是否符合专利授权要求。

7.2.5.1 保护客体的判断

《专利审查指南》第二部分第一章第4.2节中规定,"如果一项权利要求,除其主题名称以外,对其进行限定的全部内容均为智力活动的规则和方法,则该权利要求实质上仅仅涉及智力活动的规则和方法,也不应当被授予专利权""如果一项权利要求在对其进行限定的全部内容中既包含智力活动的规则和方法的内容,又包含技术特征,则该权利要求就整体而言并不是一种智力活动的规则和方法,不应当依据专利法第25条排除其获得专利权的可能性"。

我们在进行诊疗方法判断时,可以采用类似的方式来进行。具体而言,如果一项权利要求限定的全部内容均为医学规律的诊疗应用,那么该权利要求实质上仅仅是医学规律的诊疗应用,应以该方法属于诊疗方法为由,对其不授予专利权。但是,如果一项权利要求在其限定的全部内容中既包括医学规律的诊疗应用又包括技术特征,则也应该和智力活动的规则和方法的处理方式类似,认定该权利要求就整体而言并不是一种疾病的诊疗方法,不应当依据《专利法》第25条排除其获得专利权的可能性。

7.2.5.2 创造性的判断

那么,对于既包括技术特征又包括医学规律的诊疗应用的方法权利要求,应该如何进行是否满足专利授权要求的判断呢?我们可以采用和上述涉及智力活动的规则和方法的方案类似的创造性评判方式来进行创造性评判。

实践中，对于一个同时包括技术特征以及智力活动规则内容的方法权利要求而言，虽然不会基于《专利法》第 25 条无法获得专利权，但可能基于不具有创造性而无法获得专利授权。具体而言，在评判该创造性时，仅会考虑该方法中所限定的技术特征，而对于该方法中所包括的智力活动规则的限定内容，则该区别并未对现有技术作出技术上的贡献，会被不予考虑，使得该方法权利要求不具备创造性而无法获得授权。

针对诊疗方法，同样也可以按照上述评判方式来进行创造性的评判。

具体而言，针对一个涉及诊疗方法的方法权利要求，可能出现如下三种情况：

（1）如果通过检索发现该权利要求相对于现有技术的区别仅仅在于医学规律诊疗应用上的改进，则此种医学规律诊疗应用的改进并未作出技术上的贡献，因此，该权利要求不具备创造性；

（2）如果发现该权利要求相对于现有技术的区别是技术上的改进，则应分析该改进是否已经在现有技术中存在相应的启示，如果没有，则该权利要求具备创造性；

（3）如果该权利要求相对于现有技术的改进同时包括医学规律诊疗应用的改进以及技术上的改进，则在现有技术没有给出技术改进的启示的情况下，则该权利要求是符合创造性要求的。

那么，针对第（3）种情况的权利要求，如果对其授予专利权，是否会造成医生和患者无法自由使用新的医学规律在诊疗上的应用，从而不符合人道主义的考虑呢？答案并非如此。

首先，该方法是一种经过特定的技术特征限定的医学规律的诊疗应用，从保护范围的角度来讲，这样的方法专利权并未将所有实现该新的医学规律的方式都囊括进去，其专利权的保护范围是一个受限的保护范围，这一保护范围并不会影响医生以其他实现方式来实现该新的医学规律的诊疗应用，不会影响医生在医疗手段选择上的自由。

其次，由于该方法中包括新的技术特征，研发该方法的主体通常为技术研发机构。正如之前所分析的那样，从长远的人道主义考虑来分析，对于这样的方法授予专利权恰恰是符合人道主义考虑的；相反，如果不授予专利权，则会抑制技术研发机构在医学领域上的技术研发，使得人们难以获得更多可供选择的新技术来进行诊疗，这反而是违反人道主义的。

7.2.6 小结

为了更清晰地说明本书观点，我针对具体情况及案例来加以说明。

一专利申请描述了一种对骨折对象的骨痂生长、骨矿物质密度及骨质疏松者骨矿物质密度进行定量分析的方法，其通过前后不同日期所拍摄的骨X线图像疏松区骨矿物质密度的递减变化或比例增减，分析出患者骨质疏松或继发性骨质疏松情况。[1] 该方案中仅仅揭示了骨矿物质密度变化情况和骨质疏松这一疾病间的关联关系，也就是说，只提供了基于骨矿物质密度变化情况进行骨质疏松诊断的医学规律的诊疗应用，并未提供任何技术上（例如图像处理）的内容，因此，其属于疾病的诊断方法，应依据《专利法》第25条有关保护客体的规定对该方法不授予专利权。

上述举例中，由于最终判断的结果是骨质疏松这一疾病，因此，依照现行的以"疾病诊断为直接目的"的判断方式也能得出同样的结果，似乎采用我所述的方式进行判断的意义并不明显，而以下举例中则能够体现我所提出的判断方式的意义所在。

一专利申请描述了一种空腔性脏器内壁虚拟外翻式三维外视化方法，该方法能够通过图像处理，使结肠的内壁可在外表面虚拟显示出来，从而使得用户能够改变不同的视角，既观察到结肠的整体解剖形态，又可以对内壁细微的病变进行观察和诊断，从而对病灶进行精确的定位。对于该专利申请，有观点认为，通过该方法获得可视化图像后，需要进一步通过医生针对该图像进行分析和判断后方能得出诊断结果，因此该方法并不能直接得出诊断结果，基于此，该专利申请并不属于疾病的诊断方法，属于专利保护客体。[2] 不难发现，这一判断结论所依据的就是方法的结果是否为诊断的"直接结果"这一标准来进行的，但以此标准所得出的判断结论却不一定令人信服。例如，有观点提出，

---

[1] 奚惠宁. 浅谈有关医学图像的专利申请如何判断是否是非授权客体[C]//中华全国代理人协会. 2013年中华全国专利代理人协会年会第四届知识产权论坛论文，2013：2-6.
[2] 奚惠宁. 浅谈有关医学图像的专利申请如何判断是否是非授权客体[C]//中华全国代理人协会. 2013年中华全国专利代理人协会年会第四届知识产权论坛论文，2013：4-5.

在将结肠内壁虚拟显示出来的情况下,可显示出相应的病变,从而直接获得诊断结果,该方法以获得诊断结果为直接目的,因此仍然属于诊疗方法。这一不同判断结果的得出,根源就在于由图像是否能够直接得出诊断结果的不同认识,而这样的"认识"一定程度上具有相当的主观因素,且需要借助医学知识来进行,从而使得判断的可操作性差、判断结论的可靠性不强。

相比来说,依据我的思路进行判断,则能解决上述问题。

首先,在上述方法中存在图像处理等技术特征,因此,并不能依据《专利法》第25条,以不符合专利保护客体为由对该方法不授予专利权。

其次,该方法中涉及医学规律的诊疗应用,即基于结肠内壁的情况确定相应的疾病,其属于现有的医学诊断方法,而该方法中所包括的图像处理中的虚拟显示等技术特征,相对于现有技术存在新的技术贡献,因此,从创造性的角度分析,该方法存在相对于现有技术的技术贡献,具备创造性。由此可见,该方法满足专利保护客体以及创造性在专利授权方面的要求的。

相比较于以"直接结果"为标准所进行的专利授权的判断,上述判断方式没有涉及人的主观因素,也不用利用医学知识,所借助的仍然是对技术的分析,因此判断更容易且客观准确。

此外,对于患病风险度评估的方法,也是在诊疗方法判断中引发热烈讨论的判断类型。就患病风险度评估的方法,《专利审查指南》中明确指出其属于疾病的诊断方法,不能被授予专利权。[1] 这一结论应该是基于传统判断方法中以疾病诊断结果为直接目的这一判断标准所得出的。我对此持有不同观点。

我认为,基于该判断标准进行是否属于诊疗方法的判断本就存在不合理之处,由此得出的判断结论也难免有失偏颇。具体而言,并非所有患病风险度评估方法中都仅包括涉及医学规律的诊疗应用,基于之前的分析,不应一刀切地把这样的方法都界定为不属于专利保护客体,而是应该结合患病风险度评估方法的实质,判断其是否仅仅包括医学规律在诊疗应用方面的改进,还是也包括技术特征的改进。如果是前者,则该方法应被确定为非专利保护客体;如果是后者,例如在相应方法通过机器学习实现对众多医疗诊断数据加以数据分析,

---

[1] 国家知识产权局. 专利审查指南2010 [M]. 北京:知识产权出版社,2010:第二部分第一章 4.3.1.

从而得出更为准确的预测结果，那么，由于该技术特征的存在，不应将该方法排除于专利保护客体之外，且在该技术改进并不属于现有技术的情况下，也不应以不符合创造性为由对该方案不授予专利权。

7.3 实用新型的保护客体

7.3.1 实用新型保护客体的现行规定

《专利法》第 2 条第 3 款规定："实用新型，是指对产品的形状、构造或者其结合所提出的适于实用的新的技术方案。"

对于实用新型保护客体的判断，《专利审查指南》中给出了具体的判断标准，其在第一部分第二章第 6.1 节中指出，"实用新型专利只保护产品""实用新型专利仅保护针对产品形状、构造提出的改进的技术方案"。《专利审查指南》还以"应当注意的是"这一方式特别指出，"（1）权利要求中可以使用已知方法的名称限定产品的形状、构造，但不得包含方法的步骤、工艺条件等""（2）如果权利要求中既包括形状、构造特征，又包含对方法本身提出的改进……因而不属于实用新型专利保护的客体"。

基于《专利审查指南》的上述规定，一种观点认为，实用新型权利要求中不能存在方法特征，只要存在方法特征，则该权利要求所保护的方案并非实用新型的保护客体。我认为，上述观点不妥。实用新型保护客体的判断重在判断其权利要求中是否具备形状、构造的改进，不应仅以权利要求中存在方法特征就否定该权利要求所保护的方案属于实用新型保护客体。只要权利要求中存在形状、构造的改进，即使该权利要求中还进一步具有方法特征，该权利要求所保护的技术方案也属于实用新型的保护客体。

7.3.2 对《专利审查指南》相关规定内容的分析

允许实用新型权利要求中具有方法特征，是否与上述提及的《专利审查指南》中的相关规定相矛盾呢？我认为并非如此。

（1）有关《专利审查指南》中所指出的"实用新型专利仅保护针对产品

形状、构造提出的改进的技术方案"。

对于《专利审查指南》中的上述内容，应该注意的是，此处所采用的表述是"仅保护"而非"保护仅"。

"仅保护"是对实用新型保护客体对象的一个限制，这种"限制"所排除的是没有对产品形状、构造提出改进的技术方案。这实际上所表达的是实用新型所保护的对象被限制于形状、构造提出改进的产品，而不能是其他类型的对象。此处"仅保护"中的"仅"是针对保护对象而言的，并非是针对产品这一保护对象中所具有的特征类型而言的。认为实用新型权利要求中不能具有方法特征的观点，实际上是将上述对于客体对象的限制错误地理解为是对对象中特征类型的限制，即将上述规定错误地理解为"实用新型专利保护仅针对产品形状、构造提出的改进的技术方案"。由此，《专利审查指南》的上述内容中并未规定实用新型权利要求中不能出现方法特征。

（2）有关《专利审查指南》中所规定的"权利要求中可以使用已知方法的名称限定产品的形状、构造，但不得包含方法的步骤、工艺条件等"。

我认为，上述内容实质上是对产品的形状、构造的表达方式的一种规定，其给出了正反两个例子。正面的例子是允许采用已知方法的名称来对产品的形状、构造进行限定。而作为反面的例子，该规定所强调的是并不接受以方法的步骤、工艺条件等来限定产品的形状、构造。这一反面的例子所针对的是对于产品形状、构造的限定方式，并非是规定实用新型权利要求中不能出现方法特征。基于此，该规定应被解读为，在实用新型权利要求中，可以采用已知方法的名称以概括性的方式限定产品的形状、构造，但不能以包含方法的步骤、工艺条件等具体技术内容的方式来限定产品的形状、构造。

"不得包含方法的步骤、工艺条件等"仅仅是对产品的形状、构造的限定方式而言的限制，因此，基于《专利审查指南》的上述规定，也不能仅仅基于权利要求中存在方法特征就将其所保护的方案排除于实用新型保护客体之外。

（3）有关《专利审查指南》中所规定的"如果权利要求中既包括形状、构造特征，又包含对方法本身提出的改进，则不属于实用新型专利保护的客体"。

对于《专利审查指南》中的这一内容，应注意该内容中的"形状、构造"并未提及"改进"，而对于方法则提及属于"改进"。基于这样的区别，我认为，《专利审查指南》中的上述规定，所针对的是这样的一个场景：权利要求中的形状、构造特征并非是改进的特征，而存在改进的特征仅仅是方法特征。这样的权利要求中，并不存在实用新型保护客体所要求的形状、构造的改进，因此，即使存在形状、构造特征这样的"包装"，也不应认为其符合实用新型保护客体的要求。《专利审查指南》的上述规定，恰恰是针对此种特定"包装"的权利要求所进行的有针对性的规定。由此，上述规定的解读应为，将那些以现有的产品特征为包装，但仅具有方法特征改进的方案排除于实用新型保护客体之外。从这一规定内容出发，同样不能得出只要权利要求中存在方法特征时，该权利要求即并不属于实用新型保护客体的结论。

（4）《专利审查指南》的上述规定仍是在《专利法》第2条第3款规定下的具体解读。

实际上，《专利审查指南》中关于实用新型保护客体的规定，是一个基于《专利法》第2条第3款规定的细化解读，这种细化解读当然应当在法律规定的范围内进行，不应被理解、解读为在法律规定之外对实用新型保护客体进行进一步的限制。

《专利法》第2条第3款中仅指明实用新型所保护的是产品的形状、构造或者其结合，并未就其中是否不能具备方法特征进行限制。《专利审查指南》是依据《专利法》所制定的部门规章，在《专利法》中都没有规定实用新型保护的内容中"仅"在具备针对形状、构造改进的情况下，如果通过《专利审查指南》的规定反而就实用新型保护内容加以上述"仅"的限制，这是超出了现行法律规定的认识和做法，显然是错误的。

综上所述，不论是结合《专利法》第2条第3款的规定，还是《专利审查指南》中就实用新型保护客体判断的具体规定，我们都能得出，《专利法》所保护的实用新型应当是一个具备产品形状、构造改进的技术方案，如果方案中并不具备这种类型的改进，那么该方案并不属于实用新型的保护客体；相反，如果方案中具备产品形状、构造的改进，即使其权利要求中进一步具有方法的特征，那么该方案仍然是符合实用新型保护客体的要求的。

7.3.3 相关争议

（1）有关实用新型保护客体的范围是否会被放宽的问题。

有观点认为，允许实用新型权利要求中具有方法特征，将扩大实用新型保护客体所能涵盖的特征类型，从而将方法的改进也囊括于实用新型保护客体之中。我认为并非如此。

首先，即使在实用新型的权利要求中存在方法特征，但实用新型所保护的主题仍然是产品。允许实用新型权利要求中出现方法特征，只是对实用新型权利要求中除了产品形状、构造特征之外所能进一步出现的特征类型的一个澄清，并未就实用新型的保护主题进行改变。在实用新型保护客体在主题层面并未放宽至也可以保护方法的情况下，并不能得出允许实用新型权利要求中存在方法特征就扩大实用新型保护客体所涵盖的范围的结论。

其次，对于实用新型的权利要求而言，其当然应当具有形状、构造改进的特征，以此满足实用新型保护客体的要求。即使允许在实用新型权利要求中具有方法特征，那么，方法特征也是在具有形状、构造特征的基础上所进一步具有的特征。上述"进一步具有"的关系，使得其所限定出的权利要求的保护范围仍是以具有形状、构造改进特征为基础的保护范围，并不会使得实用新型能够保护一个纯粹方法改进的技术方案。这只是在保护类型始终为形状、构造改进的产品的基础上，允许采用方法特征进行进一步限定从而限缩权利要求保护范围而已，谈不上对于实用新型保护客体在类型上的进一步扩充。

（2）有关方法特征是否在不同阶段被区分对待的问题。

有观点提出，如果允许方法特征写入实用新型的权利要求中，那么可能在权利要求中只写入仅满足新颖性要求的形状、构造特征，而实际上方法特征才是满足创造性要求的特征，这样的实用新型会通过初审而获得授权，而一旦进入无效程序被质疑创造性，则可以借助方法特征维持权利有效，这相当于间接通过实用新型来保护仅是方法改进的技术方案。

还有观点提出，针对实用新型权利要求中的方法特征，如果在审查阶段被不予考虑，而在侵权判定阶段却被作为对于保护范围的限定予以考虑，这种前后不一致是否会造成对专利权人的不公平。

这实际上都关系对于实用新型权利要求中方法特征的定性问题。这一定性问题可以从实用新型保护客体的法律规定出发来进行分析。

不难发现，实用新型所保护的是针对产品形状、构造或其结合的改进，由此，不论是新颖性还是创造性的评判，都应围绕形状、构造这一类型来进行。针对上述第一种观点，即使实用新型权利要求中的形状、构造能够使其通过新颖性的审查从而使其获得专利权,但当其进入无效宣告阶段被质疑创造性时,如果形状、构造不足以满足创造性的要求,那么方法的改进是不应被加以考虑的。原因在于,这一方法的改进本身并不属于实用新型保护客体中所保护的改进类型,不应是针对实用新型这一保护类型审查其是否存在改进的考虑对象。

这类似于一些针对涉及智力活动规则方案的创造性判断。在涉及智力活动规则和方法的一些方案中,如果该方案和现有技术的区别仅仅在于智力活动规则本身,那么在创造性的评判中会以该方案并未提供技术性贡献为由,对该区别不予考虑,这种"不予考虑"的原因在于这样的区别并非是技术上的区别,即并非是作为专利保护客体的技术方案所应具备的"技术"上的区别。同样地,对于实用新型的创造性评判也可以类似方式来进行。如果在方案的创造性评判中,其和现有技术的区别仅仅在于方法特征,那么这个特征并不属于实用新型所保护的"形状、构造"方面的改进,因此,在以实用新型作为客体的这一大背景下,方法特征自然也不应作为实用新型的改进而被加以考虑。实际上,仅仅是方法改进的方案最终仍然是无法通过创造性的审查,从而无法获得实用新型的专利权,这使得申请人想通过实用新型实际来保护仅仅是方法改进的方案这一目标无法实现。

由此产生了第二个问题,在创造性审查过程中对于实用新型的方法特征不予考虑,而在专利侵权判定中却要对方法特征加以考虑,那么,这是否会产生矛盾呢?我认为矛盾并不存在,原因在于所谓"考虑",在这两个阶段中的实际含义是不同的。

在审查阶段的"不予考虑",如前文所述,是对方法特征在创造性层面是否足以构成贡献的"考虑",其是针对是否满足"贡献"这一属性上的要求的判断。这种判断,并不会因为其不属于"贡献"从而否定相应特征在权利要求中的存在。举例来说,在创造性评判中,针对某一特征,如果该特征被对比文件公开,其不会被作为"贡献"而加以考虑,但不会否认该特征在权利要求中的存在。在实用新型的创造性评判中同样如此,如果方法特征由于并非属于形状、构造的改进而被不予考虑,实际上是对其"贡献"的否定,这种否定的性质和基于对比文件的公开对于特征在"贡献"上的否定,从性质上来说是一样的。由此,在审查阶段对于实用新型权利要求中方法特征的不予考虑,实际上并没有否认该特征在权利要求中的存在,这种"不予考虑"只是创造性评判中"贡献"有无的"不予考虑",而不是特征存在与否的"不予考虑"。

而在专利侵权判定中,对实用新型中方法特征的"考虑",则是特征存在与否的考虑。其所考虑的是权利要求的公示性,对于权利要求中所具有的各个特征都在确定保护范围时予以考虑。基于之前的分析,在实用新型审查阶段,对于方法特征的"不予考虑"并非是不考虑该特征存在的情况下,侵权阶段中对于该特征的考虑自然也就不矛盾了。

某种意义上来说,实用新型审查阶段对于方法特征的不予考虑,实际上是申请人本身应该就保护类型选择不当所应承担的正常风险。在实用新型保护客体已经明确为针对产品形状、构造所提出的方案的情况下,申请人如果还想依赖方法的改进来获得实用新型的权利,那么显然是不恰当的,这种风险应该是基于其错误的认识由其自身承担的。但这种风险仅仅是方案是否提供了新颖性、创造性方面贡献的授权风险,而非保护客体层面的授权风险。如果申请人并非想基于方法特征的改进来获得实用新型专利权,而是仍然基于产品形状、构造的改进来获得专利权,那么并不应以申请人采用方法特征对实用新型保护范围所进行的限定,而将该方案排除于实用新型的保护客体之外。

7.3.4 放宽实用新型保护客体的建议

我认为,结合实用新型保护的立法本意,以及当前技术的发展、变化,实用新型的保护客体确实应该予以放宽,而这种放宽可以通过对于产品的"形状、构造"定义的进一步扩展来实现。

具体而言,可以考虑将以计算机程序所实现的功能窗口纳入产品"形状"的定义中,而将多个功能窗口之间的相互功能联系纳入产品"构造"的定义中,从而能够将以计算机程序实现的功能窗口集纳入实用新型所保护的"产品"范畴中,实现对于这种看得见、摸得着,且更新迭代速度快、创造性高度虽不高但具有实用价值的小发明的保护。

提出上述建议的出发点在于:

(1) 实用新型对外观设计在保护上的补充作用。

实用新型制度在某些国家(例如德国)的起源可以追溯到外观设计,正是一些产品并非仅仅是基于美感的设计,其改变虽不能达到发明的创造性高度但具有相当的实用价值,因此,针对这种小发明提供了实用新型这一保护类型。

从实用新型起源追溯到外观设计的情况出发，考虑到我国已经针对计算机图形用户界面（GUI）提供外观设计保护，则将计算机图形用户界面所包括的多个功能窗口集合纳入实用新型保护的产品范畴，也是自然且可行的。应该认识到，GUI 中所包括的功能窗口集，有些情况下，其设计出发点是技术功能的实现，而非出于美感所进行的设计。由此，基于实用新型对外观设计在保护上的补充作用，有必要将那些 GUI 中出于功能考虑而非美感考虑所设计的功能窗口，也纳入实用新型所保护的形状、构造范畴内。

（2）GUI 中功能窗口集符合实用新型的保护特点。

实用新型相比发明来说具有授权快的特点，这和其所保护的产品迭代速度快有着密切的关联。随着技术的进步，当前不但软件产品越来越多，而且，相比于机械结构类产品而言，软件产品的更新迭代速度更快，其在竞争的时效性要求上更高。因此，出于对产品尽快提供保护的考虑，似乎对软件产品更有提供快速保护的需求，而这一需求恰恰是实用新型这一保护类型所能提供的。从实用新型授权快的特点出发，有必要针对软件产品中的功能窗口集提供实用新型产品的保护。

实用新型的另一个特点在于其保护的是看得见、摸得着的产品。这种"看得见、摸得着"一方面如前所述是源自对于外观设计保护的补充；另一方面，"看得见、摸得着"这种形象、直观的特点，使得对于实用新型新颖性的判断较为容易，公众也可以基于对于当前可直观感受到的产品的认识对于实用新型专利权到底是否有效作出自己的判断。可以说，正是由于"看得见、摸得着"的特点，实用新型仅经过初审即可获得授权成为可能。软件产品中的功能窗口当然同样具有上述"看得见"的特点，其对于审查员、公众来说都是直观且易于感知的。从这个特点来说，将软件产品中的功能窗口集纳入实用新型的保护客体中，从审查员和公众判断的角度来说是可行的，不会和现行的实用新型审查标准相矛盾，也不会让公众对于实用新型权利稳定性的认知造成新的障碍。

第 8 章

专利代理实务考试要点与审查意见答复练习

8.1 专利代理实务考试要点

审查意见答复几乎是专利代理师资格考试实务部分的必考内容,对于在答复审查意见这一考核中如何拿到分数,这里给出一些建议吧。

8.1.1 考核范围

既然是考试,首先要知道这个考试考什么。

作为获取专利代理师资格的实务考试,这个考试所考核的是专利代理过程中会用到的实务技能,由此,其考核范围是有限的、特定的。

具体而言,该实务考试大体只会就如下实务问题进行考核:

（1）有关新颖性、创造性的问题;

（2）有关不清楚、不支持、缺少必要技术特征的问题;

（3）有关修改超范围的问题;

（4）有关单一性的问题;

（5）有关无效宣告请求的理由。

这相当于是划定了考试范围,这个范围明确了,作为应试者,就应该在准备实务考试时,对这些问题搞清楚。

怎么搞清楚呢？

首先,当然要对这些问题所对应的法条熟读、熟记。要清楚相关法条的含义,最好能够结合《中国专利法详解》这样的权威著作,更为深入地理解这些法条的内在含义。

其次，要参考《专利审查指南》，就上述问题在专利审查实践中的审查标准、审查方式，做到了然于胸。

当然了，对于某个问题到底对应《专利法》的哪一条、哪一款也应该记忆准确，这不仅仅是熟读、熟记法条后的必然结果，也是考试得分的需要。

仅仅从法条、审查判断标准层面搞清楚上述的实务问题，只能算是做好了理论上的准备，这对于实务考试来说是必要的，但并不足够。理论要和实践相结合，要服务于实践、指导实践。这个"实践"在考试中就是考试得分。

8.1.2 轻松得分的得分点

说到考试得分，"法言法语"的使用，是这个实务考试中最容易得分的得分点。这种类型的得分点，只要准确记忆、正确表达相关法条、审查标准中的关键表述，就能轻松地得到不少分数。我们将这样的关键表述称为"法言法语"。

8.1.2.1 有关新颖性分析中的"法言法语"

对于发明的新颖性分析而言，在采用本发明和现有技术（抵触申请）进行对比时，要明确体现出在"技术领域""技术问题""技术方案""技术效果"上所进行的对比。为了突出体现对新颖性的分析是以上述四要素来进行的，最好在相应的分析中，就上述四要素分别以一个独立的部分来进行分析，而且，要明确提及所进行的是哪个要素的分析。这个"明确提及"的含义，具体来说就是要把"技术领域""技术问题""技术方案""技术效果"这样的表述在试卷中写出来。写出来就得分了，没写出来的话，就算知道要评判这个要素，也是无法得分的。

这里要注意的是，在实际工作中，在答复新颖性审查意见时，"技术领域"这一判断要素专利代理师往往是不会提及的，原因在于此处基本上没有可以反驳审查员的内容，写上这一内容对于答复并无帮助。但是，在考试中就不太一样了。在考试中，无论"本发明和现有技术（抵触申请）的技术领域相同"这一事实对于专利代理师所代表的一方是有利还是不利的，都要在新颖性的分析中，至少是在最终得出是否具备新颖性的结论性表述中，体现出本发明和现有技术（抵触申请）属于同一技术领域这样的表述。作为考生，所考虑的"有利"或者"不利",是对于得分的"有利"或者"不利"。在答题中提及了"技术领域"的对比,就表明知道新颖性判断中要考虑"技术领域"这一判断要素,才能使得获得相应的分数。不要完全照搬实务工作中的经验去考试,要适应考试的需要,适应为了考核大多数人所制定的评分标准。

在进行"技术方案"是否相同的分析时,则要注意逐一对权利要求的各个技术特征判断其是否被现有技术所公开,不要遗漏任何一个技术特征。在表述上,要体现将本发明权利要求中的某技术特征和对比文件中的某内容进行对比,结合对比的情况,要给出本发明中某技术特征被"公开"与否的结论性表述。而在得出"技术方案"是否相同的结论时,一定要体现出针对"全部"技术特征均进行了"公开"与否的分析,这里的"全部"以及"公开"的字样,要在答卷中予以明确体现。

当然,为了表明自己是熟知《专利法》的,在得出是否具备新颖性的结论时,还要给出《专利法》第22条第2款这一具体法条的名称。

8.1.2.2 有关创造性分析中的"法言法语"

对于发明的创造性的分析而言,要在答卷中明确体现出"突出的实质性特点"和"显著的进步"这一创造性法条中明确规定的内容。这里要注意的是,要对发明和实用新型的创造性要求注意进行区分。如果试卷中给出的是发明的创造性分析,那么,答卷中所要写明的是"突出的实质性特点"和"显著的进步";如果试卷中所要求分析的是实用新型的创造性,那么,答卷中所要写明的则是"实质性特点"和"进步"。要注意这二者的区别,并且体现在答卷中。

当然,创造性的分析重点在于,在进行"突出的实质性特点"的分析过程中,要严格按照《专利审查指南》的规定,用好"三步法"。

在答题过程中,不要怕麻烦,更不能粗心大意,要对于"三步法"中的每个步骤、每个表述都用到、用对。

具体而言,在使用"三步法"进行分析的过程中,对于"三步法"的第一步、第二步、第三步都要有相应的表述。最好要分出不同的段落,明显体现出上述不同的步骤,这样能够方便阅卷老师找到答卷中的三个步骤,避免漏看,从而使得你丢掉本来能够得到的分数。

实务和考试的区别在创造性分析中当然也是存在的。有的应试者可能已经从事专利实务工作有一段时间了，他会这样认为和操作：答复创造性审查意见只要反驳掉审查员在"三步法"中的某个观点，就自然能够得出本发明具备创造性的结论了；"三步法"中的第一步是审查员确定最接近的现有技术，这一步通常不会有可以反驳的点，由此也就没有必要在意见陈述中写第一步了。这些在实践中可能都是有效的，是对的，但在考试中就不可取了。作为应试者，不写这三步，怎么能够让阅卷老师知道你知道、掌握了"三步法"。考试中还是别图省事，把该写的三步都写出来吧。例如，即使是就"三步法"中的第一步并无可以反驳审查员的内容，也要写出来，以审查员所确定的对比文件1作为最接近的现有技术。写上了就表明你知道"三步法"中的第一步是干什么的，就能够得分，否则，没写出这个内容，就无法表明你知道这个知识点，也就没法得分了。

写出"三步法"，不是说只是给出三个步骤就好了，写得不准确，那就是没有将"三步法"用对，这个用对与否的关键，在于是否体现了相应的法言法语。

例如，第一步中的"最接近的现有技术"，第二步中的"区别特征"、"本发明实际解决的技术问题"、区别特征所能达到的"技术效果"；第三步中的"在本发明中为解决本发明实际解决的技术问题时所起的作用""面对本发明实际解决的技术问题""技术启示""（非）显而易见"。这些法言法语都要一字不差地写出来，把它背下来，写到答卷上去，应该没什么困难吧。

对于创造性的分析还是有些复杂的，要求也比较多。如果对于创造性的分析在规范性上还没有完全的把握，可以参考一下之前所给出的若干答复模板。

当然，对于创造性的分析而言，最终仍然要紧扣《专利法》第22条第3款这一法条，好让阅卷老师看到你知道创造性是对应《专利法》里哪个法条的。

8.1.2.3 有关修改超范围的"法言法语"

对于修改超范围的问题，在分析过程中一定要给出修改依据，这个依据要具体落实到申请文件中的哪一页、哪一行的某内容。

结合修改依据，针对修改不超范围的理由分析，要注意针对两种不同情况加以区分。要么，修改后的内容是原始申请文件中文字记载的内容，要么，修改后的内容，是根据原始申请文件文字记载的内容以及说明书附图能够直接地、毫无疑义地确定的内容。要注意，上述两种情况是相互并列的，不要将这二者混用，更不能用乱。要结合具体案件的情况，决定采用哪个情况所对应的表述。不能是结合文字记载的内容进行了修改，反而说修改后的内容是结合说明书文字记载的内容直接地、毫无疑义地确定的内容。

当然，既然是"法言法语"，相应的表述就一定要准确。例如，"文字记载"就不要写成"文字描述"，"直接地、毫无疑义地"就不要写成"毫无疑问地"，"确定"就不要写成"推导"，"记载的范围"不要写成"公开的范围"。这些不但是不准确的体现，在考试过程中会导致无法得分，在理论层面，这样的一字之差也会造成谬之千里的结果。

当然，在对修改超范围问题进行分析的开始或最后，还是要体现出《专利法》第33条的字样。

实务考试中，还会涉及对于单一性问题的分析，此时，在答卷中要写出"特定技术特征""总的发明构思""对现有技术做出贡献的技术特征"这样的法言法语，当然了，在分析中也要明确《专利法》第31条这一具体法条名称。

至于"不清楚""不支持""缺少必要技术特征"这些问题，应试者好好看看《专利法》以及《专利审查指南》，在考试中参照上述提及"法言法语"的要求来操作就好了。

8.1.3　答案从哪里来

前面说了半天，其实还是一些理论上的内容，实务考试毕竟还是要结合具体案例来进行分析的，针对具体案例应该怎么作答呢？怎么能够让自己针对具体案例分析所得出的答案是正确而不是错误的呢？

8.1.3.1　大方向

说到针对具体案例的答案要正确，我们先来看一下大方向。

这是一个针对专利代理师的实务考试，由此，从大方向来说，相应的答案一定是一个专利代理师"能完成"的结果。

什么叫能完成？能完成就是说，新颖性、创造性的审查意见，你肯定是可以答过去的，要求你对某个专利进行无效，你肯定是能够无效的。不要反其道而行之，人家让你答复创造性，你说这个方案不具有创造性，这显然是违背逻辑的。"能完成"这个事比较简单，对于应试者来说一般不会有什么问题，但这是一个大方向，大方向搞错了，后面往往会前功尽弃。

8.1.3.2 考虑出题老师来作答

说到答案正确，我们还要知道是谁出的这个考卷。

专利代理师的资格考试的出卷者，是国家知识产权局的专家们。这决定了，在考题中，审查员的观点通常是不会错的。千万不要把实务工作中的习惯也带到考试中来，在考试中错误地质疑审查员如何如何错了。这也是本书中给出考试建议的一个最重要的原因。本书中前面反复都在讲要针对审查员的观点予以怀疑、进行反驳，这在实务工作中是正确的。但千万不要将这样的思路带到实务考试中来。要是以这样的质疑、反驳的思路作答，答案很有可能就是错误的。作为出题者的审查员，怎么可能出一个说明自己是如何错误的考题呢？这也太具有自我批评的精神了。这是不可能的！

尤其是对于新颖性和创造性审查意见答复而言，应试者不要寄希望于审查意见中的特征比对如何不对、作用的分析如何错误，要从申请文件的说明书中去找依据，去修改权利要求，去做妥协、去做让步，基于修改后的权利要求进行新颖性、创造性的审查意见答复。当然了，如果考题是无效答辩的话，那么，情况就是完全相反的。这个时候就可以积极地质疑了，因为你不质疑，这个工作完成不了啊，而考题者是不会出一个让你完成不了的题目的。

8.1.3.3 答案从犄角旮旯去找

不去质疑审查员的观点，那么，考试的答案到底在哪去找呢？

虽然专利代理师考试是一个资格考试，但从百分之十几的通过率来说，它可以算作是一个选拔的考试了。由此，这个考试是有一定的难度的。难度怎么体现呢？那就是答案不是那么的好找。

对于新颖性、创造性的答复而言，不要寄希望于在说明书实施例的显著位置就能找到答复突破口所在。这个答复突破口的所处位置，通常会被人为设置地比较隐蔽。其很有可能不会出现在某个特定实施例的具体方案介绍中，也很有可能不会在说明书实施例的一开始就进行介绍。它可能会被隐蔽在说明书中比较靠后的位置，或者是在描述本发明有益效果的过程中不经意地提到。从这样隐蔽的位置来找到答复突破口，可能是要考察应试者的细致程度以及是否能够完整地阅读整篇专利申请文件吧。在考试过程中，要耐心地、细致地从原文中找区别，不要只是潦草地看一遍申请文件就去作答，这样的答案，偏离正确答案的风险比较大。

8.1.3.4 从原文中找答案

一些具备一定专利代理实务经验的应试者可能会想，凭什么就一定要从原文去找答案啊？我完全可以结合申请文件记载的内容来进行发挥啊。比如，我可以结合原始申请文件的文字记载，以直接地、毫无疑义地确定的方式，对权利要求作一个自己所认为合适的修改，这个修改能够体现本发明的本质，还能够基本不限缩权利要求的保护范围，基于这样的修改，同样可以完成答复啊。没错，这样做在实务中有可能是合理的，甚至这可能是一个优选的答复方案，但是在考试中就不行了。因为这是考试啊，考试就要标准化啊。

什么标准化，答案的标准化啊。只有做到答案标准化了，才能使得判卷标准统一，才能确保最终的给分是公平的。标准化有可能会牺牲一些合理性，但是，为了公平的实现，丢失一些所谓的合理性也是可以的。

上述貌似优选的答复方案，一个核心的问题就在于采用了"直接地、毫无疑义地确定"这一方式来得出了答复突破口。姑且不说这样的修改是不是会存在修改超范围的问题，仅是这一修改方式，就会使得答案的标准化要求无法得到满足。实际中，完全无法预估结合原始申请文件的文字记载，应试者到底会"直接地、毫无疑义地确定"什么样的修改内容，尤其是在应试者数量众多的情况下，这种不确定性就进一步加强了。这会使得该考试难以确定出一个标准的答案，这当然是该考试所要避免的。

由此，一定要秉持这样的心态，答案一定是原文中的，一次找不到没关系，那就再找一次，原文中总能找到的。

8.1.3.5 答案应该是普通的而非巧妙的

有些应试者很聪明，在作答的过程中，他可能会发挥独一无二的聪明才智，以一种非常巧妙的方式来寻找答复突破口。至于如何巧妙，我也说不太清楚，但至少我本人是有这样的体会的。

在我所参加的一次实务考试中，针对题目中给出的创造性审查意见，我就想到了一个非常巧妙的答复突破口。巧妙到什么程度呢？这个答复突破口既不会导致权利要求的保护范围被缩限，也体现了本发明的实质，通过相关的论述还能说明其和现有技术的区别，只不过，这个答复突破口太过隐秘了，估计常人都很难发现。我在完成答复后就想，这个答复太巧妙了，一般人根本都想不到，阅卷老师看到这样的独一无二的答复肯定会很赞叹的啊。

事实证明，我当时还是太幼稚了，没有想到答案的标准化问题。怎么可能正确的答案是一个所谓的独一无二的答案呢？要是答案是这么小众的答案，那么几乎就只能有很少很少的人才能够通过这个考试了。这个小众的答案恰恰验证了那句名言，聪明者最愚蠢。由此，在作答过程中，要以普通人的心态，正常地去思考、去寻找答案，这样的答案应该是符合普通应试者水平的常规答案，而不是一个创造性的、天才的答案，前者往往是能得分的答案，而后者则是一个自作聪明的错误答案。

8.1.4 小心陷阱

前面说过，这个实务考试是有一定难度的。为了体现这个难度，在法条考核方面，出题者往往会设置一些人为的障碍。应试者在考试过程中，对于相关的陷阱要多加分辨，从而找出、跳开考题中的陷阱。

由此，我们在答题过程中要认真核实如下问题：

在评价新颖性、创造性时，题目中所给出的"现有技术"，其公开日期到底是不是在本发明的申请日之前；本申请有优先权的，则要结合优先权日来考虑这个问题。

在评价新颖性时，是不是采用一个现有技术而非多个现有技术来和本发明进行对比。

在评价创造性时，是否错误地采用了抵触申请来进行创造性的判断。

在评价实用新型的创造性时，是否错误地忽略了其和发明在创造性判断标准上的差异，仍然采用"突出的实质性特点和显著的进步"来进行创造性的判断，没有以"实质性特点和进步"来确定实用新型的创造性。

在无效宣告请求中，是否错误地以不具有单一性来作为无效宣告理由。

评价新颖性、创造性时,是否错误地遗漏了权利要求中的某个技术特征,在没有对该特征进行相应比对的情况下,就得出本发明不具备新颖性或创造性的结论。

找出上述问题,能够帮助你跳出出题者设置的陷阱中,避免得出错误的答案。

8.1.5 注意审题

实务考试毕竟是考试,考试就要注意审题。

一定要注意,题目中让做什么,出题者让做什么,应试者就要按照这个要求来作答,给出一个明确的答案。

比如,题目中是要求应试者对相应的理由成立与否给出结论性意见,那么,应试者就给出"成立"或者"不成立"这样的结论啊,不要自己分析半天,反而不给出这样的结论性意见,这就是没有按照题目的要求作答。

再比如,出题者让考生具体分析某无效宣告理由,并给出结论和具体理由,那么,在答题过程中,就要针对该无效宣告理由进行具体的分析,要针对该理由的正确与否进行分析,而不是以自己重新撰写的无效宣告理由作为该题的答案。

不要小看"审题"这一貌似基础的要求。审题不准确,应试者可能就不能搞清楚出题者到底要的答案是什么,此时,应试者给出的答案尽管在实质内容上是正确的,却很有可能无法得到相应的得分点。

上面所讲的,也不一定都对。要准备好这个实务考试,应试者可以利用上述所讲的内容,对历年的实务考试试题以及答案进行分析,从而总结出自己的答题策略,这是十分必要的。

8.2 审查意见答复练习

有兴趣的读者,可以尝试着对如下审查意见进行答复。

本发明是一种风味熏鸡的制作工艺,其说明书的记载如下。

一种风味熏鸡的制作工艺

技术领域

本发明涉及食品加工领域,特别涉及一种风味熏鸡的制作工艺。

背景技术

鸡是人们最熟悉的家禽之一,人们对鸡的吃法有很多种,如清炖鸡、黄焖鸡、宫廷风味烤鸡以及美国炸鸡等热菜的烹调方法,还有熏鸡等凉菜的烹调方法;作为凉菜的烹调方法之一,熏鸡不但保证了鸡肉原生态气味不外露,还保存了鸡的完整性,很有艺术性,更受食客欢迎。

现有熏鸡的制备工艺有多种,但基本是由煮熟和熏制等步骤组成,在煮熟的步骤中加入调料以调节鸡肉的味道,在熏制步骤中需将煮熟的鸡放入熏锅中熏制,并加入糖作为熏料,利用糖在高温下产生的烟气使煮熟的鸡上色并增味。由于在上述熏鸡的制作工艺中先要采用汤料进行煮熟的步骤,该步骤使得鸡自身的风味流失,取而代之的是汤料调出的口味,所制作出的熏鸡不能保持原汁原味;同时鸡自身的营养物质大多也倾入汤料中,造成营养的流失;水煮后的鸡肉韧性较差,使得熏鸡口感不好。另外,现有熏鸡的风味儿也较单一,有待进一步改进。

发明内容

针对上述现有技术的不足,本发明要解决的技术问题是提供一种风味熏鸡的制备工艺,由该制备工艺制备出的熏鸡不但具有果木的清香,且鸡肉更具韧性、口感更佳。

为解决上述技术问题,本发明所采用的技术方案如下:

一种风味熏鸡的制作工艺,包括如下步骤:

(1)滚揉腌制:将白条鸡与调料液在真空度为 0.05~0.1MPa 的环境下进行滚揉腌制;

每 100 重量份白条鸡所用调料液配方为:食盐 1~2.5 重量份、白砂糖 0.5~2 重量份、味精 0.2~1 重量份、酱油 0.5~3 重量份、葱 0.2~2 重量份、姜 0.2~2 重量份、保水剂 0.1~0.5 重量份、五香汁 0.02~0.2 重量份、食用香精 0.1~0.6 重量份、红曲红色素 0.001~0.03 重量份;

(2)蒸制:步骤(1)所得鸡于 70~100℃蒸制 10~40 分钟;

(3)烟熏:步骤(2)所得鸡于 55~95℃下用果木发烟熏制 15~50

分钟。

作为优选,步骤(1)所述调料液配方中,酱油与五香汁的重量比为(30~50):1。

所述保水剂为三聚磷酸钠、焦磷酸钠、六偏磷酸钠中的任意一种或几种。

所述食用香精为肉味香精。

作为优选,步骤(1)所述滚揉腌制以滚揉15分钟、间歇15分钟的方式进行,有效滚揉时间为1~2小时。

作为优选,步骤(1)还包括滚揉腌制后将鸡置于0~4℃静置的步骤,静置时间为16~24小时,静置期间每4~12小时翻动一次。

作为优选,在步骤(2)所述蒸制前还包括将步骤(1)所述滚揉腌制后的鸡进行干燥的步骤,所述干燥步骤为:

将步骤(1)所得鸡先于50~75℃干燥20~60分钟,再于55~80℃干燥20~60分钟;第二次干燥温度高于第一次干燥温度。第一次干燥采用低温干燥,其目的是除去鸡肉内部水分,防止鸡肉表面水分快速蒸发后内部水分不能流出;其后,再升高温度干燥,使得干燥更为彻底,熏鸡的调料渗透肉质,熏鸡风味儿更好。

作为优选,步骤(3)还包括将所述果木发烟产生的烟气进行过滤的步骤;果木发烟经过过滤可防止产品污染。

作为优选,上述制作工艺还包括熏制后涂抹香油的步骤。

作为优选,上述制作工艺还包括熏制后进行真空包装、高温杀菌的步骤;所述高温杀菌为在100~125℃下,灭菌15~60分钟。

本发明所述熏鸡的制作工艺采用特定配方的调料液,所得熏鸡风味儿更佳;以蒸制代替水煮,不但保留了鸡肉的原汁原味儿、防止营养流失,还可以使得鸡肉更具韧性、口感更佳;采用果木发烟进行熏制,由于烟熏温度较高,果木的香气可以充分渗透肌肉,会使熏制出的鸡肉具有果木的清香;且蒸制步骤与后续的熏制步骤可一体化操作,避免了环境变化或人为操作可能导致的交叉污染,使得工艺过程更简单、安全,且提高了工艺效率。

具体实施方式

为了使本领域的技术人员更好地理解本发明的技术方案,下面结合具体实施例对本发明作进一步的详细说明。

实施例 1　风味熏鸡的制作

制作工艺:

(1) 滚揉腌制:将 1200g 白条鸡与如下配方的调料液在真空度为 0.05~0.1MPa 的环境下进行滚揉腌制,每次滚揉 15 分钟,间歇 15 分钟,有效滚揉时间为 2 小时,后于 4℃ 静置 24 小时,每 8 小时翻动一次;

所用调料液配方为:食盐 12g、白砂糖 6g、味精 3g、酱油 6g、葱 3g、姜 3g、三聚磷酸钠 1.2g、五香汁 0.24g、肉味香精 1.2g、红曲红色素 0.012g;

(2) 蒸制:步骤(1)所得鸡于 70℃ 蒸制 40 分钟;

(3) 烟熏:步骤(2)所得鸡在盛放有果木屑的烟熏箱中,55℃ 下发烟熏制 50 分钟,至鸡表面呈棕褐色;

(4) 步骤(3)所得鸡表面抹香油、真空包装、100℃ 高温灭菌 30 分钟后即得成品熏鸡。

所得熏鸡具有果木的清香,风味儿十足,口感较佳。

实施例 2　风味熏鸡的制作

制作工艺:

(1) 滚揉腌制:将 1500g 白条鸡与如下配方的调料液在真空度为 0.05~0.1MPa 的环境下进行滚揉腌制,每次滚揉 15 分钟,间歇 15 分钟,有效滚揉时间为 1.5 小时,后于 4℃ 静置 20 小时,每 10 小时翻动一次;

所用调料液配方为:食盐 30g、白砂糖 15g、味精 9g、酱油 30g、葱 15g、姜 15g、焦磷酸钠 4.5g、五香汁 1.5g、肉味香精 4.5g、红曲红色素 0.15g;

(2) 干燥:步骤(1)所得鸡先于 50℃ 干燥 60 分钟,再于 55℃ 干燥 60 分钟;

(3) 蒸制:步骤(2)所得鸡于 85℃ 蒸制 30 分钟;

(4) 烟熏:步骤(3)所得鸡在盛放有果木屑的烟熏箱中,85℃ 下发烟熏制 30 分钟,至鸡表面呈棕褐色;

(5) 步骤（4）所得鸡表面抹香油、真空包装、120℃高温灭菌30分钟后即得成品熏鸡。

所得熏鸡具有果木的清香，风味儿十足，口感较佳。

实施例3　风味熏鸡的制作

制作工艺：

（1）滚揉腌制：将1500g白条鸡与如下配方的调料液在真空度为0.05~0.1MPa的环境下进行滚揉腌制，每次滚揉15分钟，间歇15分钟，有效滚揉时间为1小时，后于4℃静置16小时，每8小时翻动一次；

所用调料液配方为：食盐37.5g、白砂糖30g、味精15g、酱油45g、葱30g、姜30g、六偏磷酸钠7.5g、五香汁3g、肉味香精7.5g、红曲红色素0.3g；

（2）干燥：步骤（1）所得鸡先于70℃干燥40分钟，再于80℃干燥40分钟；

（3）蒸制：步骤（2）所得鸡于100℃蒸制10分钟；

（4）烟熏：步骤（3）所得鸡在盛放有果木屑的烟熏箱中，95℃下发烟熏制15分钟，至鸡表面呈棕褐色；

(5) 步骤（4）所得鸡表面抹香油、真空包装、125℃高温灭菌30分钟后即得成品熏鸡。

所得熏鸡具有果木的清香，风味儿十足，口感较佳。

实施例4　本发明熏鸡的风味儿评价

熏鸡风味儿的评价方法：以本发明实施例1~3所制备的果木熏鸡以及两种市售熏鸡为评价对象，将熏鸡的口感、风味儿综合评价分为5级，评价者根据自己的喜好对其进行评价，排序后分别给出分值，最佳评为5分，依次递减，对气味相近或喜好程度相近的实验组，允许出现并列分值。

对结果的评定主要通过不同职业与不同年龄段的人进行口感、风味儿评定。分别将待评定的熏鸡随机分配，由消费者对其进行比较评价，参与风味评价的人数为20人。结果见表1。

表1 本发明果木熏鸡与现有市售熏鸡的口感、风味儿评价比较

待评价熏鸡	口感、风味儿综合评分					
	5分	4分	3分	2分	1分	平均分
实施例1	12人	6人	1人	1人	0人	4.45
实施例2	15人	3人	1人	1人	0人	4.6
实施例3	12人	6人	2人	0人	0人	4.5
某市售熏鸡1	2人	5人	10人	2人	1人	3.25
某市售熏鸡2	1人	5人	12人	1人	1人	3.2

以上所述仅是本发明的优选实施方式，应当指出，对于本技术领域的普通技术人员来说，在不脱离本发明原理的前提下，还可以作出若干改进和润饰，这些改进和润饰也应视为本发明的保护范围。

该专利的权利要求为：

1. 一种风味熏鸡的制作工艺，包括如下步骤：

（1）滚揉腌制：将白条鸡与调料液在真空度为0.05~0.1MPa的环境下进行滚揉腌制；

每100重量份白条鸡所用调料液配方为：食盐1~2.5重量份、白砂糖0.5~2重量份、味精0.2~1重量份、酱油0.5~3重量份、葱0.2~2重量份、姜0.2~2重量份、保水剂0.1~0.5重量份、五香汁0.02~0.2重量份、食用香精0.1~0.6重量份、红曲红色素0.001~0.03重量份；

（2）蒸制：步骤（1）所得鸡于70~100℃蒸制10~40分钟；

（3）烟熏：步骤（2）所得鸡于55~95℃下用果木发烟熏制15~50分钟。

2. 如权利要求1所述制作工艺，其特征在于，步骤（1）所述调料液配方中，所述酱油与五香汁的重量比为（30~50）:1。

3. 如权利要求1所述制作工艺，其特征在于，步骤（1）所述调料液配方中，所述保水剂为三聚磷酸钠、焦磷酸钠、六偏磷酸钠中的任意一种或几种。

4. 如权利要求1所述制作工艺，其特征在于，步骤（1）所述调料液配方中，所述食用香精为肉味香精。

5. 如权利要求1所述制作工艺，其特征在于，步骤（1）所述滚揉腌

制以滚揉 15 分钟、间歇 15 分钟的方式进行，有效滚揉时间为 1~2 小时。

6. 如权利要求 1 所述制作工艺，其特征在于，步骤（1）还包括滚揉腌制后将鸡置于 0~4℃静置的步骤，静置时间为 16~24 小时，静置期间每 4~12 小时翻动一次。

7. 如权利要求 1 所述制作工艺，其特征在于，在步骤（2）所述蒸制前还包括将步骤（1）所述滚揉腌制后的鸡进行干燥的步骤，所述干燥步骤为：将步骤（1）所得鸡先于 50~75℃干燥 20~60 分钟，再于 55~80℃干燥 20~60 分钟；第二次干燥温度高于第一次干燥温度。

8. 如权利要求 1 所述制作工艺，其特征在于，步骤（3）还包括将果木发烟产生的烟气进行过滤的步骤。

9. 如权利要求 1 所述制作工艺，其特征在于，还包括熏制后进行真空包装、高温杀菌的步骤。

10. 如权利要求 9 所述制作工艺，其特征在于，所述高温杀菌为在 100~125℃下，灭菌 15~60 分钟。

在实质审查过程中，审查员检索到对比文件 1、2 和 3，基于这 3 篇对比文件，认为该专利申请不具备创造性。

下面将分别给出对比文件 1、2 和 3，以及审查意见的具体内容。

其中，对比文件 1 的内容如下。

权 利 要 求 书

1. 一种冷却风干肉制品的加工方法，其特征在于：包括下述步骤：

第一步，选择 1.5~2 斤重除去内脏的生鸡、鸭或新鲜猪肉，将其置于温度 0~5℃、相对湿度 60%~70% 的密封房间内进行 24 小时除酸；

第二步，配制液体调味料，将上述预冷除酸后的产品放入调味料中在滚揉机中揉制均匀；

第三步，将揉制均匀的产品放入温度 0~5℃、相对湿度 60%~70% 的密封房间内进行 24~36 小时进味处理；

第四步，将第三步处理好的产品进行整形后，送入温度 10~15℃、相对湿度 30%~50% 的风干室内干燥 60~84 小时；

第五步，将第四步初步风干的产品送入温度 10~15℃、相对湿度 30%~50% 的风干室内干燥 24 小时，自然冷却后即得成品。

2. 根据权利要求 1 所述的冷却风干肉制品的加工方法，其特征在于：将上述第四步初步风干的产品先送入熏制室内熏制后再送入温度 10~15℃、相对湿度 30%~50% 的风干室内干燥 24 小时，自然冷却后即得成品。

3. 根据权利要求 2 所述的冷却风干肉制品的加工方法，其特征在于：所述熏制的方法为将初步风干的产品吊挂在烟熏箱中用果木屑发烟熏制 30 分钟，或用白糖发烟熏制 10 分钟。

说 明 书

一种冷却风干肉制品的加工方法

技术领域

本发明涉及食品的加工方法，尤其是涉及一种冷却风干肉制品的加工方法。

背景技术

我国民间对肉类的加工方法多种多样，江浙一带及南方的四川、湖南、贵州等地在秋冬季节来临时都有腌制腊肉的习惯。一般的方法为：利用阳光晒制，使其自然干燥；利用热风或烘烤干燥；利用真空冷冻干燥；利用炒制干燥；利用明火熏烤干燥等。由于多是家庭作坊式的加工，在自然条件下，只能季节性生产，不仅产量低，品种也无法控制，满足不了人们食用需求；有些工业化的加工方法不仅所用设备复杂，投资费用高，口感也略有欠缺。

发明内容

本发明的目的在于提供一种可以全年不间断规模生产且投资费用低、口感好的冷却风干肉制品的加工方法。

为实现上述目的，本发明可采取下述技术方案：

本发明所述的一种冷却风干肉制品的加工方法，包括下述步骤：

第一步，选择 1.5~2 斤重除去内脏的生鸡、鸭或新鲜猪肉，将其置于温度 0~5℃、相对湿度 60%~70% 的密封房间内进行 24 小时除酸；

第二步，配制液体调味料，将上述预冷除酸后的产品放入调味料中在滚揉机中揉制均匀；

第三步，将揉制均匀的产品放入温度 0~5℃、相对湿度 60%~70% 的密封房间内进行 24~36 小时进味处理；

第四步，将第三步处理好的产品进行整形后，送入温度 10~15℃、相对湿度 30%~50% 的风干室内干燥 60~84 小时；

第五步，将第四步初步风干的产品送入温度 10~15℃、相对湿度 30%~50% 的风干室内干燥 24 小时，自然冷却后即得成品。

如果需要将其制成熏腊风味的肉制品，还可以将上述第四步初步风干的产品先送入熏制室内熏制后再送入温度 10~15℃ 的风干室内干燥 24 小时，自然冷却后即得成品。所用熏制的方法为将初步风干的产品吊挂在烟熏箱中用果木屑发烟熏制 30 分钟，或用白糖发烟熏制 10 分钟。

此种肉制品，在环境温度 16~25℃ 时散装保存，可保质 15 天；在 0~15℃ 时散装保存，可保质 1 个月；在 -18℃ 冷冻保存，可保质 12 个月。

本发明的优点在于成品肉制品风味纯正，腊香浓郁，口感筋道。在封闭环境中生产（预冷除酸、进味），且生产温度保持在 0~15℃，不受外界污染，肉制品在这个环境中不会变质，有益的微生物在缓慢干燥的过程中进行发酵产生特有的腊香味，无杂菌无杂质，品质有保证；如辅助烟熏，就可以得到风干的具有（熏）腊香味的美味肉制品。同时本发明的加工方法不受季节、环境温度的限制，可以形成产业化、规模化工业生产。

具体实施方式

本发明所述的冷却风干肉制品的加工方法，包括下述步骤：

第一步，选择 1.5~2 斤重除去内脏的生鸡、鸭或新鲜猪肉，将其放入托盘中，置于温度 0~5℃、相对湿度 60%~70% 的密封房间内进行 24 小时除酸；

第二步，按照具体口味配制液体调味料（如用盐、花椒、大茴香、小茴香、桂皮、料酒、糖等按比例熬制成调味料），将上述预冷除酸后的产品和调味料一起放入滚揉机中揉制均匀；

第三步,将揉制均匀的产品放在托盘中,置入温度 0~5℃、相对湿度 60%~70% 的密封房间内进行 24~36 小时进味处理;

第四步,将第三步处理好的产品进行整形后,送入温度 10~15℃、相对湿度 30%~50% 的风干室内干燥 60~84 小时(一般冷风干燥 72 小时即可);由于初步的除湿干燥速度缓慢,肉制品在外观、硬度、凝聚性等方面都有很大改善,且由于干燥时间长,后熟时间增长,使风干后食品的口味、口感都有大幅度提高;

第五步,将第四步初步风干的产品送入温度 10~15℃、相对湿度 30%~50% 的风干室内干燥 24 小时,自然冷却后即可得到风干肉制品。

如果需要将肉制品制成烟熏味,则可以将第四步初步风干的产品先送入熏制室内吊挂在烟熏箱中用果木屑发烟熏制 30 分钟,或用白糖发烟熏制 10 分钟后再送入温度 10~15℃、相对湿度 30%~50% 的风干室内干燥 24 小时,自然冷却后即可得到烟熏味肉制品。

对比文件 2 的内容如下。

1. 辽宁锦州熏鸡

成品鸡体完整,色泽红黄,肉质软嫩,熏香味浓。

(1) 原料配方鸡坯(100 只)50kg、酱油 1.5kg、鲜姜 500g、花椒 50g、大茴香 50g、桂皮 50g、白糖 1.5kg、食盐 2kg。

(2) 操作要点:①浸泡将鸡宰杀后煺毛,去内脏,用清水浸泡 1~2h,以鸡体发白为度。②盘鸡,将浸好的鸡取出,用木棍将其大腿骨打断,将小腿盘在腹腔内,将头部夹在左翅下。③煮制,将盘好的鸡坯放入锅内,加进除白糖之外的各种配料,沸煮 1~2h 即熟。④熏制,先将熏炉烧热,把煮熟的鸡坯排在炉内,然后将白糖水洒到炉内,盖好炉盖,熏烤 10~16min,见鸡表皮呈红黄色时即可出炉。⑤烤毛、擦油,将熏好的鸡进行检查,如有残余绒毛,可用酒精灯烧掉,至无毛为止,然后在表面擦上一层麻油,即为成品。

2. 百乐熏鸡

百乐熏鸡,又称"百乐烧鸡""田家熏鸡",是辽宁省丹东市的传统名食,已有 100 多年的历史。做工精细,味道极佳。成品油润光亮,咸淡均匀，香透入骨，味美肉嫩，软硬适中，是居家、旅行之佳品。

（1）原料配方 选择体重适中、个体丰满、健康无病的活鸡原料，除煮鸡老汤之外，需丁香、大茴香、茴香、花椒、山柰、砂仁、肉蔻、桂皮、陈皮、肉桂、食盐、葱、姜等调料和草药，这些佐料的用量要依老汤的多少和季节的不同而灵活掌握。

（2）操作要点：①宰剖，将活鸡宰杀，放净血，即入热水中浸烫，煺尽羽毛。宰杀下刀部位应在鸡下嗉1cm处，刀口不要超过3cm。开膛去内脏则在鸡右翅下和臀尖处下刀。刀口不超过3cm，取净内脏后，用清水洗净鸡身内外，滤干水。然后将鸡腿窝于腹内，翅别背上，头挽腋下，使造型美观。②卤煮，将鸡坯按大小依次摆在锅内，大鸡在下，小鸡在上。将草药装入纱布袋内放锅中，加上其他调料，食盐的比例为白条鸡每20kg加精盐约600g，兑入老汤和清水，以淹没鸡身为度。用大火将汤烧沸，撇去浮沫，加盖后改小火焖煮。具体煮制时间要依鸡的品种和大小而定，一般为1~2h。③熏制，将煮熟的鸡捞出，凉后即可熏制。熏烤时，熏锅的温度为120℃左右，白糖分2次放入锅底，熟鸡每7.5kg，每次放白糖50g。将鸡放铁箅子上，加锅盖后每次熏烤15~20min。熏好的鸡，鸡身外涂香油或熟豆油后即可食用。

3. 沟帮子熏鸡

辽宁省沟帮子熏鸡已有近100年的历史，风味独特，驰名国内市场。成品色泽明亮，味道芳香，肉质细嫩，烂而连丝。

（1）原料配方 鸡100只、白糖1.5kg、酱油1.5kg、香油1kg、食盐1.5kg、黄酒1.5kg、味精200g、草蔻100g、生姜500g、胡椒粉、香辣粉、五香粉、砂仁、豆蔻各50g，丁香、肉桂、白芷、陈皮、桂皮各150g。

（2）操作要点：①选鸡，选用当年饲养体重1kg以上的新鸡。②原料整修，光鸡开膛时用刀从肛门处开口并将肛门割去，再将内脏全部取出，同时用长剪刀从开口处伸入胸部将骨剪断。然后将2只大腿骨打断，并将两腿交叉伸入肚内。用水洗涤2~3次，浸泡1~2h，至鸡身发白为止。③煮鸡，经整形后的鸡，先置于加好调料的老汤中略加浸泡，然后放在锅中按顺序摆好。用慢火煮沸2h，半熟时加盐，用盐量应根据季节和当地消费者的口味定，煮至肉烂而连丝时搭勾出锅。④熏制，出锅后趁热熏制。将煮好的鸡体先刷一层香油,再放入带有网帘的锅内,待锅烧至微红时,投入白糖,将锅盖盖严 2min 后,将鸡翻动再盖严,再等 2~3min 后,即可出锅。

4. 哈尔滨熏鸡

哈尔滨熏鸡是哈尔滨正阳楼的特制产品,具有独特风味。成品色泽明亮,肉质柔软,熏香浓郁。

(1) 原料配方肥嫩母鸡 50 只、老汤 110kg。老汤配方,清水 100kg、粒盐 8kg、酱油(原汁)3kg、味精 50g 汤的质量分数为 5% 左右,色浅加酱油,味淡加盐,花椒 400g、大茴香 400g、桂皮 200g(这 3 种调料共同装入白布口袋中每煮 10 次更换 1 次),鲜姜(切丝)250g、大葱(切段)150g、大蒜(去皮)150g(这 3 种料也合装入 1 个白布口袋,鲜姜每煮 5 次更换 1 次,葱蒜每煮 1 次更换)。

(2) 操作要点:①老汤配制,按配方将原材料放入锅里加热,煮开即可。②屠宰,鸡宰后,彻底去掉羽毛和鸡内脏后,将鸡爪弯曲装入鸡腹内,将鸡头夹在鸡翅膀下。③浸泡,把宰后的鸡放在凉水中泡 11~12h 取出,控尽水分。④紧缩,将鸡投入滚开的老汤内紧缩 10~15min,取出后把鸡体内的血液全部控出,再把浮在汤上的泡沫捞出弃去。⑤煮熟,把紧缩后的鸡重新放入老汤内煮,汤温要经常保持在 90℃ 左右,经 3~4h 煮熟捞出。⑥熏制,将煮熟的鸡单行摆入熏屉内,装进熏锅或熏炉。烟源的调制,用白糖 1.5kg(红糖、糖稀、土糖均可)、锯末 500g,拌匀后放在熏锅内用火烧锅底,烧着锯末和糖的混合物,使其生烟,熏在煮好的鸡上,使产品外层干燥变色。熏制 20min 取出,即为成品。

对比文件 3 的内容如下。

权 利 要 求 书

一种熏鸡的制作方法,其特征在于它包括如下步骤:
(1) 取材:选用健康无病的草鸡依次进行屠宰、去毛、净膛和造型;
(2) 放入熏料:向造好型的草鸡肚中放入熏料;
(3) 用荷叶将放入熏料的草鸡包裹起来,然后在荷叶外用稻草进行捆绑；

(4) 蒸熟：将捆绑起来的草鸡在 100～120℃ 条件下，蒸 30～40 分钟；

(5) 烤干：将蒸熟的草鸡在 100～130℃ 条件下，烘烤 20～30 分钟；

(6) 真空包装、灭菌、检验、出厂。

根据权利要求 1 所述的熏鸡的制作方法，其特征在于：步骤 (1) 中所述的草鸡为鸡龄为 14～16 个月的老母鸡。

根据权利要求 1 所述的熏鸡的制作方法，其特征在于：步骤 (2) 中所述的熏料为：每 500g 鸡中配料为：姜 5～10g、葱 5～10g、大茴 2～4g、桂皮 1～3g、肉桂 0.25～0.5g、丁香 0.25～0.5g、香菇 3～5g。

说 明 书

一种熏鸡的制作方法

本发明涉及食品加工领域，尤其涉及一种熏鸡的制作方法。

草鸡是土鸡的别称，家养的土鸡肉质好、味道鲜，适合多种烹调方法，并富含营养，有滋补身体的作用，深受人们喜欢。民间食用的方法很多，其不但适于热炒、炖汤，而且比较适合冷食凉拌，作为凉菜的烹调方法之一，熏鸡的制作工艺有多种，但是基本是由煮熟和熏制等步骤组成，在煮熟的步骤中需加入花椒、大料、食盐和味精等调料，以调节鸡肉的味道，在熏制步骤中需将煮熟的鸡放入熏锅中熏制，并在熏锅中加入糖作为熏料，利用糖在高温下产生的烟气使煮熟的鸡上色并增味。由于在上述熏鸡的制作工艺中先要采用汤料进行煮熟，在与汤料的接触过程中，鸡自身的风味基本流失了，取而代之的均是汤料调出的口味，使制作出的熏鸡不能保持原汁原味；同时鸡自身的营养物质大多也倾入汤料中，造成熏鸡营养的流失；另外使用调料较单一，且整个过程无统一的技术标准，因此，各厂家制作的熏鸡口味不一，其生产出的熏鸡质量既不稳定，口味也差，而且不适应大规模工业化生产。另外，在传统工艺中，为了增加熏鸡的独特风味，也有些会在熏制时将鸡外面裹上一层泥巴，该工艺制作的熏鸡虽然风味独特，能够保持熏鸡的原汁原味，但是不易实现工业化批量生产。

本发明正是为了克服上述不足，所要解决的技术问题是提供一种具有风味独特、能保持草鸡原味的熏鸡的制作方法。

为解决上述技术问题，本发明所采用的技术方案如下：

一种熏鸡的制作方法，它包括如下步骤：

1. 取材：选用健康无病的草鸡依次进行屠宰、去毛、净膛和造型；
2. 放入熏料：向造好型的草鸡肚中放入熏料；
3. 用荷叶将放入熏料的草鸡包裹起来，然后在荷叶外用稻草进行捆绑；
4. 蒸熟：将捆绑起来的草鸡在100~120℃条件下，蒸30~40分钟；
5. 烤干：将蒸熟的草鸡在100~130℃条件下，烘烤20~30分钟；
6. 真空包装、灭菌、检验、出厂。

步骤1中所述的草鸡优选鸡龄为14~16个月的老母鸡。

步骤2中所述的熏料优选为：每500g鸡中配料为：姜5~10g、葱5~10g、大茴2~4g、桂皮1~3g、肉桂0.25~0.5g、丁香0.25~0.5g、香菇3~5g。

有益效果：本发明所述的熏鸡的制作方法将熏料放入草鸡肚中蒸熟，避免了将草鸡直接放入熏料中导致其自身风味及营养的流失，同时采用荷叶及稻草进行包裹，使制作出来的熏鸡口味纯正、营养丰富、风味独特，不仅保持了草鸡的原汁原味，同时具有荷叶及稻草的清香，鲜香浓郁、清新爽口，深得消费者喜爱；本发明工艺简单，条件易于控制，可以实现工业化批量生产。

实施例1：

一种熏鸡的制作方法，它包括如下步骤：

选取健康无病的鸡龄为15个月的草鸡，依次进行屠宰、去毛、净膛和造型；向造好型的草鸡肚中放入熏料；用荷叶将放入熏料的草鸡包裹起来，然后在荷叶外用稻草进行捆绑；将捆绑起来的草鸡在100~110℃的蒸锅中用蒸汽蒸35分钟至蒸熟；将蒸熟的草鸡在100~110℃的烤箱中烘烤25分钟至烤干即为熏鸡成品；然后进行真空包装，灭菌，检验合格后出厂。

所述的熏料为：每500g鸡中配料为：姜8g、葱7g、大茴2g、桂皮1g、肉桂0.25g、丁香0.5g、香菇4g。

实施例2：

一种熏鸡的制作方法，它包括如下步骤：

选取健康无病的鸡龄为14个月的草鸡，依次进行屠宰、去毛、净膛和造型；向造好型的草鸡肚中放入熏料；用荷叶将放入熏料的草鸡包裹起来，然后在荷叶外用稻草进行捆绑；将捆绑起来的草鸡在110～120℃的蒸锅中用蒸汽蒸30分钟至蒸熟；将蒸熟的草鸡在110～120℃的烤箱中烘烤20分钟至烤干即为熏鸡成品；然后进行真空包装，灭菌，检验合格后出厂。

所述的熏料为：每500g鸡中配料为：姜5g、葱10g、大茴3g、桂皮2g、肉桂0.5g、丁香0.4g、香菇3g。

实施例3：

一种熏鸡的制作方法，它包括如下步骤：

选取健康无病的鸡龄为16个月的草鸡，依次进行屠宰、去毛、净膛和造型；向造好型的草鸡肚中放入熏料；用荷叶将放入熏料的草鸡包裹起来，然后在荷叶外用稻草进行捆绑；将捆绑起来的草鸡在110～120℃的蒸锅中用蒸汽蒸40分钟至蒸熟；将蒸熟的草鸡在120～130℃条件下，烘烤30分钟烤干即为熏鸡成品；然后进行真空包装，灭菌，检验合格后出厂。

所述的熏料为：每500g鸡中配料为：姜10g、葱5g、大茴4g、桂皮3g、肉桂0.4g、丁香0.25g、香菇5g。

基于上述3篇对比文件，审查员在第一次审查意见中指出：

权利要求1要求保护一种风味熏鸡的制作工艺。对比文件1（CN102078007A）公开了一种冷却风干肉制品的加工方法，包括以下步骤：选择除去内脏的生鸡、鸭或新鲜猪肉，在低温下预冷除酸，配制液体调味料，将产品放在调味料中在滚揉机中揉制均匀，再将产品放入密封空间，0～5℃下进味处理，再整形，风干两次，用果木烟熏，熏制后风干冷却得成品（参见权利要求1）。权利要求1与对比文件1公开的内容相比，主要区别在于调味料包括一定配比的盐、白砂糖、味精、酱油、葱、姜、保水剂、五香汁、食用香精、红曲红色素，制作步骤还包括蒸制过程，以及对步骤参数作了限定。对比文件2（东北熏鸡制作要点，《农产品加工》，2010年3月）公开了熏鸡可以用到的调味料：白糖、酱油、香油、盐、味精、姜、葱、五香粉等，以及在熏制后涂抹香油。本领域技术人员可从对比文件2得到启示，将这些调味料用于调味。保水剂、食用香精是常规食品添加剂，红曲红色素也是常规食用色素。本领域技术人员可凭借常规实验能力选择添加。同时，本领域技术人员可以根据常规实验能力在可能、有限的范围内选择具体的各组分重量比和具体的步骤参数。对比文件3（CN102578613A）公开了一种熏鸡的制作方法，步骤包括宰杀鸡、放入熏料、蒸熟、烤干后真空包装、灭菌、检验合格后即可（参见摘要）。本领域技术人员可从中得到启示，在熏制步骤前先将鸡蒸熟。本领域技术人员在对比文件1公开内容的基础上，结合对比文件2、3的技术启示，再运用常规实验能力就能得到权利要求1的技术方案。权利要求1的技术方案没有突出实质性特点和显著进步，也没有意想不到的技术效果，权利要求1不符合《专利法》第22条第3款创造性的规定。

对于该专利申请的从属权利要求，审查员的观点可以概括为：

这些从属权利要求中进一步限定的内容，都属于本领域技术人员可凭借常规实验能力得到的，或者是本领域的常规技术手段，因此，这些从属权利要求也都不具备创造性。

审查员最后指出：

综上，该申请所有权利要求不具备创造性，同时说明书中也没有记载其他任何可以授予专利权的实质性内容，因而即使申请人对权利要求进行重新组合和/或根据说明书记载的内容作进一步限定，该申请也不具备授权前景。

有兴趣的读者可以针对该案，尝试分析有说服力的答复突破口，并撰写相应的意见陈述。如果希望就练习的答复版本和作者进行交流，可以发邮件至yiqixuexiezhuanli@163.com。

致 谢

感谢所有为专利申请人合法、合理权益而努力奋斗、刻苦钻研的专利代理师们,你们日常工作中的默默耕耘和努力,都是值得肯定并令人敬佩的。

感谢对专利申请认真审查的各位审查员们,正是因为你们给出了证据准确、论点充分、富有挑战性的审查意见,才能使得专利代理师可以在此基础上发挥其业务水平,完成审查意见的答复,共同使得专利申请可以获得客观、公正的审查。

感谢企业中对审查意见答复认真审核的各位专利工程师,你们的高标准审核、你们从诉讼过程中传导的经验,不但实现了个案答复工作的高标准完成,更是不断促进了专利代理师业务水平的提升。

感谢北京集佳知识产权代理有限公司各位领导、同事对于我的鼓励和帮助,感谢本书编辑王玉茂同志认真、严谨的工作。感谢卢先生远超相声、小品演员的幽默风趣,感谢老郭的英俊及其令人叹服的男人最后的倔强,这些有趣的调剂,虽不能说是对本书的完成有直接的帮助,也算是有间接的促进吧!

最后,由衷地感谢家人对我的支持,感谢各位读者对我的肯定。谢谢大家!